国家出版基金资助项目

Projects Supported by the National Publishing Fund

钢铁工业协同创新关键共性技术丛书

主编　王国栋

中厚钢板新一代
控轧控冷装备技术及应用

New Generation Thermo-Mechanical Controlled Processing Technology for Medium and Heavy Steel Plates

王昭东　王丙兴　王　斌
田　勇　李艳梅　著

北　京
冶金工业出版社
2021

内 容 提 要

本书重点介绍新一代控轧控冷的原理、装备、控制系统及其在钢铁材料方面的应用。主要包括中厚板新一代控轧控冷技术的原理和发展现状、新一代控制冷却的相关数学模型、基于射流冷却的超快速冷却机理、新一代控制冷却装备、“温控-形变”耦合控制轧制技术和新一代控轧控冷的强韧化机理，以及中厚板新一代控轧控冷技术的工业化应用等。

本书可供金属材料加工领域科研人员和科技工作者阅读，也可供大中院校相关专业师生参考。

图书在版编目(CIP)数据

中厚钢板新一代控轧控冷装备技术及应用/王昭东等著.—北京：冶金工业出版社，2021.5

(钢铁工业协同创新关键共性技术丛书)

ISBN 978-7-5024-8858-1

Ⅰ.①中… Ⅱ.①王… Ⅲ.①厚板轧制—轧制设备 Ⅳ.①TG335.5

中国版本图书馆 CIP 数据核字(2021)第 136006 号

出 版 人　苏长永

地　　址　北京市东城区嵩祝院北巷 39 号　邮编　100009　电话　(010)64027926

网　　址　www.cnmip.com.cn　电子信箱　yjcbs@cnmip.com.cn

责任编辑　卢　敏　美术编辑　彭子赫　版式设计　孙跃红

责任校对　李　娜　责任印制　李玉山

ISBN 978-7-5024-8858-1

冶金工业出版社出版发行；各地新华书店经销；北京捷迅佳彩印刷有限公司印刷

2021 年 5 月第 1 版，2021 年 5 月第 1 次印刷

710mm×1000mm　1/16；15 印张；287 千字；223 页

86.00 元

冶金工业出版社　投稿电话　(010)64027932　投稿信箱　tougao@cnmip.com.cn

冶金工业出版社营销中心　电话　(010)64044283　传真　(010)64027893

冶金工业出版社天猫旗舰店　yjgycbs.tmall.com

《钢铁工业协同创新关键共性技术丛书》编辑委员会

《钢铁工业协同创新关键共性技术丛书》总序

钢铁工业作为重要的原材料工业，担任着“供给侧”的重要任务。钢铁工业努力以最低的资源、能源消耗，最低的环境、生态负荷，换取最高的效率和劳动生产率向社会提供足够数量且质量优良的高性能钢铁产品，满足社会发展、国家安全、人民生活的需求。

改革开放初期，我国钢铁工业处于跟跑阶段，主要依赖于从国外引进产线和技术。经过40多年的改革、创新与发展，我国已经具有10多亿吨的产钢能力，产量超过世界钢产量的一半，钢铁工业发展迅速。我国钢铁工业技术水平不断提高，在激烈的国际竞争中，目前处于“跟跑、并跑、领跑”三跑并行的局面。但是，我国钢铁工业技术发展仍然面临四大问题。一是钢铁生产资源、能源消耗巨大，污染物排放严重，环境不堪重负，迫切需要实现工艺绿色化。二是生产装备的稳定性、均匀性、一致性差，生产效率低，实现装备智能化，达到信息深度感知、协调精准控制、智能优化决策、自主学习提升，是钢铁行业迫在眉睫的任务。三是产品质量不够高，产品结构失衡，高性能产品、自主创新产品供给能力不足，产品优质化需求强烈。四是我国钢铁行业供给侧发展质量不够高，服务不到位。必须以提高发展质量和效益为中心，以支撑供给侧结构性改革为主线，把提高供给体系质量作为主攻方向，建设服务型钢铁行业，实现供给服务化。

我国钢铁工业在经历了快速发展后，进入了调整结构、转型发展的阶段。钢铁企业必须转变发展方式、优化经济结构、转换增长动力，坚持质量第一、效益优先，以供给侧结构性改革为主线，推动经济发展质量变革、效率变革、动力变革，提高全要素生产率，使中国钢铁工业成为“工艺绿色化、装备智能化、产品高质化、供给服务化”的全球领跑者，将中国钢铁建设成世界领先的钢铁工业集群。

2014年10月，以东北大学和北京科技大学两所冶金特色高校为核心，联合企业、研究院所、其他高等院校共同组建的钢铁共性技术协同创新中心通过教育部、财政部认定，正式开始运行。

自2014年10月通过国家认定至2018年年底，钢铁共性技术协同创新中心运行4年。工艺与装备研发平台围绕钢铁行业关键共性工艺与装备技术，根据平台顶层设计总体发展思路，以及各研究方向拟定的任务和指标，通过产学研深度融合和协同创新，在选矿、冶炼、连铸、热轧、短流程热轧、冷轧、智能制造等六个研究方向上，开发出了新一代钢包底喷粉精炼工艺与装备技术、高品质连铸坯生产工艺与装备技术、炼铸轧一体化组织性能控制、极限规格热轧板带钢产品热处理工艺与装备、薄板坯无头/半无头轧制+无酸洗涂镀工艺技术、薄带连铸制备高性能硅钢的成套工艺技术与装备、高精度板形平直度与边部减薄控制技术与装备、先进退火和涂镀技术与装备、复杂难选铁矿预富集-悬浮焙烧-磁选（PSRM）新技术、超级铁精矿与洁净钢基料短流程绿色制备、长型材智能制造、扁平材智能制造等钢铁行业急需的关键共性技术。这些关键共性技术中的绝大部分属于我国科技工作者的原创技术，有落实的企业和产线，并已经在我国的钢铁企业得到了成功的推广和应用，促进了我国钢铁行业的绿色转型发展，多数技术整体达到了国际领先水平，为我国钢铁行业从“跟跑”到“领跑”的角色转换，实现“工艺绿色化、装备智能化、产品高质化、供给服务化”的奋斗目标，做出了重要贡献。

习近平总书记在2014年两院院士大会上的讲话中指出，“要加强统筹协调，大力开展协同创新，集中力量办大事，形成推进自主创新的强大合力”。回顾2年多的凝炼、申报和4年多艰苦奋战的研究、开发历程，我们正是在这一思想的指导下开展的工作。钢铁企业领导、工人对我国原创技术的期盼，冲击着我们的心灵，激励我们把协同创新的成果整理出来，推广出去，让它们成为广大钢铁企业技术人员手中攻坚克难、夺取新胜利的锐利武器。于是，我们萌生了撰写一部系列丛书的愿望。这套系列丛书将基于钢铁共性技术协同创新中心系列创新成果，以全流程、绿色化工艺、装备与工程化、产业化为主线，结合钢铁工业生产线上实际运行的工程项目和生产的优质钢材实例，系统汇集产学研协同创新基础与应用基础研究进展和关键共性技术、前沿引领技术、现代工程技术创新，为企业技术改造、转型升级、高质量发展、规划未来发展蓝图提供参考。这一想法得到了企业广大同仁的积极响应，全力支持及密切配合。冶金工业出版社的领导和编辑同志特地来到学校，热心指导，提出建议，商量出版等具体事宜。

国家的需求和钢铁工业的期望牵动我们的心，鼓舞我们努力前行；行业同仁、出版社领导和编辑的支持与指导给了我们强大的信心。协同创新中心的各位首席和学术骨干及我们在企业和科研单位里的亲密战友立即行动起来，挥毫泼墨，大展宏图。我们相信，通过产学研各方和出版社同志的共同努力，我们会向钢铁界的同仁们、正在成长的学生们奉献出一套有表、有里、有分量、有影响的系列丛书，作为我们向广大企业同仁鼎力支持的回报。同时，在新中国成立70周年之际，向我们伟大祖国70岁生日献上用辛勤、汗水、创新、赤子之心铸就的一份礼物。

中国工程院院士 王国栋

2019年7月

前言

钢铁工业作为我国当前工业化发展进程中的重要支柱产业，对国民经济建设和发展具有重大贡献，其中我国热轧钢材产品占钢材总量达90%以上。然而，我国钢铁工业的发展正面临着资源自给、能源消耗、环境负荷所带来的严峻挑战。“十三五”期间“国家重点研发计划重点专项”就钢铁等传统产业明确提出了转型目标：化解产能过剩、进行大型结构性企业重组、遏制行业无序竞争、加大产品创新、促进绿色发展。采用资源节约型的成分设计，大力发展节约型、高性能及可协助下游用户实现绿色制造的钢材品种，节省资源用量和降低能源消耗，减少对合金元素的过度依赖、节能减排、获得性能优良且环境友好的热轧钢铁产品，已成为钢铁行业实现“资源节约、节能减排”绿色制造目标的关注焦点，也是实现钢铁工业可持续发展的关键要素，更是我国钢铁工业发展的必然趋势。

控制轧制控制冷却（TMCP）是提升热轧钢材性能最为重要的工艺手段之一，能够显著提升和改善钢材的强韧性和使用性能，在钢铁产品生产领域广泛应用，为节约能源、简化生产工艺、开发钢材新品种创造了有利条件。21世纪初，东北大学轧制技术及连轧自动化国家重点实验室提出并研发了以超快速冷却为核心的新一代TMCP工艺技术。该技术利用多种强化方式的综合作用机制，充分挖掘热轧工艺的潜力和作用，避免了传统TMCP过度依赖“大量添加合金元素”和“低温大压下”的技术局限，采用节约型的合金成分设计和减量化的生产制造方法，开发出具有良好力学性能、使用性能的特色板带钢产品，对生产工序节能降耗、提升产品使用性能、推动热轧产品绿色化生产具有重大作用。开发新一代控轧控冷技术及其核心装备——超快冷设备，并在全国百余条生产线推广应用，对钢铁工业“资源节约、节能减排”

的可持续发展意义重大。

东北大学依托国家和企业重大项目，开展“产、学、研、用”联合攻关，实现了新一代控轧控冷工艺原理—关键装备技术—材料（产品）的全链条创新。创建了热轧钢材新一代TMCP技术体系，自主研制出系列首台（套）热轧钢材先进快速冷却装备与控制系统，开发出系列低成本高性能钢铁材料。新一代控轧控冷技术作为产业转型升级和结构调整的关键共性技术列入科技部、工信部、发改委、国资委、财政部等17项产业政策文件，入选工信部“十二五”钢铁工业重要发展成就和2011年《世界金属导报》世界钢铁工业十大技术要闻，促进了我国钢铁工业结构升级和可持续发展。相关技术已在鞍钢、首钢等国内大部分重点钢铁企业得到应用，建成了国家级示范产线。生产的高品质钢材在港珠澳大桥、全球最深半潜钻井平台、岭澳核电站、国产二代破冰船、大型水面舰艇等国家重大工程及核心装备成功应用，满足了重点领域对高端钢材的急需，提升了关键材料的自主保障能力。

作者结合长期以来从事本领域相关工作的基础与实践经验撰写本书。介绍了新一代控轧控冷的技术原理和发展现状；对新一代控轧控冷技术的核心装备——超快冷设备进行系统描述，介绍其冷却换热机理、相关数学模型、冷却装备的研发过程及智能化控制系统等；对新一代控轧控冷的延伸——“温控-形变”耦合控制轧制进行了介绍，描述了该技术的工艺原理、装备等，最后介绍了新一代控轧控冷的强韧化机理等。

本书在编写过程中得到王国栋院士及RAL国家重点实验室各位老师的大力支持和帮助，同时也感谢钢铁行业同仁给予我们一个开发和推广本技术的平台，共同推动技术的进步。

由于作者水平有限，相关技术也在不断的更新和发展之中，本书不妥之处敬请广大读者和专家批评指正。

作　者

2020年10月

目　录

1　中厚板新一代控轧控冷技术理论及发展 …… 1
1.1　控制轧制与控制冷却技术的起源 …… 1
1.2　控制轧制与控制冷却技术的发展 …… 3
1.2.1　控制轧制和控制冷却技术的理论基础 …… 3
1.2.2　控制轧制的变形机理 …… 4
1.2.3　传统控轧控冷技术的局限性 …… 5
1.3　新一代控轧控冷技术的发展 …… 6
1.3.1　超快速冷却 …… 6
1.3.2　超快速冷却终止点的精确控制 …… 7
1.3.3　冷却路径的控制 …… 7
1.3.4　“温控-形变”耦合轧制 …… 7
1.4　中厚板新一代控轧控冷工艺的强化机制 …… 8
1.4.1　固溶强化 …… 8
1.4.2　细晶强化 …… 8
1.4.3　析出强化 …… 8
1.4.4　相变强化 …… 9
1.5　中厚板轧后冷却装置的设备形式 …… 9
参考文献 …… 12

2　射流冲击换热属性研究 …… 15
2.1　射流冲击换热原理 …… 15
2.1.1　沸腾换热原理 …… 15
2.1.2　瞬态射流冲击换热原理研究 …… 17
2.1.3　稳态射流冲击换热机理研究 …… 19
2.1.4　沸腾气泡特征的研究 …… 21
2.2　倾斜狭缝射流换热特性研究 …… 22
2.2.1　多功能冷却实验平台构建 …… 22
2.2.2　静止状态下狭缝式射流冲击沸腾换热研究 …… 24

2.2.3 运动状态下狭缝射流冲击换热属性研究 …… 28
2.3 单束圆形喷嘴射流冲击换热原理研究 …… 34
2.3.1 单束圆形射流冲击基本换热属性 …… 34
2.3.2 单束圆形射流冲击换热属性的主要影响因素 …… 36
2.4 多束圆形射流冲击换热原理研究 …… 42
2.4.1 射流冲击冷却过程中局部区域换热特性研究 …… 42
2.4.2 多束圆形射流换热基本规律研究 …… 51
参考文献 …… 59

3 新一代控制冷却装备与控制系统的研究 …… 62

3.1 中厚板多功能冷却装备研发 …… 62
3.1.1 整体狭缝式喷嘴设计 …… 62
3.1.2 高密快冷喷嘴设计 …… 62
3.1.3 超快速冷却整体装备的开发与集成 …… 64
3.2 板带钢在线冷却快速温度解析模型的开发 …… 70
3.2.1 钢板内部导热基本原理 …… 70
3.2.2 板带钢温度场快速解析模型开发 …… 73
3.3 高精度冷却路径控制系统研发 …… 77
3.3.1 控制系统组成 …… 77
3.3.2 超快速冷却系统关键控制技术 …… 84
参考文献 …… 98

4 控制冷却条件下纳米碳化物析出热力学与动力学 …… 100

4.1 微合金碳化物析出热力学与动力学计算 …… 100
4.1.1 析出热力学计算 …… 100
4.1.2 析出动力学计算 …… 110
4.2 超快速冷却条件下纳米渗碳体析出的热力学解析 …… 127
4.2.1 热力学分析和计算模型 …… 127
4.2.2 铁碳合金中碳和铁的活度计算 …… 129
4.2.3 铁碳合金中相变驱动力的计算公式 …… 131
4.2.4 过冷奥氏体的相变驱动力的计算与分析 …… 134
4.2.5 超快速冷却条件下奥氏体相变行为的热力学分析 …… 139
4.2.6 铁碳合金中碳和铁的相界成分计算 …… 143
参考文献 …… 149

5　新一代控轧控冷工艺下纳米碳化物析出行为及强化机制 …… 152
5.1　Nb-V 微合金钢中纳米碳化物析出行为及复合析出机制 …… 152
5.1.1　Nb-V 微合金钢中纳米碳化物析出行为 …… 152
5.1.2　铌钒复合析出机制 …… 162
5.2　钛微合金钢中纳米碳化物析出行为及强化机理 …… 166
5.2.1　超快冷工艺的影响 …… 166
5.2.2　Ti 含量的影响 …… 179
5.3　基于超快冷路径控制的纳米渗碳体析出行为研究 …… 191
5.3.1　热轧实验方法和工艺思路 …… 192
5.3.2　纳米渗碳体析出机理分析 …… 194
参考文献 …… 201

6　中厚板新一代控轧控冷技术的工业化应用 …… 203
6.1　中厚板超快冷技术开发 …… 203
6.2　组织调控机理及强韧化机制 …… 206
6.3　中厚板产品应用类型 …… 206
6.3.1　低合金普碳钢产品应用 …… 206
6.3.2　贝氏体类产品应用 …… 206
6.3.3　马氏体类产品应用 …… 208
6.4　基于新一代 TMCP 工艺的产品研发 …… 208
6.4.1　减量化 C-Mn 钢工业化开发 …… 208
6.4.2　以 Ti 代 Mn 减量化 Q345B 生产 …… 211
6.4.3　高等级管线钢冷却工艺开发 …… 212
6.4.4　水电钢的超快冷工艺开发 …… 214
6.4.5　石油储罐用钢的超快冷工艺开发 …… 216
6.4.6　耐磨钢直接淬火工艺开发 …… 217
参考文献 …… 219

索引 …… 221

1 中厚板新一代控轧控冷技术理论及发展

控制轧制和控制冷却对于高性能钢铁材料的开发和生产具有十分重要的意义。目前，控轧控冷技术[1,2]（Thermo-Mechanical Controlled Processing，TMCP）在高强度板带钢生产领域得到了广泛应用。控制冷却技术通过改变轧后冷却条件来控制相变和碳化物的析出行为，从而改善钢板组织和性能。热轧钢板轧后快速冷却可以充分挖掘钢材潜力，提高钢材强度，改善其塑性和焊接性能。以开发钢铁材料绿色制造技术为目标的中厚钢板新一代 TMCP 装备及工艺技术，实现了轧制和冷却技术升级，丰富了轧后冷却工艺的控制手段，有利于直接在线生产高性能中厚板产品，减少热轧中厚板产品对合金元素的过度依赖和资源的过度消耗，并通过大力发展节约型高性能产品，实现大幅度节能、节材和降耗。

1.1 控制轧制与控制冷却技术的起源

早在 1890 年，德国科研人员已经开始对钢材的热加工条件、材质及显微组织之间的关系进行定性的研究。20 世纪 20 年代，钢铁技术工作者开始研究热加工时温度和变形等条件对钢材的显微组织和力学性能的影响。1925 年，德国哈内曼（H. Haneman）等人进行了此方面的实验和工厂实践。第二次世界大战期间，荷兰、比利时和瑞典等国一些没有热处理设备的轧钢厂，为了提高钢材的强度和韧性，将终轧温度控制在 900℃以下，并给予 20%~30%的道次压下率，生产出具有良好韧性的钢材，这就形成了采用“低温大压下”细化低碳钢的铁素体晶粒，从而提高韧性的“控制轧制”的最初概念。20 世纪 60 年代初期，美国科研人员定性地解释了热轧后继续发生奥氏体再结晶的动力学变化，即在低温轧制时，奥氏体再结晶晶粒细化显著，在一定程度上解释了控制轧制（Controlled Rolling，CR）。在此前后，发现添加微量的铌元素对提高单纯轧制钢材的强度很有效，并采用热轧代替淬火+回火生产高强钢。同时英国斯温顿研究所的科研人员提出，铁素体-珠光体钢的显微组织与性能之间存在定量关系，并使用表述各种强化机制作用的佩奇（Petch）关系式明确了热轧时晶粒细化的重要性[2,3]。

20 世纪 60 年代中期，英国钢铁研究所（BISRA）进行了一系列研究，如降低碳含量改善钢材的塑性和焊接性能，利用 Nb、V 提高强度，Nb 对奥氏体再结晶的抑制作用以及细化奥氏体晶粒的各种途径等，认为依据物理冶金基础进行合理的成分设计和轧制条件设定可以达到所期望钢材的显微组织和目标性能，这也证实了通过控制轧制低碳含铌钢生产低温韧性良好的高强钢的可行性。在欧洲、北美、澳大利亚等国家和地区，已经开始利用控制轧制技术生产大直径管线钢，如美国采用控制轧制工艺生产屈服强度大于 422MPa 的含铌钢等成为该时期控制轧制技术的牵引力[3]。1969 年，日本开发出了采用控制轧制生产低温韧性良好的 Nb-V 系高强管线钢厚板的制造技术，处于国际领先地位。这与当时的条件有关，首先是阿拉斯加管线工程要求低温韧性高的管线钢，其次是日本各钢铁公司配置了世界上最新最大的厚板轧机，另外还有英美等研究发展的控制轧制技术以及日本各大钢铁公司投入了大量有经验的技术研究人员等。日本将相关技术进行总结，确立了日本在该领域的世界领先地位[2]。

钢的连续冷却转变（CCT）曲线为选择合适的冷却速率和终冷温度提供了重要的数据基础，说明可以通过控制轧后钢板的冷却速率和终冷温度实现组织和性能的调控，因此控制冷却引起广泛关注。1957 年，第一套“层流”冷却系统首先被英国钢铁研究协会开发，并应用于英国布林斯奥思 432mm 窄带钢热轧机上，采用层流冷却系统进行轧后控制冷却。此后，几乎每套热带钢轧机输出辊道上都装有冷却系统，但直到 20 世纪 80 年代以前，其应用仅限于厚度在 16mm 以下的板带。对厚度达到 25. 4mm 的中板实行控制冷却是在美国匹兹堡市一架 2286mm 带钢轧机上试验的。直到 1980 年，中板控制冷却的概念才首先被日本的钢铁企业实现，即在福山厚板厂建成第一套中厚板加速冷却装置（On-Line Accelerated Cooling，OLAC）并投入使用。1983 年新日铁、住友金属、神户制钢和川崎制铁分别在有关钢铁厂建立控制冷却装置，同时，在欧洲和美国等轧钢厂也相继被采用。中厚板轧后快速冷却首先在低温控制轧制（未再结晶型控制轧制）后进行，随着科研人员对再结晶型轧制工艺发展的重视，轧后采用快速冷却意义更加重大。控制冷却是在奥氏体相变温度区间进行冷却工艺控制，使相变组织比单纯控制轧制更加细微化，促使钢材获得更高的强度，同时又不降低其韧性。后来，科研人员将控制轧制和控制冷却相结合的技术称为控轧控冷技术。作为控轧控冷技术的重要组成部分——快速冷却技术发展到现在，其实质是通过控制钢板的轧制温度、轧后冷却速率、轧件开冷温度和终冷温度来控制钢材的高温奥氏体组织形态以及组织形态演变过程，最终控制钢材的组织类型、形态及分布，以达到改善钢材组织和提高力学性能的目的[3]。

我国控轧控冷技术的研究及应用起步较晚，始于 20 世纪 70 年代初，先后列为国家“六五”“七五”和“八五”科技攻关项目，我国武钢、鞍钢、太钢、重钢、上钢三厂等钢铁企业和钢铁研究总院、东北大学、北京科技大学等相关研究院所合作，结合常用钢种和国内轧机条件，在控轧控冷技术的基础理论研究与实际应用方面做出了许多卓有成效的工作，如对Nb、V、Ti微合金元素在钢中的作用、形变奥氏体再结晶、控轧控冷工艺与组织性能的关系、微合金元素碳氮化物析出行为、钢的变形抗力等进行了广泛深入的研究，并且于“七五”期间在重钢2450mm中板轧机上建成了我国第一条控轧控冷装置。20世纪90年代，重钢中厚板生产线采用了控制轧制+可控的水幕冷却装置，邯钢、柳钢、新余钢厂等钢厂也配置了控制冷却装置。二十余年来，我国的中厚板控轧控冷技术取得了日新月异的进步，并开发出中厚板新一代控轧控冷技术[3~8]。

1.2 控制轧制与控制冷却技术的发展

1.2.1 控制轧制和控制冷却技术的理论基础

控轧控冷工艺也称为形变热处理工艺。从广义上讲，控轧控冷是指钢材的控制轧制或控制冷却及两者的组合技术；从狭义上讲，控轧控冷是指钢板的控制轧制和控制冷却技术。它的工艺过程如下：控制奥氏体化温度、变形温度、变形速率和变形率，利用变形余热控制冷却，从而得到理想的显微组织，达到控制金属性能的目的。

传统的形变热处理工艺的特点是在奥氏体→铁素体相变前或相变过程中，利用奥氏体的加工硬化，使奥氏体→铁素体相变动力学加快，铁素体晶粒得到细化[9]。随着工业化进程的加快和发展，不但对钢材产量提出了新的要求，而且也对钢材的品种、质量等提出了更高的要求，这样也促进了控轧控冷工艺的不断应用和发展。形变热处理把金属的组织、性能、加工工艺综合起来，成为一个紧密联系的材料科学体系[10]。在轧制过程中几种典型的形变热处理方法如图1-1所示。

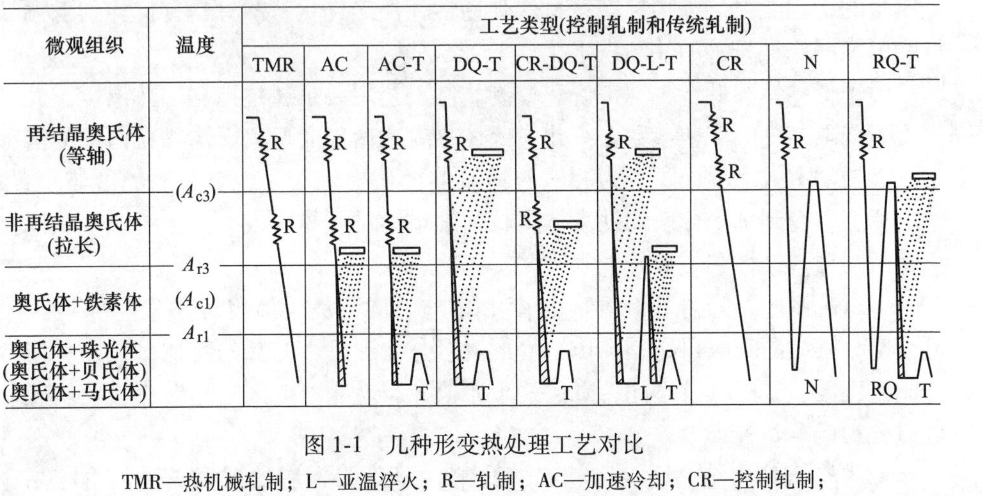

微观组织	温度	工艺类型(控制轧制和传统轧制)								
		TMR	AC	AC-T	DQ-T	CR-DQ-T	DQ-L-T	CR	N	RQ-T
再结晶奥氏体(等轴)										
非再结晶奥氏体(拉长)	(A_{c3})									
奥氏体+铁素体	A_{r3} (A_{c1})									
奥氏体+珠光体 (奥氏体+贝氏体) (奥氏体+马氏体)	A_{r1}									

图1-1 几种形变热处理工艺对比

TMR—热机械轧制；L—亚温淬火；R—轧制；AC—加速冷却；CR—控制轧制；N—正火；DQ—直接淬火；RQ—常规再加热淬火；T—回火

控制轧制与控制冷却工艺作为当代轧钢技术发展的新方向之一，是提高钢材强韧综合性能的重要手段，近些年来被广泛地应用于各种类型的轧钢生产过程。在工业生产中，它之所以被国内外许多轧钢厂采用，是因为具有如下优点：

（1）代替常化、节约能源、能直接生产综合性能优良的专用板，应用于造船、容器、锅炉、桥梁、汽车等领域，并降低生产成本；有效改善一般热轧钢板的强度和韧性，充分挖掘普通钢种的性能潜力；与正火的同等强度级别钢相比，能降低钢的合金含量，并且可以降低碳当量，提高焊接性能。

（2）可以简化传统的生产工序，减少人力、物力的消耗，降低生产成本，提高产品竞争力。

（3）在保持同等性能的前提下，可以适当地提高钢板的终轧温度，或者采用轧制道次和道次之间的冷却工序（温控-形变耦合轧制）来加快中间坯冷却，以减少待温时间，提高生产效率，实现在控制轧制的基础上提高产量。

（4）改善控制轧制钢的金相组织，如消除带状组织、减少层状撕裂等。通常情况下，铁素体的晶粒通过从奥氏体向铁素体的相变过程，晶粒比奥氏体更加细化。铁素体在奥氏体晶界上大量形核，并向奥氏体晶粒内部生长，直至铁素体晶粒与晶粒之间互相接触后停止生长。

1.2.2　控制轧制的变形机理

控制轧制是在C、Mn的化学成分基础上，通过添加微量合金元素（主要是Nb、V、Ti）扩大奥氏体未再结晶区的温度范围。在轧制过程中，通过控制加热温度、轧制温度、变形量、变形速率、终轧温度和轧后冷却等工艺参数，把钢的形变再结晶和相变细晶效果有机地结合到一起，有效细化钢材晶粒组织，充分挖掘钢材的潜在能力，大大提高钢材的强韧性，使热轧状态钢材具有优异的低温韧性和强度的一种先进的轧制技术。

对于低碳钢和低合金钢来说，控制轧制工艺主要是通过控制加热温度、轧制温度、变形制度等工艺参数，细化奥氏体晶粒或增加变形奥氏体晶粒内部的滑移带，即增加有效晶界面积，为相变时铁素体形核提供更多、更分散的形核位置；经过相变，得到细小分散的铁素体和较为细小的珠光体团或贝氏体组织，从而提高钢的强度、韧性和焊接性能等[11,12]。

钢材轧制中，随着轧制温度和变形量的不同，奥氏体将分别发生完全再结晶、部分再结晶和未再结晶。依据变形温度与变形后再结晶的特征，可以将所有轧制温度区间分成具有不同特点的三个阶段，与轧制温度区间相对应，控制轧制可以分为以下几种类型：

（1）奥氏体再结晶区控制轧制。通常在1000℃左右的低温奥氏体再结晶区变形，通过反复变形和反复再结晶，使奥氏体（γ）按静态再结晶机制发生晶粒显著细化，获得细的再结晶 γ 体组织，但是其奥氏体晶粒细化是有极限的，大约为 20μm。因此 γ 体再结晶区控制轧制的目的主要是为后续的控轧过程提供良好的组织基础。

（2）γ 未再结晶区控制轧制。这是形变和相变同时进行的阶段，在这个阶段，γ 晶粒被拉长，同时产生变形带。奥氏体晶界的增加和变形带的出现，为铁素体的形核和相变过程提供了有利条件，进而得到细晶粒的铁素体组织。

（3）（γ+α）两相区控制轧制。这是加工硬化和继续相变的阶段，在该阶段中，使已经相变的铁素体晶粒变形，引入大量位错和亚结构等；同时使未相变的奥氏体晶粒也引入大量的变形带，作为相变时铁素体的形核点；因此，可以进一步细化铁素体晶粒，产生加工硬化，提高强度，改善韧性。

在实际的控制轧制中，一般采用上述几种方式的组合，即在奥氏体高温变形阶段，通过奥氏体再结晶区控轧，得到等轴细小的奥氏体再结晶晶粒；在奥氏体未再结晶区变形得到“薄饼形”未再结晶的晶粒，晶内出现高密度的形变孪晶和形变带，从而有效增加晶界面积；在（γ+α）两相区变形时，一方面奥氏体晶粒被拉长，另一方面已发生相变的铁素体晶粒内部出现亚结构，同样为铁素体晶粒提供新的形核点，使最终的组织得到有效细化。

1.2.3 传统控轧控冷技术的局限性

传统控轧控冷技术的三要素：低温、大压下和微合金化。“低温”，保证未再结晶区轧制，防止硬化奥氏体的再结晶软化；“大压下”，最大程度地硬化奥氏体，但会带来较多的板形问题，增大轧机负荷，容易发生轧卡和断辊等事故，同时“低温大压下”很大程度上受到设备能力的限制，而轧制设备能力的提高将花费大量的人力、物力、财力；“添加微合金元素”可以提高奥氏体的未再结晶温度，使奥氏体在较高温度即处于未再结晶区，便于采用常规轧制温度实现奥氏体的硬化，但使成本大大增加。另外，“低温大压下”容易导致微合金元素在奥氏体区的非平衡应变诱导析出，大大降低了其在铁素体中的析出能力，使得沉淀强化效果大大降低[13]。

轧制过程待温，一方面降低轧制节奏，使得生产效率降低；另一方面，由于此时温度较高，再结晶奥氏体不可避免地要发生长大，弱化再结晶控制轧制效果。由于长时间在大气环境中冷却，还对钢材的表面质量产生不良影响。轧后加速冷却在一定程度上可以控制硬化奥氏体的相变，细化组织，但对某些特殊要求的钢种，如马氏体钢、贝氏体钢、双相钢、复相钢等，其冷却能力有限。为了得到低温相变组织，往往需要添加 Mo、Ni、Cr 和 Mn 等提高淬透性的元素以降低临界冷却速率，使得成本大大增加[13,14]。

传统的以层流冷却机理为特征的层流冷却设备，由于其冷却机理上的不足，直观表现为冷却能力低，即冷却速率低；冷却均匀性差，即冷后板形瓢曲或矫直后上冷床产生浪形。冷却强度低的主要原因在于冷却水在高位水箱（一般高度低于15 m）产生的压力作用下自然流出，形成连续冷却水，冷却水在自重作用下垂直留落在钢板表面，形成换热强度较低的膜态沸腾换热。由于气膜阻热，导致冷却强度不足。由于采用无压冷却水自然流向钢板表面，加密集管布置提高钢板表面水流密度必然造成钢板上表面残留积水过多，导致集管流出的冷却水很难穿透残留积水的水层厚度，即新水无法与钢板表面实现直接接触，其结果即为更多的冷却水也并不能提高冷却效果，并往往起到反作用，恶化钢板冷却过程板形，也就是说在冷却均匀性方面存在不足。

1.3 新一代控轧控冷技术的发展

社会的高速发展，使人类面临越来越严重的资源、能源短缺问题，承受着越来越大的环境压力。人类必须解决这些问题，才能与自然和谐发展，保持人类社会的长治久安和子孙后代的幸福安康。针对这样的问题，在制造业领域，有学者提出了4R原则，即减量化、再循环、再利用、再制造。具体到控轧控冷技术，就是要必须坚持减量化的原则，即采用节约型的成分设计和减量化的生产方法，获得高附加值、可循环的钢铁产品，这就是以超快冷技术为核心的新一代控轧控冷技术（New Generation TMCP，NG-TMCP）[1,13~15]。

新一代控轧控冷技术的第一个重要特点是“高温”轧制过程。这个“高温”只是相对于“低温大压下”而言的“高温”，实际上是通常采取合适的轧制温度，而不必采用接近相变点的较低温度。采用适宜的正常轧制温度进行连续大变形，在轧制温度制度上不再坚持“低温大压下”的原则。所以，与“低温大压下”过程相比，轧制负荷（包括轧制力和电机功率）可以大幅度降低，设备条件的限制可以大幅度放松，轧机等轧制设备的建设不必追求高强化，建设投资可以大幅度降低。适宜的轧制温度，大大提高轧制的可操作性，避免轧制工艺事故，同时也延长了轧辊等轧制工具的寿命，这对于提高产量、降低成本是十分有利的。对于一些原来需要在粗轧和精轧之间实施待温的材料，有可能通过超快速冷却或者中间坯冷却的实施而不再需要待温，或者缩短待温的时间，这对提高生产效率具有重要的意义[15,16]。

1.3.1 超快速冷却

常规轧制中，终轧温度较高，如果不加控制，材料会由于再结晶而迅速软化，失去硬化状态。因此，在终轧温度和相变开始温度之间的冷却过程中，应努力设法避免硬化奥氏体的软化，即设法将奥氏体的硬化状态保持到动态相变点。近年来出现的超快速冷却技术可以使材料在极短的时间内，迅速通过奥氏体相区，将硬化奥氏体“冻结”到动态相变点附近，这就为保持奥氏体的硬化状态和进一步控制相变提供了重要基础条件。

对中厚板而言，确保高速冷却条件下的平直度是一个关键性、瓶颈性的问题。国内科研工作者已经针对中厚板生产过程开发出高效率、高均匀性的中厚板新式先进冷却系统（Advanced Cooling System for Plate Mill，ADCOS-PM），又称超快冷（Ultra-fast Cooling，UFC）。利用这种系统，可以突破高速冷却时的冷却均匀性这一瓶颈，实现板带材全宽、全长上均匀化的超快速冷却，因而可以得到平直度极佳的板带材产品[16~18]。

1.3.2 超快速冷却终止点的精确控制

轧后钢材由终轧温度开始急速快冷，迅速穿过奥氏体区，达到快速冷却条件下的动态相变点。在轧件达到预定的温度控制点后，应当立即停止超快速冷却。由于超快速冷却的终止点对后续相变过程的类型和相应的相变产物有重要影响，所以需要精确控制超快速冷却的终止点。通过控制冷却装置的细分和精细调整手段的配置，以及高精度的预控数学模型，可以保证终止温度的精确控制[7,15]。

1.3.3 冷却路径的控制

实施超快速冷却后的钢材还要依据所需要的组织和性能要求，进行冷却路径控制，这就为获得多样化的相变组织和材料性能提供了广阔的空间。针对这样一个特点，可利用简单的成分设计获得不同性能的材料，实现柔性化的轧制生产，提高炼钢和连铸的生产效率。

在冷却路径的精确控制方面，现代的控制冷却技术已经可以提供良好的控制手段，相变强化仍然是可以利用的重要手段。这样一来，再与固溶强化、细晶强化、析出强化等手段互相配合，新一代控轧控冷将在提高材料的强度、改善综合性能、满足人类对材料的要求方面发挥重要作用[18,19]。

1.3.4 “温控-形变”耦合轧制

在粗轧、精轧机架前后，以及在粗轧与精轧机架之间的关键位置，设置即时冷却系统，对中厚板轧机提高生产效率、组织精细调控、改善钢板全长温度控制精度等方面发挥重要作用。应用于坯料比较厚的粗轧阶段，通过轧机入口处的超快冷，使板坯表层经历“激冷-变形-返温”复杂热履历过程，芯部可以获得较大的塑性变形；该技术解决了钢板热轧过程中厚向变形渗透不足、冷却换热不均、相变不同步、组织差异大、应力不可控等瓶颈问题，可实现减量化生产、量大面广的普碳钢升级和高端特种钢材产品突破[7,20]。

1.4 中厚板新一代控轧控冷工艺的强化机制

1.4.1 固溶强化

固溶强化是普遍采用的强化机制。C、N 等小半径的原子，以间隙原子的形式与金属形成固溶体，造成基体金属晶格的畸变，提高材料的强度；而 Mn、Cu、Ni、Cr 等金属原子，通过置换基体金属原子溶于金属中，由于原子半径不同，造成基体金属晶格畸变，也可以提高材料的强度；这两种情况分别称为间隙固溶和置换固溶。在热轧过程中，固溶元素的存在，可以提高材料的变形抗力，所以在轧机设计中，应当考虑固溶强化对变形抗力的贡献，并在轧机设计中采取相应的强化措施。对于碳锰钢，固溶强化是主要的强化机制。

1.4.2 细晶强化

控轧控冷技术主要是针对低合金高强（HSLA）钢，通过添加微合金元素提高钢材的再结晶温度，扩大未再结晶区，在未再结晶区进行“低温大压下”，使材料内部形成大量的变形带、亚晶、位错等晶体“缺陷”，这些“缺陷”在后续的相变中成为铁素体形核的核心。“缺陷”的大量存在，造成后续相变中材料内部大量形核，因而可以大幅度细化材料的晶粒，实现细晶强化。在材料中添加微合金元素，特别是 Nb，会在 800~950℃ 的温度区间由于变形的诱导而大量析出微合金元素的碳氮化物，从而提高材料的再结晶温度，强化材料的硬化效果。对于 HSLA 钢来说，细晶强化是主要的强化方式。

当采用新一代控轧控冷技术时，尽管材料是在较高的温度下完成热变形过程，但是在变形后的短时间内，还来不及发生再结晶，仍然处于含有大量“缺陷”的高能状态。如果对它实施超快速冷却，就可以将材料的硬化状态保持下来，在随后的相变过程中，保存下来的大量“缺陷”成为形核的核心，因而可以得到与低温轧制相似的强化效果[21,22]。

1.4.3 析出强化

在钢中添加微合金元素和合金元素，会在钢中形成一些析出相以微小颗粒析出，造成基体晶格的畸变，提高材料的强度，这称为析出强化。析出强化的效果与析出相的数量、颗粒尺寸等因素有关，在各类钢中都有应用。自从成功开发 HSLA 钢以来，析出强化在材料高强化方面的作用也日益显著，目前析出强化已经成为材料强化的重要手段。依据 Orowan-Ashby 模型，颗粒尺寸越小，析出物的数量越多，则材料抗拉强度的提高值越大。

采用传统的控轧控冷工艺时，含铌的 HSLA 钢通常会在热加工温度范围内，即 800~950℃ 的温度区间，由于变形诱导析出铌的碳氮化物，因而可能由于该碳氮化物的析出而提高材料的强度[23]。但是，在采用新一代 TMCP 时，在比较高的温度，材料被加工成型，在通常形变诱导析出的温度范围，材料被迅速冷却通过碳氮化物大量析出的温度区间，碳氮化物的析出受到了抑制。超快速冷却在适当的温度被终止，例如在铁素体相变的“鼻尖”温度被终止，然后进行空冷，此时碳氮化物可能由于很大的析出驱动力而在铁素体晶粒内大量、微细、弥散析出，使铁素体基体得到强化，大幅度提高材料的强度水平。因此，采用新一代控轧控冷技术，可以更好地发挥铌等微合金元素的强化作用，发挥合金元素的强化效果。

1.4.4 相变强化

相变强化又称组织强化，它是通过相变过程改变钢材的组织组成，从而提高钢材强度的一种强化方法。钢铁材料的一个重要特点，是在冷却过程中会发生复杂的相变。如果对冷却条件加以控制，即对相变过程进行控制，在钢中引入一定数量的硬相组织，就可以提高钢材的强度。硬相所占的比例不同，就可以得到不同的材料强度水平，相变强化正是利用了钢铁材料的这一特点。先进高强钢、超高强钢主要是通过相变来获得含有硬相马氏体、贝氏体的复相组织，从而实现材料的强化。

即使使用相同的化学成分和轧制条件，但是冷却过程不同，即采用不同的冷却路径，也会得到不同的组织，因而会有不同的材料性能。所以，在实施新一代 TMCP 的过程中，如果能够发挥超快冷的优势，对冷却路径进行适当的控制，则可以在更大的范围内，按照需要对材料的组织和性能进行更有效的控制，甚至开发出全新的轧制过程[21,23]。

1.5 中厚板轧后冷却装置的设备形式

随着控轧控冷工艺的广泛应用和不断创新，作为控轧控冷工艺的主要组成部分——轧后冷却装备也取得快速发展。热轧中厚板轧后冷却装备的研究起源于20 世纪 70 年代中期管线钢的开发与生产需要。日本 NKK（现已与川崎钢铁合并为 JFE）通过对控制冷却的长期研究，于 1980 年开发出首套中厚板在线控制冷却设备，命名为 OLAC，并在福山制铁所的厚板生产线上投入应用。该冷却系统安装在精轧机与矫直机之间，主要冷却元件喷嘴分为管状层流式上喷嘴和射流式下喷嘴。DAC（Dynamic Accelerated Cooling）是由住友金属鹿岛厂与 IHI 公司在 20 世纪 80 年代合作开发的加速冷却系统，安装在精轧机与矫直机之间。上冷却系统共有 12 组集管，均为水幕式；下冷却系统共有 39 组集管，均为射流式[7,24,25]。

从轧后冷却技术的多年研发及应用实践历程来看，上述控制冷却设备所实现的应该仅是一定冷却强度的冷却过程，在更高强度的冷却工艺中，其效果不尽如人意。其原因体现在两个方面：一方面在冷却能力上，不足以满足在线淬火工艺或大厚度钢板的冷速要求；另一方面是冷却后的钢板板形难以控制。因此，在中厚板轧后冷却技术领域，更大冷却强度和良好的冷却均匀性是中厚板轧后控制冷却技术的发展重点。

超快速冷却是20世纪末国际上发展起来的一项用于控制板带钢冷却的新技术，配合其他一些先进钢铁材料的轧制新技术，如相变诱导塑性钢的轧制、薄板坯连铸连轧以及铁素体区轧制双相钢等，在轧钢生产过程中实现快速准确的温度控制以获得相应的相变组织。

日本JFE钢铁公司福山厂（原NKK福山厂）对原有的冷却系统OLAC进行了改造，建立了Super-OLAC（Super On-Line Accelerated Cooling）新型加速冷却系统。该系统的最大特点是通过带压力的射流冲击，避开了冷却过程中的过渡沸腾和膜沸腾阶段，实现了全面核态沸腾，具有极高的冷却速率和良好的冷却均匀性。Super-OLAC上冷却系统的喷嘴与钢板上表面距离较近，并以一定的角度向钢板移动的方向将一定压力的水喷射到板面，击破板面残余水与钢板之间形成的气膜，从而实现钢板和冷却水之间的完全接触，实现核态沸腾，称为“新水流的控制冷却”。该系统不仅提高了钢板和冷却水之间的热交换，达到较高的冷却能力，其冷却速率可达到传统加速冷却方式的2~5倍，而且可以实现钢板的均匀冷却，大大抑制了由于冷却不均而引起的板形翘曲；其下冷却系统是将冷却水高密度喷嘴射流到板面，称为“带高密度导管的吸入式喷水冷却”。基于Super-OLAC装置的良好冷却能力，通过合理的冷却工艺控制钢材的组织转变行为和析出行为，并配合后续热处理工艺，获得良好综合性能的各类产品[24~29]，主要品种见表1-1。

表1-1 基于Super-OLAC系统生产的主要产品

钢板种类	典型钢种	屈服强度/MPa	抗拉强度/MPa	伸长率/%	冲击功/J
高强桥梁用钢	HITEN780LE	≥685	780~930	≥16	≥40（-40℃）
高强建筑用钢	HBL385B	≥385	550~670	≥20	≥70（0℃）
装甲与压力容器钢	HITEN610E	≥490	610~730	≥19	≥47（-25℃）
土木与机械用钢	HITEN780LE	≥685	780~930	≥16	≥40（-40℃）
海上平台高强钢	MARIN490Y	≥355	490~610	≥17	≥27（0℃）
管线钢	X100	≥694	794	≥21	≥205（-40℃）

俄罗斯谢韦尔公司为满足大口径管线钢生产需要，在5000mm轧制生产线上应用了快速冷却技术。冷却装置总长21.2m，分为强冷段（5.8m）和弱冷

段（15.4m）两个区域，为保证钢板宽度方向冷却均匀，中部和边部水量均可自动调节，喷嘴结构呈扁平状，冷却水以扇形形式从上下喷嘴同时喷射到钢板表面，管内水压变化范围为0.07~0.28MPa。该公司基于此技术成功开发出K70级别管线钢。

西门子VAI公司与CRM冶金工程中心共同开发出一种多功能间歇冷却系统（Multi-Purpose Interrupte Cooling，MULPIC），该系统可以实现多种钢板冷却工艺以及多功能间歇式冷却。MULPIC系统采用了密集排布的冷却集管结构，并采用带压力的冷却水，可在钢板表面形成高速射流水，实现高达5MW/m^{2}的热流密度。由于其流量可调范围大，故可满足不同冷速要求的多种冷却工艺，从而对厚度范围较宽的钢板进行冷却。由于MULPIC具有较高的冷却强度，故可实现直接淬火工艺。基于MULPIC实现了建筑用钢、低合金结构钢、桥梁用钢、高强船板钢、管线钢、容器钢以及低合金高强度钢板等高综合性能产品的生产。

此外，德国西马克公司（SMS）开发了直接淬火（DQ）冷却装置与层流冷却（ACC）的组合式冷却系统。2010年韩国浦项钢铁公司（POSCO）在引进吸收国际先进冷却技术的基础上，也针对厚规格钢板自主开发了超快冷技术[7,29]。国外应用超快速冷却技术部分企业、安装位置、主要应用工艺功能及其代表产品的情况详见表1-2[30]。

表1-2 国外应用超快速冷却技术部分企业、安装位置和代表产品

企业	采用技术	安装位置	超快冷技术主要工艺功能使用原理	代表产品
日本JFE	Super-OLAC	精轧后	与HOP工艺结合，控制相变的同时使碳化物析出，使组织变得均匀或变成多相组织	高强度管线钢（X100）、耐酸性气体管线钢
日本NKK	Super-OLAC	精轧后	与HOP工艺结合，通过快速冷却后的加热处理促进碳向未发生相变的奥氏体聚集，获得微细状马奥（M/A）岛	高强度管线钢（X100）、800MPa级高强度汽车钢
韩国浦项	MULPIC	精轧后	轧后快速冷却或直接淬火	中厚板或高强度热轧板
德国蒂森克虏伯	UFC	精轧后	快速冷却后，再进行固溶热处理	不锈钢、耐蚀钢（NiMo 16CrTi）

注：HOP（Heat Treatment On-line Process）为在线热处理。

国内部分研究机构对超快速冷却的研究力度逐渐加大，促进了相关冷却技术和设备的理论水平、制造水平和应用水平的快速提升。近年来，以东北大学轧制技术及连轧自动化国家重点实验室（State Key Laboratory of Rolling and Automation，RAL）为代表的科研团队开发的中厚板超快速冷却系统可实现大冷却速率和大范围水量的无级调节，已超过国外相同设备冷却效果，RAL 将该系统命名为 ADCOS-PM，目前已占据国内市场主导地位。以超快速冷却为核心的新一代 TMCP 技术在高性能热轧钢铁材料的组织调控及生产制造方面突破了传统 TMCP 技术冷却强度的局限以及大量添加微合金元素的强化理念，针对不同的组织性能要求通过高冷却速率及冷却路径的灵活精准控制，在组织性能调控方面显现出强大的技术优势，逐步实现了减量化品种钢、高等级管线钢和高强钢等产品的生产，薄规格高强钢和耐磨钢等钢种在线淬火工艺替代离线热处理[30]。图 1-2 为轧后超快冷中厚板设备总貌。

图 1-2　轧后超快冷中厚板设备总貌

参 考 文 献

[1] 王国栋．以超快速冷却为核心的新一代 TMCP 技术［J］．上海金属，2008，30（2）：1~4.

[2] 小指军夫．控制轧制控制冷却——改善材质的轧制技术发展［M］．李伏桃，等译．北京：冶金工业出版社，2002：125.

[3] 王有铭，李曼云，韦光．钢材的控制轧制和控制冷却［M］．北京：冶金工业出版社，2009.

[4] 王延溥．金属塑性加工学——轧制理论与工艺［M］．北京：冶金工业出版社，1997：112~115.

[5] 轧制技术及连轧自动化国家重点实验室．新一代 TMCP 条件下热轧钢材组织性能调控基本规律及典型应用［M］．北京：冶金工业出版社，2015.

[6] 田村今男，等．高强度低合金钢的控制轧制与控制冷却［M］．王国栋，等译．北京：冶金工业出版社，1992：6~8.

[7] 张田．基于超快冷的中厚板温控形变耦合工艺及控冷模型的研究与工业应用［D］．沈阳：东北大学，2019.

[8] 王国栋，吴迪，刘振宇，等．中国轧钢技术的发展现状和展望［J］．中国冶金，2009，19（12）：1~14.

[9] 王占学．控制轧制与控制冷却［M］．北京：冶金工业出版社，1988.

[10] 崔忠圻．金属学与热处理［M］．北京：机械工业出版社，1986：270.

[11] 王国栋．中国中厚板轧制技术与装备［M］．北京：冶金工业出版社，2009：345~347.

[12] 东涛，孟繁茂，傅俊岩．微合金化钢技术基础［M］．北京：北京理工大学出版社，2001：5~100.

[13] 王国栋．基于新一代 TMCP 的创新热轧过程［C］// 中国工程院化工，冶金与材料工学部学术会议．中国工程院，2009.

[14] 王昭东，王国栋．热轧钢材一体化组织性能控制技术［J］．河北冶金，2019，280（4）：1~6.

[15] 王国栋．新一代控制轧制和控制冷却技术与创新的热轧过程［J］．东北大学学报（自然科学版），2009，30（7）：913~922.

[16] 王国栋．TMCP 技术的新进展——柔性化在线热处理技术与装备［J］．轧钢，2010，（2）：19~24.

[17] 田勇，王丙兴，袁国，等．基于超快冷技术的新一代中厚板轧后冷却工艺［J］．中国冶金，2013，23（4）：17~20.

[18] 王新，陈小林，田士平，等．超快冷技术在首秦宽厚板生产线上的应用［J］．钢铁研究学报，2011（S1）：11~14.

[19] 王国栋，王昭东，刘振宇，等．基于超快冷的控轧控冷装备技术的发展［J］．中国冶金，2016，26（10）：9~17.

[20] 余伟，张立杰，刘涛，等．中厚板控制轧制用中间坯冷却工艺及装置的开发与应用［C］// 第九届中国钢铁年会，2013.

[21] 刘振宇，唐帅，周晓光，等．新一代 TMCP 工艺下热轧钢材显微组织的基本原理［J］．中国冶金，2013，23（4）：10~16.

[22] 周晓光，王猛，刘振宇，等．超快冷条件下含 Nb 钢铁素体相变区析出及模型研究［J］．材料工程，2014，（9）：1~7.

[23] 周晓光．含 Nb 钢 FTSR 热轧板带组织-性能预测的研究［D］．沈阳：东北大学，2007.

[24] 蔡晓辉．中厚板控制冷却数学模型的研究与应用［D］．沈阳：东北大学，2004.

[25] 王丙兴．中厚板轧后多阶段冷却控制策略研究与应用［D］．沈阳：东北大学，2009.

[26] 袁国，王昭东，王国栋，等．控制冷却在板带材开发生产中的应用［J］．钢铁研究学报，2006（01）：1~5.

[27] 陈小林．超快冷条件下中厚板温度均匀性的研究及应用［D］．沈阳：东北大学，2014.

[28] 轧制技术及连轧自动化国家重点实验室．热轧中厚板新一代 TMCP 技术研究与应用［M］．北京：冶金工业出版社，2014.

[29] 袁国．传统层流冷却技术的开发，实践及再认识——中厚板新一代 TMCP（控轧控冷）装备及工艺技术［J］．中国钢铁业，2012（3）：28~31.

[30] Wang Z，Wang B，Wang B，et al. Development and application of thermo-mechanical control process involving ultra-fast cooling technology in China［J］. ISIJ International，2019，59（12）：2131~2141.

2 射流冲击换热属性研究

热轧钢板轧后冷却过程是高温钢板与冷却介质间热交换的过程,高温钢板冷却技术开发和应用需要换热理论的支撑。本章针对射流冲击瞬态沸腾换热开展系统性深入研究和完善，重点研究喷嘴结构、射流倾角、阵列形式等几何因素和钢板表面温度、水温工艺参数对换热基本规律的影响，为超快速核心装备缝隙喷嘴、高密快冷喷嘴以及工艺模型的研发提供参考依据。

2.1 射流冲击换热原理

2.1.1 沸腾换热原理

在热轧板带钢的冷却过程中，冷却水的沸腾换热过程非常重要。冷却水在高温壁面上沸腾时的换热过程是具有相变特点的两相流换热。由于沸腾现象的存在，冷却水的换热能力会有大幅的提升，沸腾换热过程也是热轧板带钢冷却过程中的研究重点。典型的池沸腾曲线[1~3]如图 2-1 所示，池沸腾是指加热壁面被沉浸在无宏观流速的流体表面下所发生的沸腾，此时产生的气泡能脱离钢板表面自由浮升；池沸腾时，液体的运动主要由自然对流和气相运动引起，此沸腾曲线也称为 Nukiyama 曲线。随着钢板表面温度的变化，冷却过程的换热机理主要分为 4 种：单相自然对流、核态沸腾、瞬态沸腾、膜态沸腾。

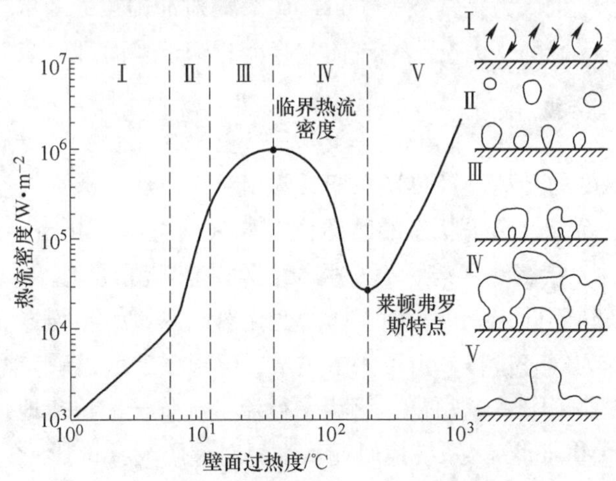

图 2-1　典型池沸腾热流密度曲线

图 2-1 中的纵坐标为热流密度，横坐标为壁面过热度。区域Ⅰ为单相对流换热区域，在此区域过热度尚未达到沸腾形核所需的最低温度，主要换热机理为壁面与冷却水之间的对流换热。区域Ⅱ和Ⅲ为核态沸腾区域。当进入核态沸腾状态后沸腾气泡开始形核，液态水变为气态，吸收大量的热量。热流密度有明显的提高，沸腾频率随着钢板表面温度的升高而增大。热流密度达到最大值时刻核态沸腾转化为瞬态沸腾，热流密度的最大值称为临界热流密度（Critical of Heat Flux，CHF），在核电站等需要冷却的场合，钢板表面温度超过 CHF 对应温度时设备将面临损坏的危险。区域Ⅳ为瞬态沸腾区域，沸腾气泡在表面聚集长大，由于钢板表面温度过高，气泡脱离的时间大幅延长。单位时间内冷却水与表面的接触面积减小，导致沸腾频率降低，热流密度也逐渐降低。区域Ⅴ为膜态沸腾区域，瞬态沸腾转变为膜态沸腾的位置称为 Leidenfrost 点（莱顿弗罗斯特点），其代表着稳定膜态沸腾状态的开始，此时流层与钢板表面间存在着一个蒸汽层。这个现象最早由 Leidenfrost 在 1756 年发现，他观察到水滴在加热的平底锅上蒸发需要很长时间，因而进行了相关研究。在此区域随着钢板表面温度的升高热流密度逐渐增大，这是因为较高的钢板表面温度对应更强的热辐射和对流换热。

2.1.1.1 单相自然对流区域

图 2-1 中的区域Ⅰ为单相自然对流区域，此区域对应的壁面温度较低，不足以支撑沸腾状态，换热以自然对流换热为主，此时即使生成了气泡也会很快地溶解。在单相自然对流区域，钢板表面热流密度随着与冲击点的距离而变化，流体状态对换热系数产生直接的影响。在距离冲击点足够远的区域，流体状态稳定时，对流换热系数可认为是常数。Hauksson 等[4]对冲击点处的单相对流换热进行研究表明，冲击区域的压力会影响流体过冷度和钢板表面过热度。

2.1.1.2 核态沸腾区域

随着表面温度的升高，换热现象变为两相对流换热，沸腾气泡逐渐生成、长大并脱离钢板表面。核沸腾状态的开始位置称为核态沸腾起始点 ONB（Onset of Nucleate Boiling）。核态沸腾与瞬态沸腾交接处，热流密度达到最大值 CHF。与单相自然对流换热不同，钢板表面流体的变化对此区域的沸腾强度影响不大，在此区域液态水变为气态过程带走了大量热量。但很多学者发现，增加射流速率和流体过冷度可提高 CHF，这可能是因为平行流将沸腾气泡快速地带走，提高了沸腾的极限频率。Mitsutake[5]系统地研究了水温对沸腾现象的影响，发现随着水温的下降，核态沸腾和瞬态沸腾区域的宽度也逐渐增加。

2.1.1.3 瞬态沸腾区域

瞬态沸腾（过渡沸腾）是介于核态沸腾和膜态沸腾的沸腾状态，冷却水与钢板表面的接触面积与接触时间都随着表面温度的升高而减小。在此区域，热流密度随着钢板表面温度的升高而降低。在射流冲击条件下，瞬态沸腾区域在完全润湿区域的外侧。它与核态沸腾换热的一个重要区别是钢板表面流场的变化对瞬态沸腾产生显著影响。钢板表面流场的紊流强度增加了对沸腾气泡的扰动，使气泡分裂成多个小气泡并增加其脱离频率，进而增强换热强度。

Hammad[6]通过对射流过程图像的分析，总结出射流冲击过程中瞬态沸腾的变化规律。在图 2-2 中，r_w 为润湿区域外围半径，r_s为可观察到沸腾状态的半径，它们之间明显的分界特征代表了瞬态沸腾区域的范围。通过对分界特征和润湿区域的变化过程进行分析可得出瞬态沸腾区域的变化过程，还对最大热流密度位置（r_q）和最大换热系数位置（r_h）进行了研究。在图 2-2 中可见，瞬态沸腾区域的半径随着冷却时间的增加而增大。在冷却时间 4.7s 后，最大热流密度的位置与瞬态沸腾区域的内侧半径基本一致。

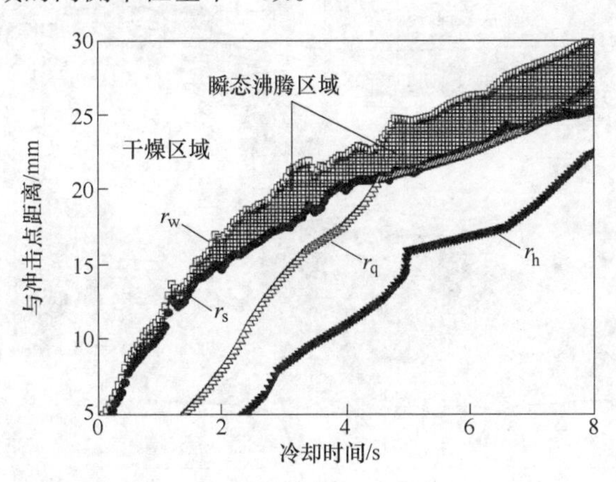

图 2-2 瞬态沸腾区域的变化过程[6]

2.1.1.4 膜态沸腾区域

当钢板表面温度大于某一临界值时，冷却表面产生大量的沸腾气泡形成稳定的蒸汽层，开始稳定膜态沸腾的时刻称为 Leidenfrost 点。膜态沸腾状态的换热主要是对流换热和辐射换热。

2.1.2 瞬态射流冲击换热原理研究

在射流冲击高温钢板表面的过程中，沸腾现象会对流体的流动产生很大的影响。图 2-3 为钢板表面温度高于 Leidenfrost 点时单束射流冲击至钢板表面的流体和沸腾状态示意图，图中所示流体状态对应冷却过程中某一中间时刻。可见钢板的温降区域是以冲击点为圆心的半圆形区域，距离圆心越近，温降越大。在冲击区域的边缘位置流体状态较为复杂，最外层为膜态沸腾区域，对应的表面状态为未润湿状态，此区域的表面流体状态主要为滑行的液滴。在膜态沸腾区域内侧为瞬态沸腾区域，润湿前沿在此区域内。此区域的流体状态为伴随大量沸腾气泡的平行流和飞溅流，此处用 r_w 表示润湿前沿的位置。瞬态沸腾区域的内侧为核态沸腾区域，对应的表面状态为润湿状态，此区域的表面流体状态主要为气泡生成频率逐渐增大的平行流。在某一时刻达到最大热流密度的位置用 r_{MHF} 表示，达到 r_{MHF} 的时刻为瞬态沸腾状态转换为核态沸腾的时刻，其位置在润湿前沿区域靠内的位置处。

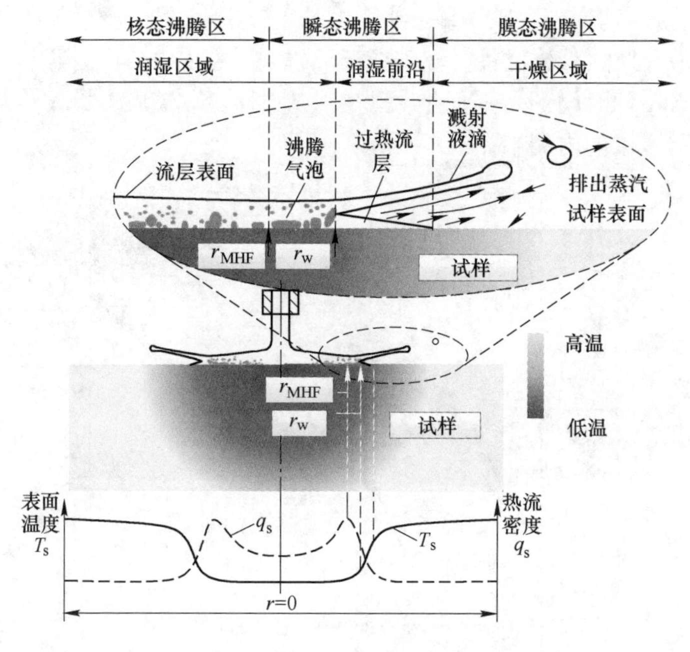

图 2-3　射流冲击高温钢板表面流体状态[7]

在射流冲击至钢板表面的瞬间，有些学者认为冷却水在冲击压力的作用下直接与钢板表面产生了充分的接触，直接进入单相强制对流换热阶段，且很高的表面温度不会阻碍其保持单相强制对流换热状态。但也有部分学者认为，在冷却水冲击至钢板表面的瞬间，其也经历了瞬态沸腾和核态沸腾，最终变为单相强制对流换热状态。图 2-4 为其变化过程示意图。

如图 2-4a 所示，由于初始的壁面温度较高，冷却流体很难湿润壁面。当冷却流体冲击至钢板表面时并不会立刻产生湿润表面，而是会形成一层气膜。

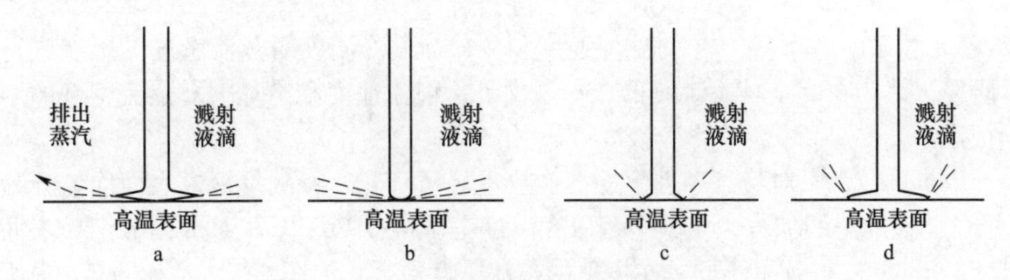

图 2-4　射流冲击高温钢板表面的四个阶段[8]

a—初始阶段；b—第二阶段；c—第三阶段；d—第四阶段

在图 2-4b 中，随着壁面温度的降低会先形成一小块润湿区域，此时润湿区域可能发生瞬态沸腾换热。随着在瞬态沸腾换热的进行，壁面温度持续下降，壁面蒸汽膜持续时间缩短，与壁面直接接触的流体数量和持续时间都会增加，这时突发性的流体与壁面接触产生喷射型的蒸气泡，导致水滴溅射现象。

在图 2-4c 中随着壁面温度的进一步降低，会出现完全湿润区域。一旦钢板表面发生了再润湿现象，钢板表面会变暗，因此也称为暗区。在这段时间核态沸腾和瞬态沸腾发生在润湿区域的边缘，液体形成细小的液滴并向四周飞溅。

最终湿润区域不断长大并伴随着更宽的湿润边界，如图 2-4d 所示。此时最大热流密度发生在湿润边界区域，部分核态沸腾和单相强制换热发生在湿润区域。在润湿边界区域外进行稳定的膜态沸腾换热，液滴在表面上滑移，其底部是膜态沸腾形成的蒸汽膜。

射流冲击换热的沸腾曲线与池沸腾曲线存在一定的差异，池沸腾曲线的测定过程为静态流体状态下，逐渐加热钢板表面得到的热流密度数据，而射流冲击换热过程是伴随着复杂流场的高温钢板表面冷却过程。图 2-5 所示为冷却区域内某一位置处，钢板表面温度随时间变化的曲线。由此可看出，随着冷却时间的增加，钢板表面依次经过膜态沸腾、瞬态沸腾、核态沸腾和单相对流换热，与池沸腾时的顺序相反。

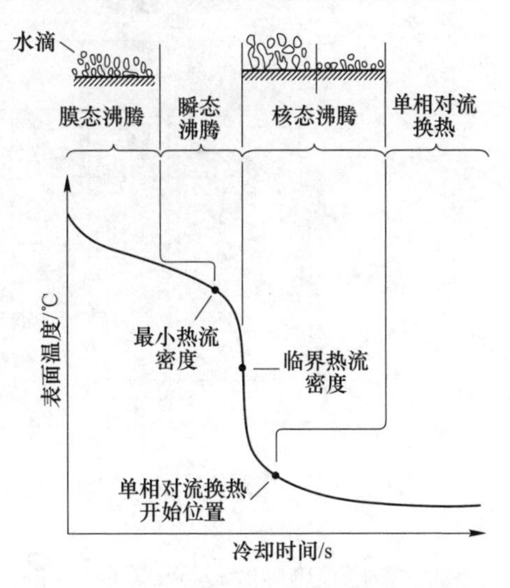

图 2-5　某一特定位置处瞬态沸腾曲线[9]

2.1.3　稳态射流冲击换热机理研究

稳态换热过程是指对冷却基体加载一定量的热流密度，在此基础上研究冷却过程的换热特征。多数学者对稳态换热问题的研究主要针对滞止点处的换热规律，Ma 和 Miyasaka 等[10,11]对射流速度和冷却剂过冷温度对热流密度的影响进行了研究，认为在完全核态沸腾的冷却条件下，射流速度和冷却剂对热流密度的影响很小。

Robidou 等[12]对稳态条件下冲击换热进行了研究，将测量钢板表面均匀分为 8 个可单独加热的部分，实验平台研究温度范围为 0~700℃。通过调节钢板表面温度，Robidou 得到了不同过热度下的热流密度数据，如图 2-6 所示。图 2-6 中所示数据为水温 84℃、射流速度 0. 8m/s 条件下，3 个位置处（冲击点、距冲击点 19mm 处、距冲击点 44mm 处）在不同过热度下的热流密度数据。可以看出，稳态射流换热条件下各位置处的沸腾曲线与池沸腾时有很大的区别，但依然可以观察到 4 种沸腾机理。当壁面过热温度在 40℃左右时，热流密度达到实验温度区间内的最大值（CHF）。CHF 随着距离冲击点位置的增加而减少，在冲击点位置处的 CHF 是平行流区域 CHF 的 3 倍左右。当距离冲击点位置大于临界值（在此实验条件下为 10mm）时 CHF 基本保持恒定，接近静态池沸腾状态。当壁面过热温度在 80℃左右时，热流密度达到局部最小值，此后随着壁面过热温度的增加，热流密度也开始增加，此现象可能是由于微气泡沸腾引起的。已有学者[13,14]观察到此现象，他们认为气泡分裂为微气泡的过程会导致区域流体的混合流动，这样会使冷却钢板表面更好地润湿，从而增大热流密度。

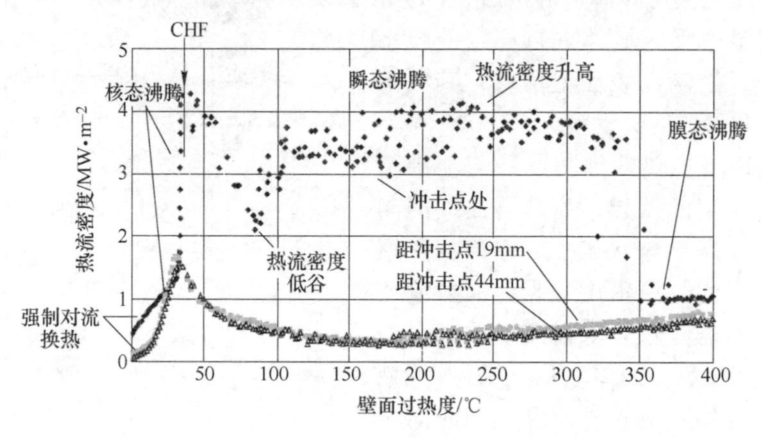

图 2-6　稳态条件下钢板表面实测热流密度变化规律

当壁面过热度超过 360℃时，在冲击点处的热流密度可以观察到急剧的下降现象，此温度为 Leidenfrost 点。在平行流区域对应的 Leidenfrost 点过热度为 80℃。此时沸腾状态由瞬态沸腾转变为膜态沸腾，说明在平行流区域比大流速的冲击区域更容易进入膜态沸腾状态。在冲击点位置附近的膜态沸腾热流密度比平行流区域大 25%，这很可能是由于冲击点位置有较薄的流层以及较高的平行流速度，可以使沸腾气泡快速被带走。

2.1.4 沸腾气泡特征的研究

射流冲击冷却过程可描述为流动沸腾换热过程，流动沸腾与池沸腾换热有巨大的差异。钢板表面的流场分布会对沸腾过程产生复杂的影响，沸腾过程中生成气泡的尺寸和生命周期会随着流速、过冷度和热流密度的增加而减小。经过观察还发现，当钢板表面过热度提高时气泡生成速度与生成频率会显著增加。

图2-7中，第Ⅰ阶段为气泡在形核点生成阶段，第Ⅱ阶段为气泡滑移阶段，第Ⅲ阶段为气泡脱离壁面阶段。在第Ⅰ阶段，气泡的核心在形核点上产生，由于流体施加的作用力使气泡会向流动方向倾斜。壁面流速的增加会加大气泡的形核难度，需要更高的壁面过热度。在第Ⅱ阶段，气泡会沿着表面滑移并持续长大，最终到达临界气泡体积。在第Ⅲ阶段，浮力会使气泡飘起脱离表面。

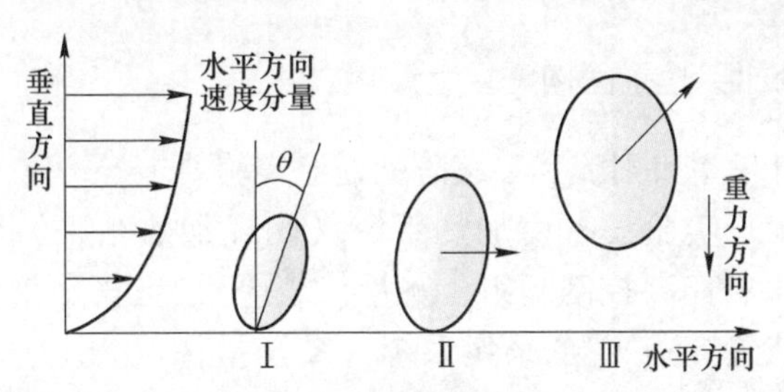

图2-7 沸腾过程中气泡形成的三个阶段[15]

沸腾气泡的大小与生成频率、壁面过热度有很大相关性，当壁面过热度增加1.5K时，沸腾气泡的生存时间由130ms降至5ms。壁面过热度再增加10K时，沸腾气泡的生存时间会低至2ms。在高温钢板的表面，极大壁面过热度会使得10^3帧/s的摄像机不足以拍摄气泡的生命周期变化过程[16,17]。

Hitoshi Fujimoto等[18]利用多个高速相机，对单个液滴冲击高温625铬镍铁合金板表面的沸腾状态进行了研究。图2-8为该合金表面温度500℃时液体沸腾状态照片，液滴直径为2.5mm，下落速度为1.00m/s。液滴冲击在板表面的过程分为冲击、扩散、到达最大面积、回缩、反弹五个阶段。可以看出在0.12m/s时，液滴中心部位已可观察到沸腾现象。0.77~2.48ms为扩散阶段，液滴与板表面的接触面积迅速增大。液滴边界可观察到间隔排布的球状凝聚点，这些凝聚点可能是在沸腾气泡和表面张力的约束下形成的。液滴在2.48ms时与板表面有最大的接触面积，在冲击区域的中间可观测到强烈的沸腾现象。在2.48~6.45ms范围内，接触面积逐渐收缩，转变为小液滴。小液滴底部有明显的蒸汽膜，并会沿着加热板表面滑移，较高的表面温度会阻碍液滴与其接触面积的扩大。

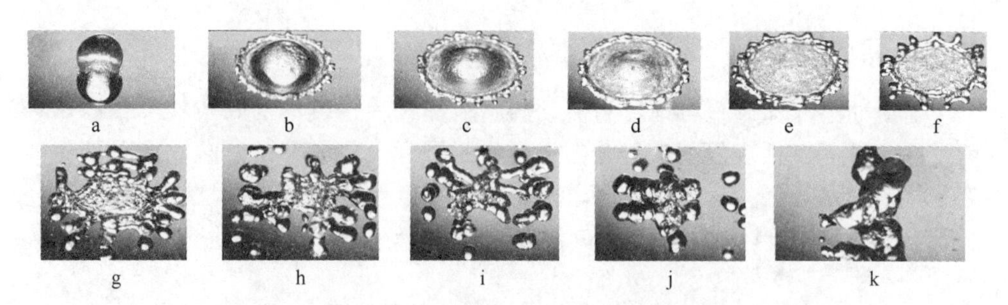

图 2-8　液滴冲击高温 625 铬镍铁合金板表面的沸腾和流体状态照片[18]

a—0. 12ms；b—0. 77ms；c—1. 06ms；d—1. 59ms；e—2. 48ms；f—3. 33ms；
g—4. 84ms；h—5. 76ms；i—6. 45ms；j—7. 99ms；k—11. 51ms

2. 2　倾斜狭缝射流换热特性研究[19]

2. 2. 1　多功能冷却实验平台构建

根据倾斜条件下单束射流和多束阵列射流实验要求，构建多功能冷却实验平台，如图 2-9 所示。实验设备由加热系统（陶瓷加热板、加热炉等）、供水系统（供水泵、供水管路、控制阀组、测量仪表等）、数据采集系统（热成像仪、热电偶温度采集装置等）、图形采集系统（高速摄像机）、实验平台和相关仪器仪表等组成，水泵的流量范围为 1. 5 ~ 30L/min，喷嘴高度可调范围为 - 400 ~ 400mm，射流倾角的调整范围为-90° ~ 90°。

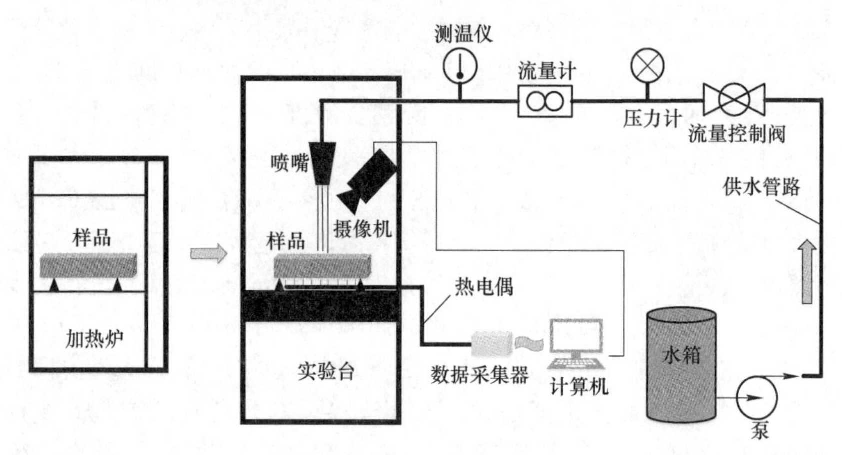

图 2-9　多功能冷却实验平台

加热系统主要采用两种加热方式，加热温度较低时采用陶瓷加热板，如图 2-10 所示。为了维持较好的加热性能及保温性能，用耐高温保温材料氧化铝保温砖搭建了加热平台基座，减少了加热过程中的热量耗散，保证了较高的加热效率及均匀性；加热温度较高时采用箱式电阻炉（SX2-10-12）加热，加热系统可将实验钢板加热到1050℃，并保证钢板的温度偏差为±5℃。

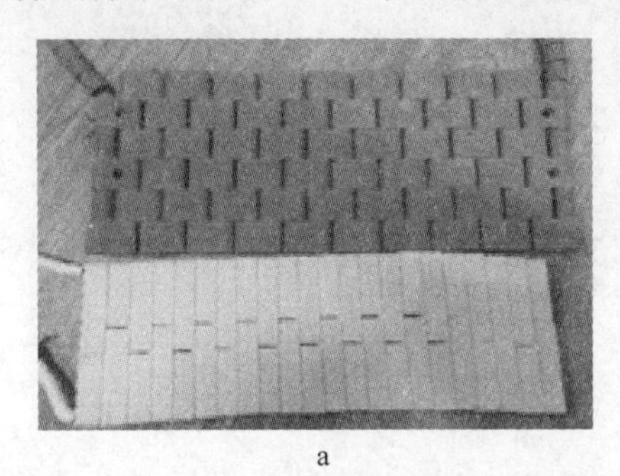

a

b

图2-10　加热装置
a—陶瓷加热板；b—箱式电阻炉

图2-11所示为可移动实验平台，由混合式步进电机、直线导轨和方形滑块平台、绝热装置组成。直线导轨由铝合金外壳和导程为1.2m的滚珠丝杆构成。步进电机进角为1.2°，频率为9999Hz，步进电机可以实现方形滑块平台的双向移动，便于钢板在冲击冷却实验中的正向和逆向移动。

图2-11　移动实验平台示意图

数据采集系统主要包括温度采集系统和图像采集系统。温度采集系统负责采集实验钢板加热和冷却过程中的瞬时温度，主要包括收集实验数据的采集器以及测量实验数据的热电偶；其中数据采集器为日本图技GRAPHTEC GL220，具有10通道电压、湿度、温度数据记录功能，最小采样时间为10ms，并支持USB接口，如图2-12所示。实验过程选用温度数据记录功能，并按照时间为100ms采集实验数据，通过USB接口将实验数据保存至计算机进行后续处理。

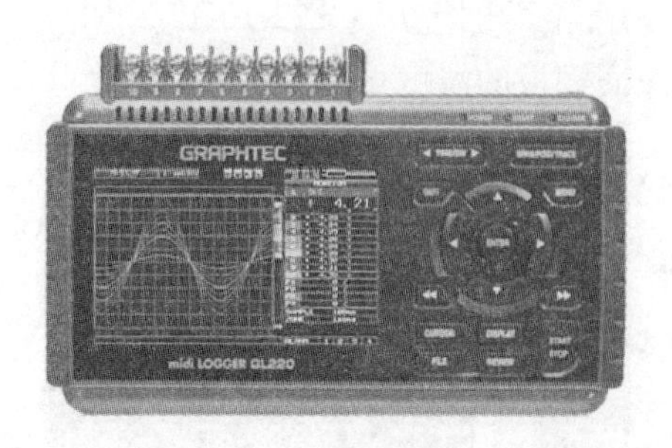

图 2-12　实验用温度采集装置及工业摄像头照片

实验过程中，首先将实验钢打磨抛光，利用加热系统将其加热至指定温度。与此同时，调整喷射集管高度、角度等至设定实验条件。将实验钢板快速移动到实验平台，待钢板温度达到开冷温度时进行射流冲击换热实验，相关温度数据和视频信息由数据采集系统收集获得。在此基础上，通过反传热模型计算获得钢板表面温度和热流密度等信息[20]，利用图像分析软件分析获得钢板表面沸腾现象的演变过程信息。

2.2.2　静止状态下狭缝式射流冲击沸腾换热研究

如图 2-13 所示，采用 Solid Works 建模，喷嘴长度为 110mm、入水口直径为 12mm，狭缝宽度分别为 0.5mm、1.0mm、1.5mm、2.0mm。设计完成后，利用 3D 打印技术制作狭缝喷嘴。为保证喷嘴内部壁面光滑，将喷嘴分为对称两部分，然后粘合在一起，如图 2-14 所示。

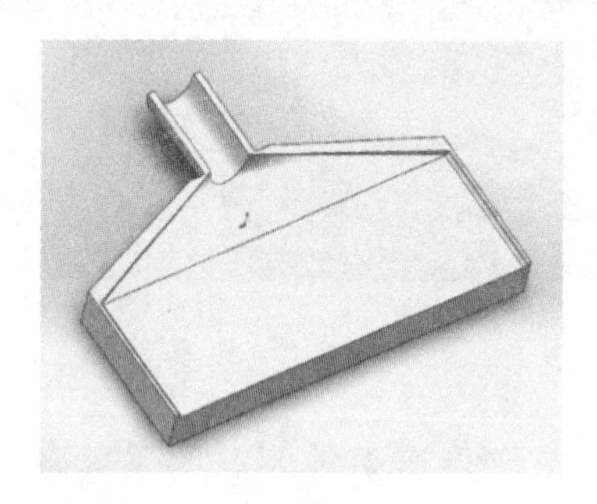

图 2-13　Solid Works 建模

图 2-14　3D 打印狭缝喷嘴

试样采用 304L 不锈钢，尺寸为 20mm×80mm×150mm，在距离钢板表面 2.5mm 处插入 7 根热电偶，深度为 30mm，孔径为 3mm，水温为 10℃，狭缝喷嘴出口距冲击线的高度为 200mm，开冷温度为 700℃，实验及热电偶布置如图 2-15 所示。

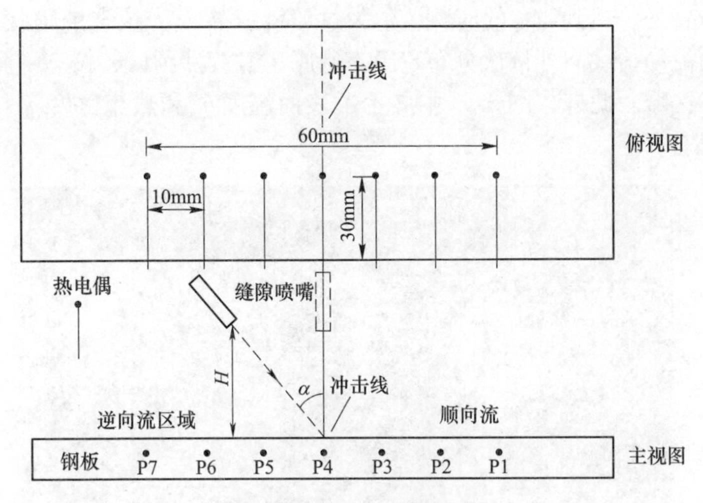

图 2-15 静止射流冲击示意图及热电偶分布

2.2.2.1 狭缝射流冲击换热基本属性研究

图 2-16 所示是在狭缝喷嘴宽度为 2mm、射流流量为 15L/min 条件下的垂直射流冲击过程。在 0.07s 时，在冲击区域出现黑色的润湿区，冲击区外射流流体形成平行流迅速覆盖钢板表面，在高温钢板表面形成蒸汽膜。图 2-17 为换热区域分布图，润湿前沿是干燥区转变为润湿区的狭窄过渡沸腾区，r_w 位于过渡沸腾区内[6]。在某一时刻达到最大热流密度的位置用 r_{MHF} 表示，其位置在润湿前沿区

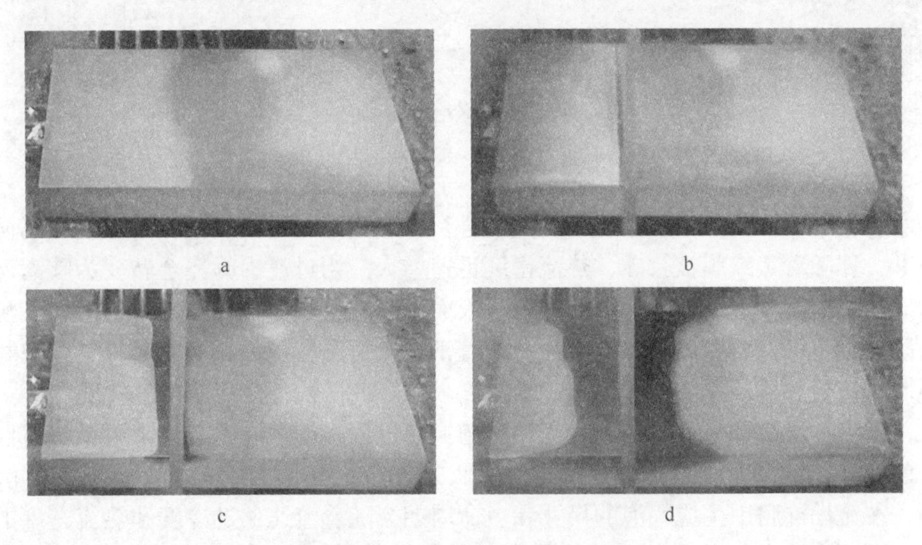

图 2-16 垂直狭缝射流冲击过程

a—0s; b—0.07s; c—1.8s; d—3.6s

域靠内的位置处。达到 r_{MHF} 的时刻 t_{MHF} 为过渡沸腾转换为核态沸腾状态的时刻。在钢板表面沿冲击线向外依次分布着膜态沸腾、过渡沸腾区、核态沸腾、单相强制对流换热区域。此外，图 2-17 中展示了表面温度 T_s 和热流密度 q_s 与冲击线距离 r_m 的典型分布。

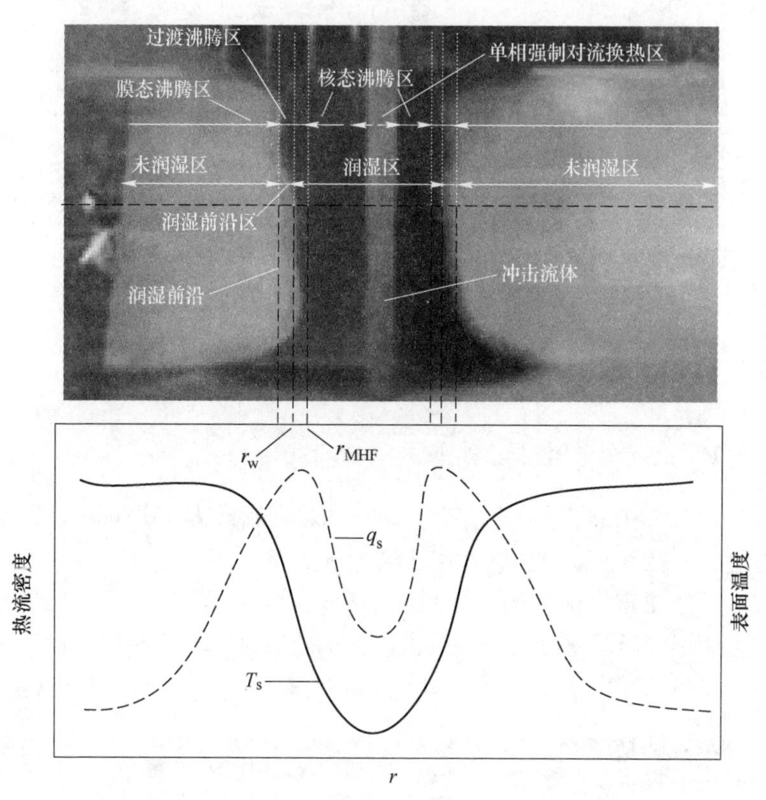

图 2-17　换热区域分布示意图

图 2-18 为瞬态换热时钢板表面温度与热流密度曲线。膜态沸腾阶段Ⅰ，冷却水与钢板表面的蒸汽膜阻碍了换热的进行，表面热流密度较低。在过渡沸腾阶段Ⅱ，伴随着蒸汽膜被打破，热流密度迅速增大。当过渡沸腾完全转变为核态沸腾时，热流密度达到最大值，此时钢板表面温降最剧烈。随后，换热进入核态沸腾阶段Ⅲ，保持着较高的热流密度。随着钢板表面温度降低，换热过程进入单相强制对流换热阶段Ⅳ。由于钢板表面温度较低，此阶段的热流密度也较低。

射流冲击冷却过程可描述为流动沸腾换热过程，流动沸腾与池沸腾换热有巨大的差异，钢板表面的流场分布会对沸腾过程产生复杂的影响。文献［16］表明，在流动沸腾中生成气泡的尺寸和生命周期会随着流速、过冷度和热流密度的增加而减小。当钢板表面过热度提高时，气泡生成速度与生成频率会显著增加。在很大的表面过热度条件下，10^3 帧/s 的摄像机都不足以拍摄气泡的生命周期变

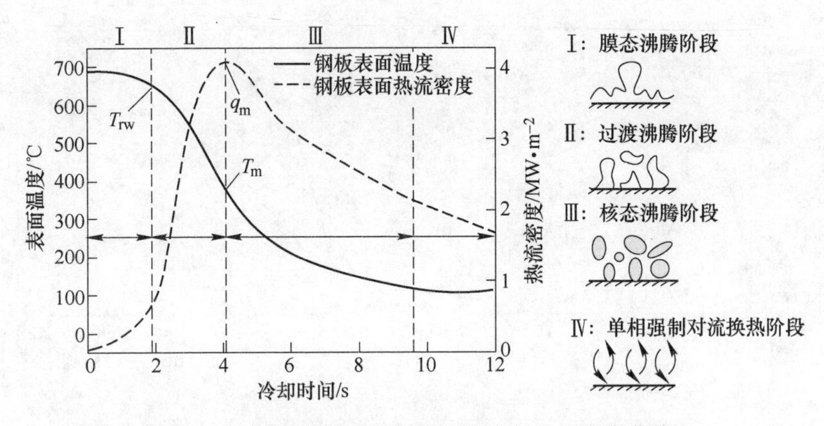

图 2-18 瞬态换热时钢板表面温度与热流密度曲线

化过程，因此在大过冷度的流动沸腾冷却时可能看起来像没有气泡一样。

图 2-19 中 T_{sat} 为沸腾临界温度，T_s 为表面温度，T_L 为液体平均温度，在 A 与 B 之间布置了加热装置；可以看到随着 T_L 的升高，气泡的尺寸与产生频率都有明显的增加[9,21,22]。从图 2-20 中可看出[17,23]，热流密度越大，沸腾气泡的尺寸与生命周期都越小，而钢板表面过冷度的增大，对气泡生成速度有显著的提高。

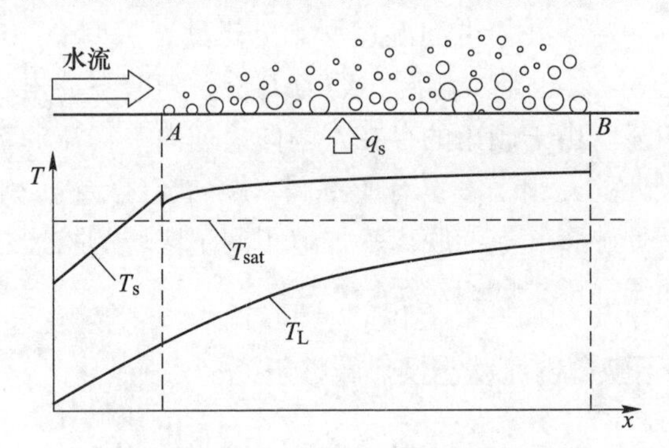

图 2-19 在管道下方加热时的气泡生成状态

2.2.2.2 倾角对换热属性的影响

狭缝喷嘴角度对换热能力和冷却均匀性有重要影响。图 2-21 为静止状态下不同角度狭缝射流冲击的热流密度曲线，包括冲击线处（图 2-15 中热电偶 P4 处）和距冲击线 $d=\pm30$mm 处（热电偶 P1 和 P7 处）。图 2-21a、b 表明，不同倾角条件下滞止点处的热流密度峰值（Maximum Heat Flux，MHF）约为 4.42MW/m^2，达到热流密度峰值对应的钢板表面温度为 520℃。随着倾角从 0°增大到 45°，顺向流区域 $d=30$mm 处的热流密度峰值 MHF 从 3.6MW/m^2 增加到 4.0MW/m^2，

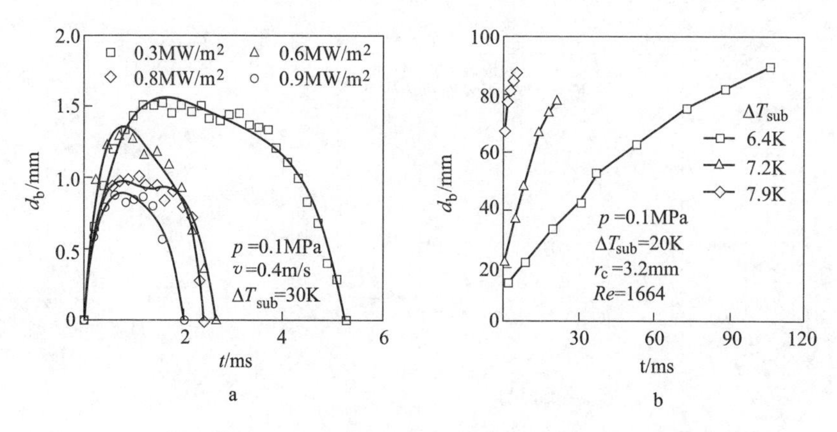

图 2-20　气泡生成、尺寸及影响因素

a—热流密度对气泡的影响；b—表面过冷度对气泡的影响

相应的表面温度从 378℃ 增大到 400℃，如图 2-21c、d 所示。逆向流区域 d = −30mm处的 MHF 从 3.64MW/m^2 下降到 2.98MW/m^2，对应的表面温度从 358℃ 下降到 220℃，如图 2-21e、f 所示。Chester 等发现随着倾斜程度增加，逆向平行流流量减小，换热能力有所下降，逆向平行流区域的润湿前沿扩展速度下降[24]。不同倾角条件下，冲击线处的再润湿过程十分迅速，为 0.06~0.08s[25]。不同倾角条件下，冲击点处 t_{MHF} 也基本相同，约为 1.8s。随着与冲击线距离的增加，润湿时间延迟十分明显。由于倾角的存在，顺向、逆向平行流的动能不同，沿冲击线两侧相对称位置处的 t_w 和 t_{MHF} 也有所不同。顺向流区域内，平行流动的动能较大，促进润湿前沿处沸腾气泡的脱离，加速了润湿区域的扩展；相反，逆向平行流的动能较小，润湿前沿扩展相对缓慢[7,26]。

2.2.3　运动状态下狭缝射流冲击换热属性研究

2.2.3.1　运动状态下的狭缝射流冲击基本换热特征

运动射流冲击示意图及热电偶分布如图 2-22 所示。将运动时的实验过程定义为：（1）垂直射流冲击，射流流体垂直冲击在钢板表面；（2）顺向射流冲击，钢板相对喷嘴的运动方向与喷嘴倾斜射流方向相同；（3）逆向射流冲击，钢板相对喷嘴的运动方向与喷嘴倾斜射流方向相反。

开冷温度 700℃、水温 15℃、狭缝宽度 2mm、流量 15L/min、喷射角度 15°、相对运动速度 v = 15mm/s 条件下的射流冲击冷却过程图像如图 2-23 所示。分析可知，虽然倾角的存在和相对运动阻碍了平行流向逆向区域流动，但射流逆向区的钢板表面仍然可以观测到平行流以及冷却水与钢板表面形成的蒸汽膜[27]。随着钢板运行，射流流体冲击高温钢板表面形成的润湿前沿呈一条直线向未润湿区

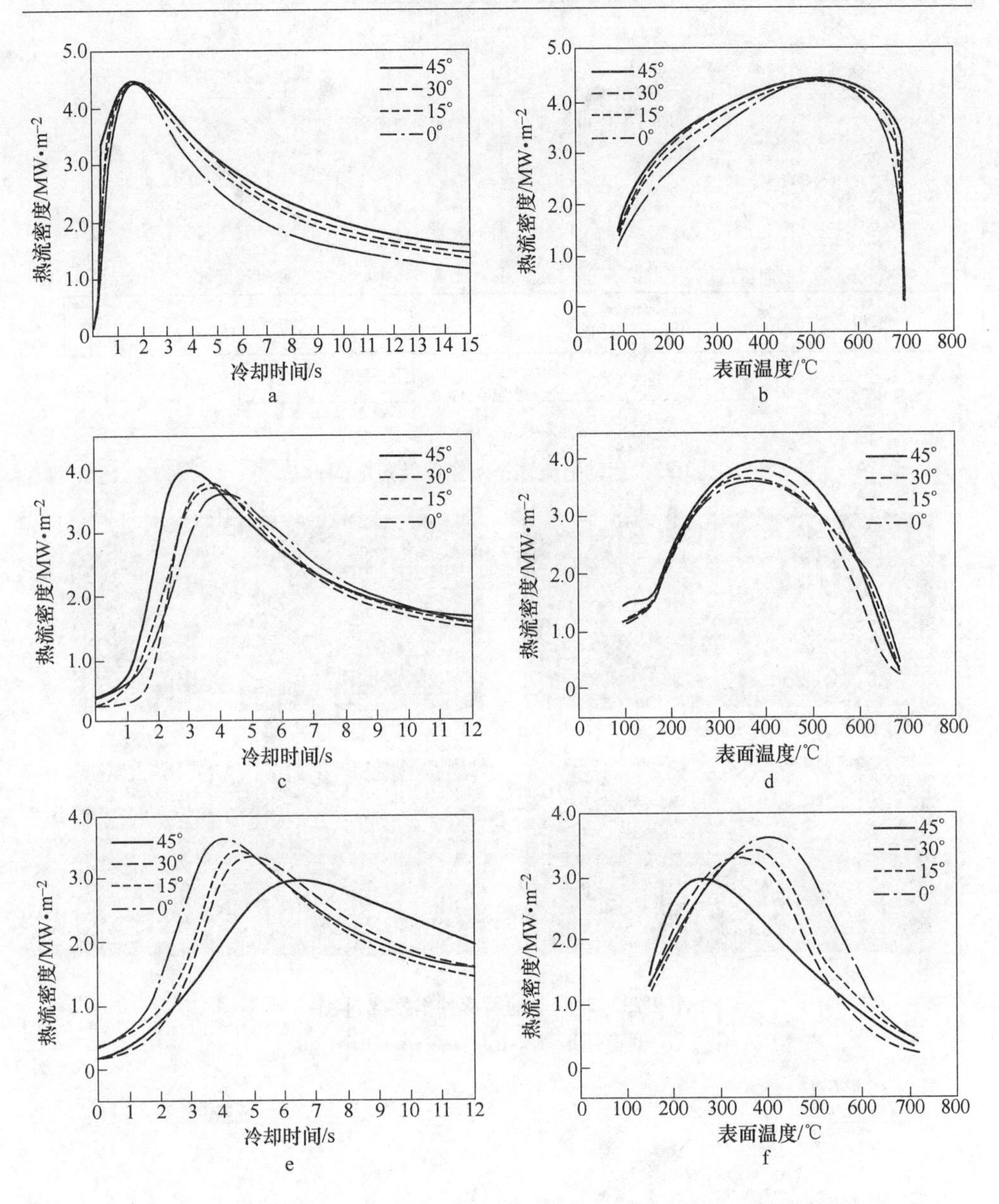

图 2-21 不同角度下冲击线、$d=30$mm 和 $d=-30$mm 处的热流密度曲线

a，b—$d=0$mm；c，d—$d=30$mm；e，f—$d=-30$mm

发展，润湿区不断扩大，具有较高的换热系数，钢板表面温度迅速降低。运动条件下倾斜射流冲击流体结构和换热区域分布如图 2-24 所示。换热区域的分布从左向右依次为小液滴聚集区、膜态沸腾区、过渡沸腾区、核态沸腾区和单相强制对流换热区。这与静止条件的射流冲击换热区域分布存在明显的差异，有助于提高换热均匀性和同步性。

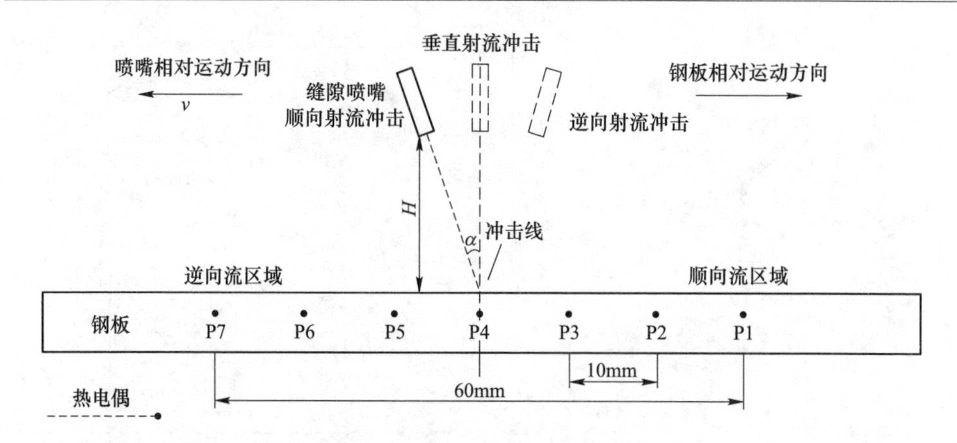

图 2-22　运动射流冲击示意图及热电偶分布

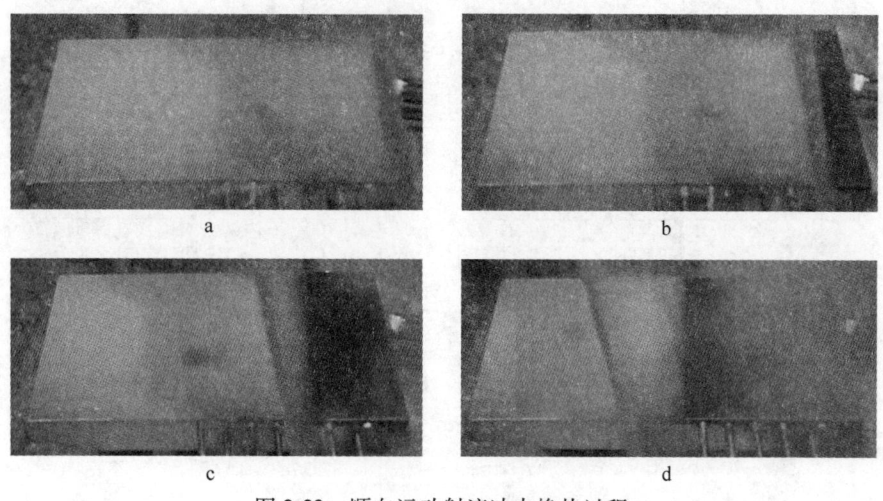

图 2-23　顺向运动射流冲击换热过程

a—0. 07s；b—1. 2s；c—2. 6s；d—4. 6s

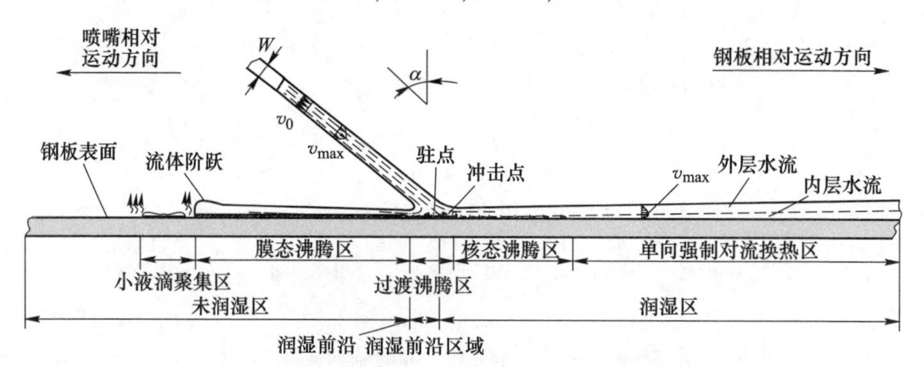

图 2-24　顺向运动时射流结构及换热区域分布

v_0—喷嘴出口射流速度；v_{max}—喷嘴射流速度最大值

2.2.3.2　喷嘴倾角对换热属性的影响

喷嘴倾斜角度-15°、0°（垂直）、15°、30°、45°条件下的热流密度曲线如图2-25所示。喷嘴角度从0°增大到45°显著提高了换热能力，热流密度峰值从4.51~4.69MW/m^{2}增大到5.09~5.31MW/m^2，增幅12.8%~13.2%，如图2-26

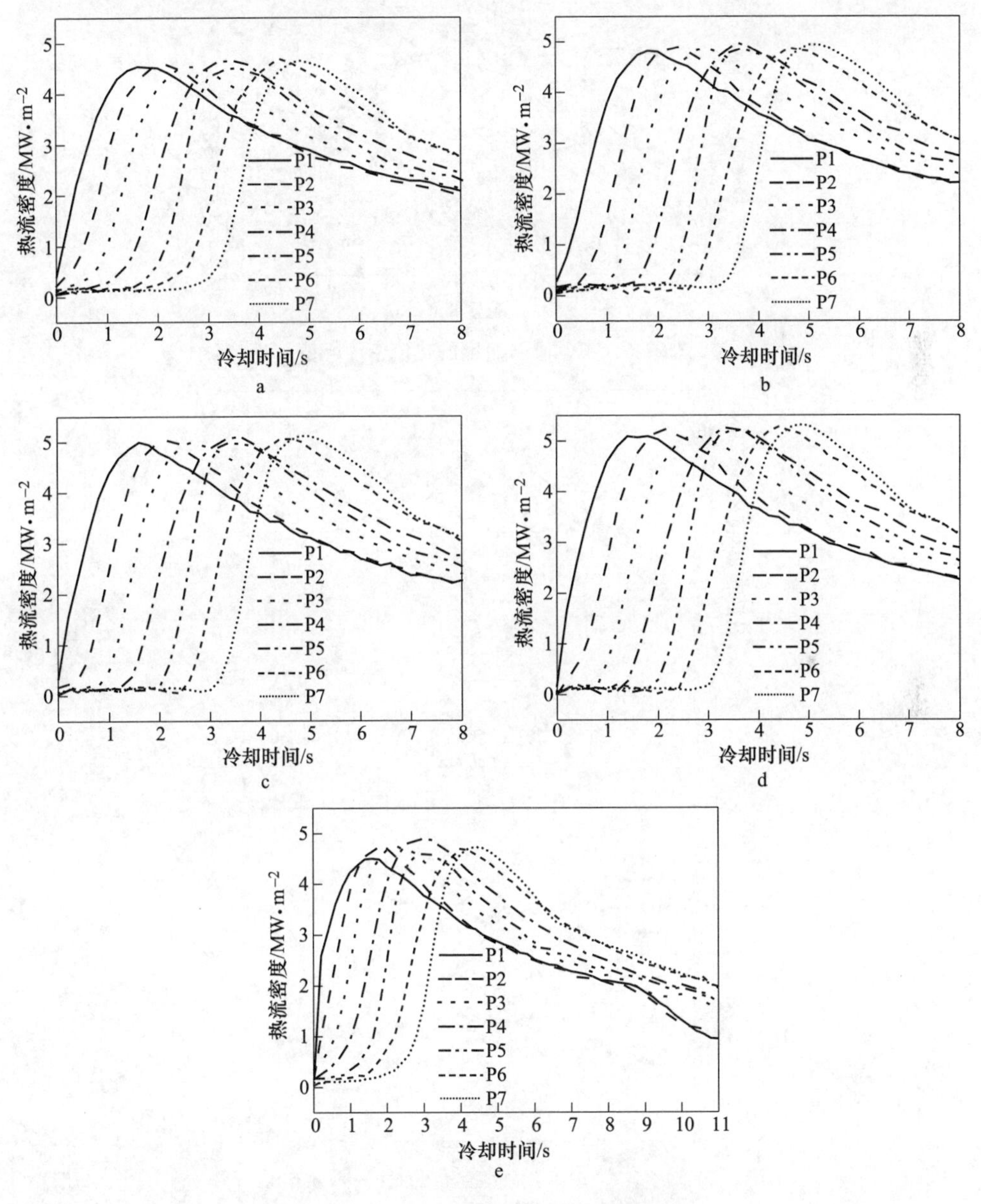

图2-25　不同射流角度的热流密度曲线

a—0°；b—15°；c—30°；d—45°；e—-15°

所示。倾角增加，顺向平行流增加，逆向平行流减少，弱化了预积水对换热强度的影响。图 2-27 所示为不同倾角条件下的过渡沸腾区的宽度 $r_{MHF}-r_w$ 和时间 $t_{MHF}-t_w$。随着倾角从 0°增大到 45°，$t_{MHF}-t_w$ 从 2. 35s 降低至 1. 6s。相应的过渡沸腾区

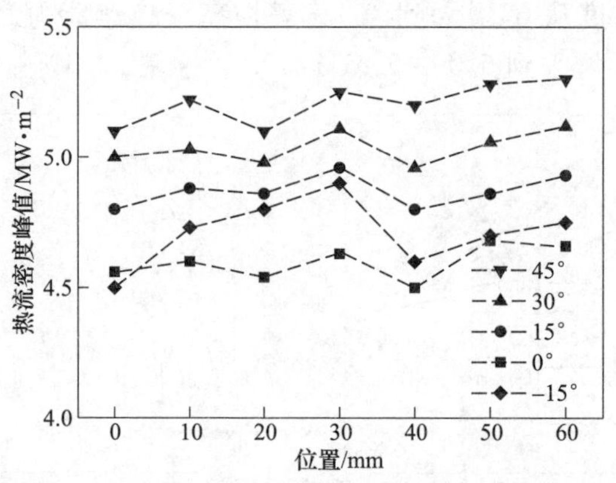

图 2-26　不同倾斜角度的热流密度峰值

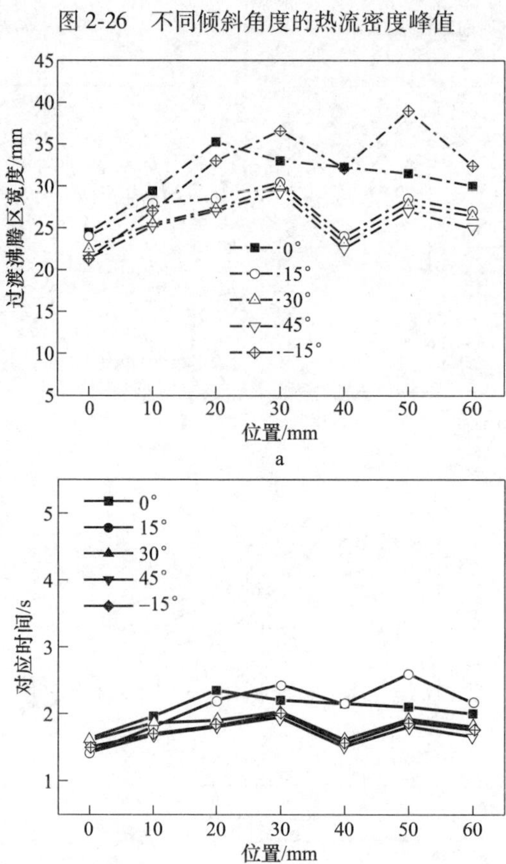

图 2-27　不同倾斜角度的 $t_{MHF}-t_w$（a）和 $r_{MHF}-r_w$（b）

宽度 $r_{MHF}-r_w$ 从 35mm 减小至 22mm。分析认为原因在于倾角增大，顺向平行流增大，缩短了达到核态沸腾的时间。

相对运动方向对换热过程有重要的影响。前文述及，在顺向运动时，润湿前沿呈一条直线，热流密度曲线间距均匀分布。然而，逆向运动时（倾角为 -15°），热流密度曲线间的同步性较差，甚至相互交叉，如图 2-25e 所示。另外，如图 2-28 所示，逆向运动射流冲击过程中，润湿前沿呈一条曲线；可以观察到，大流速顺向平行流和飞溅的液滴流向未润湿区，产生了不均匀的再润湿曲线，这种不均匀现象在钢板的边缘更为显著[14]。

图 2-28 逆向运行射流冲击冷却过程

2.2.3.3 相对运动速率对换热属性的影响

图 2-29 所示为不同运动速率条件下的热流密度峰值分布。相对运动速率从 20mm/s 降低至 10mm/s，热流密度峰值从 4.55～4.66MW/m² 增加到 4.83～4.95MW/m²。相对而言，较低运动速率延长了局部射流冲击时间，促使努塞尔数增大[28]。但当相对运动速率由 15mm/s 进一步降低至 10mm/s 时，MHF 峰值的变化不明显。同样，相对运动速率对润湿延迟时间 t_w 和到达 MHF 峰值时间 t_{MHF}

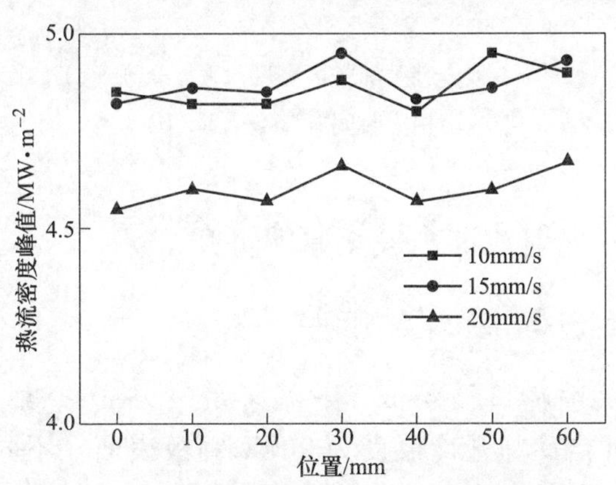

图 2-29 不同运动速率下的热流密度峰值

有很大影响。随着相对运动速率从 10mm/s 增至 20mm/s，相邻热流密度曲线间的 t_w 明显减小。过渡沸腾时间 $t_{MHF}-t_w$ 从 1.75s 降至 1.64s。过渡沸腾区宽度 $r_{MHF}-r_w$ 从 17mm 增大到 27mm，相对运动速率增大使热流密度峰值位置向钢板下游区域偏移，如图 2-30 所示。

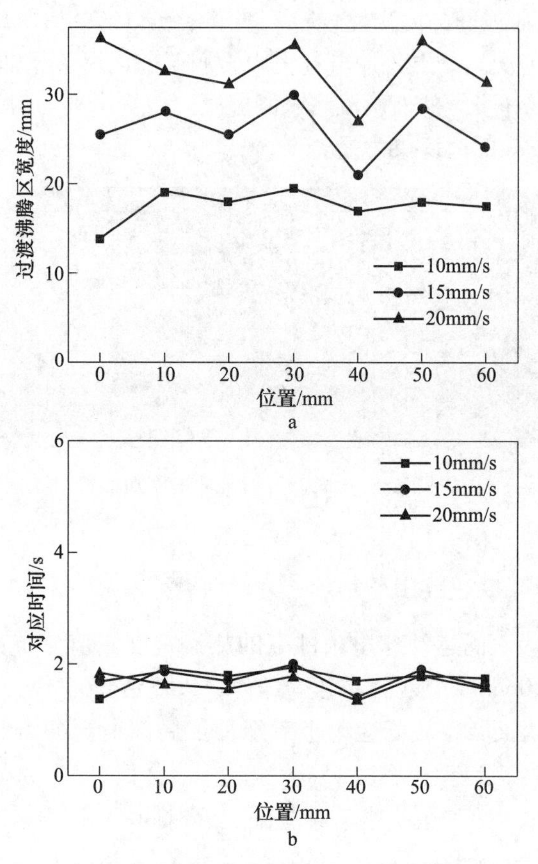

图 2-30　过渡沸腾区宽度（$r_{MHF}-r_w$）（a）
及相应时间（$t_{MHF}-t_w$）（b）

2.3　单束圆形喷嘴射流冲击换热原理研究

2.3.1　单束圆形射流冲击基本换热属性[29]

图 2-31 所示为喷嘴口径 4mm、射流速度 3.98m/s、射流高度 200mm 条件下，单束射流冲击冷却开冷温度为 900℃ 钢板表面在不同时刻表面流体状态和再润湿状态的图像。当射流水冲击到高温钢板 0.03s 时在冲击点位置处可以观察到再润湿现象，此时润湿区域的直径略大于射流流体直径，并逐渐

扩大伴有明显高频沸腾声音，在润湿区域外围可清晰观察到强烈的溅射现象，溅射的流体呈均匀分布的多束水流并与钢板表面呈一定夹角，且与高温钢板接触时间和接触面积均较小，随着润湿前沿的扩展，溅射水滴的尺寸越来越大，在未润湿区可观测到溅射水滴与高温钢板之间的膜态沸腾换热；结合温度数据可知，溅射水滴接触高温钢板表面带走热量较小，与润湿区域内相比几乎可以忽略。

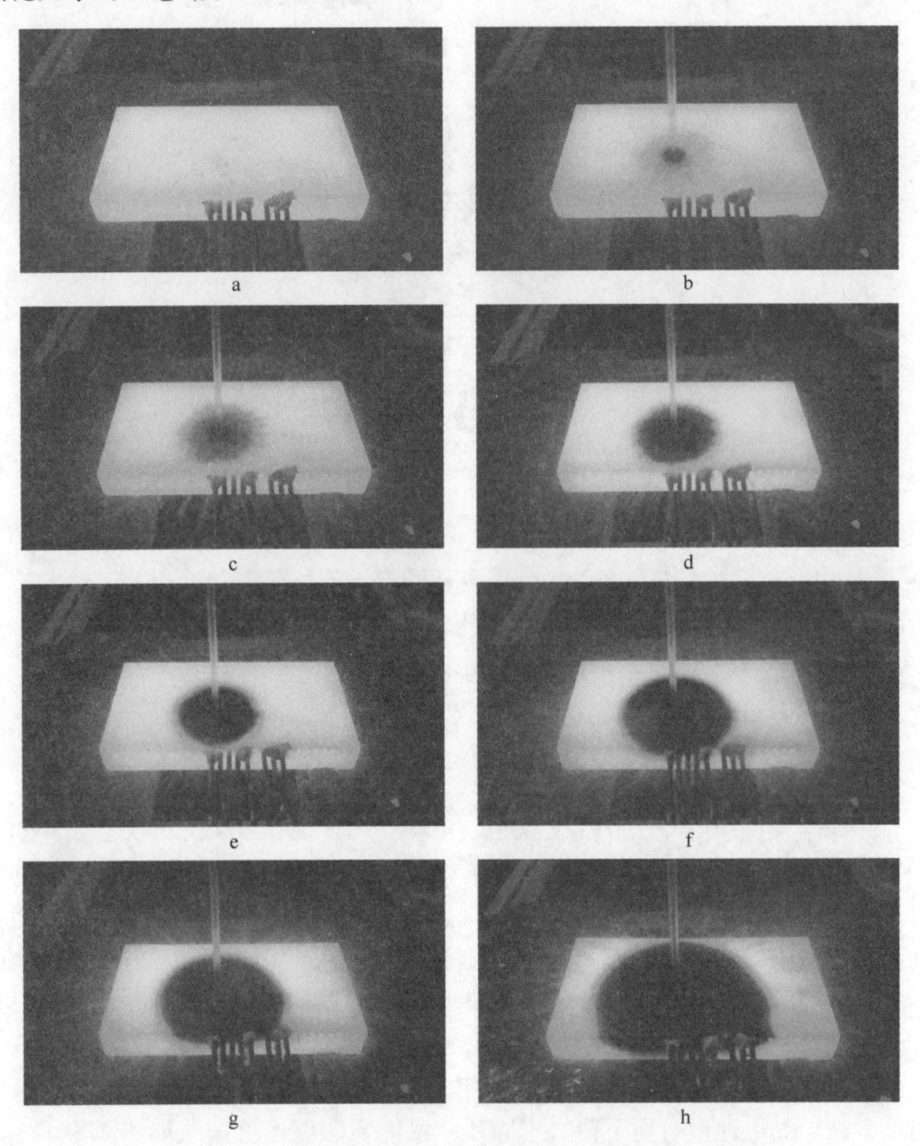

图 2-31 单束射流冲击冷却过程钢板表面状态的变化

a—0s；b—0.03s；c—1.0s；d—2.0s；e—3.0s；f—5.0s；g—7.0s；h—13.0s

典型换热区域由内向外依次为单相强制对流换热区域、核态沸腾区域、过渡沸腾区域和膜态沸腾换热区域，如图2-32所示。润湿前沿是未润湿区向湿区转变的狭窄过渡区域，润湿前沿位置 r_w 处于过渡沸腾换热区域内。r_{MHF} 表征最大热流密度，发生于核态沸腾和过渡沸腾换热区域的边界处，邻近于润湿前沿位置 r_w[30,31]。

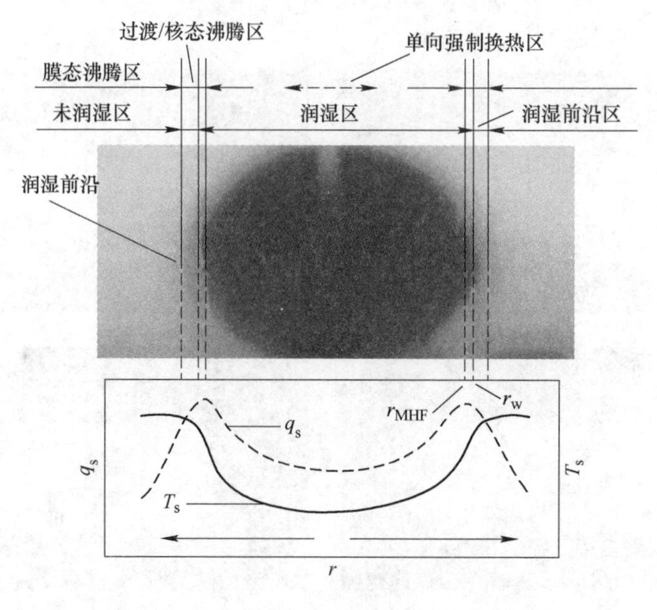

图2-32　换热区域分布

2.3.2　单束圆形射流冲击换热属性的主要影响因素

2.3.2.1　开冷温度对换热属性的影响

开冷温度设定为200℃、300℃、400℃、500℃、600℃、700℃、800℃、900℃。不同的开冷温度下润湿延迟时间曲线如图2-33所示，在冲击区域附近，射流冲击开始瞬间，开冷温度对润湿延迟时间的影响不大。但在冲击区域外，开冷温度显著增大了润湿延迟时间，其中在距冲击点40mm处，当开冷温度由200℃增加到900℃时，相应的润湿延迟时间由0.2s增加至5.2s；原因在于开冷温度越高，过热度越大，冷却水冲击到钢板上越容易达到饱和沸腾温度，产生的沸腾气泡对润湿前沿起到阻碍作用。与再润湿延迟现象相对应，随着开冷温度升高，润湿速度有所下降，不同开冷温度下润湿速度曲线如图2-34所示，除开冷温度低于300℃，润湿速度随着与冲击点距离的增加先增大达到峰值后减小，峰值一般出现在距冲击点10~15mm处；而当开冷温度低于300℃时，膜态沸腾现象不明显，因此润湿延迟时间在不同位置处基本相同，润湿速度呈线性增加。

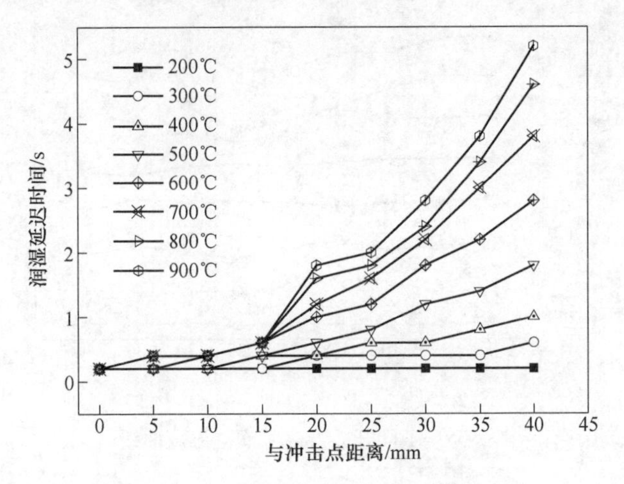

图 2-33　不同开冷温度下润湿速度曲线

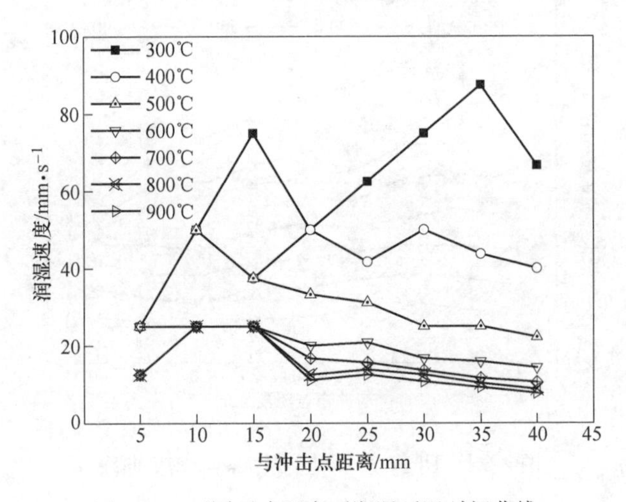

图 2-34　不同开冷温度下润湿延迟时间曲线

润湿温度曲线如图 2-35 所示。由图 2-35 可知，较高的开冷温度对应着较高的润湿温度，Mozumder 等[30]也得出润湿温度受开冷温度影响较大。另外，开冷温度的升高可显著提高 MHF，最大热流密度曲线如图 2-36 所示。在冲击点附近，最大 MHF 较高，由于润湿延迟的存在，随着与冲击点距离的增大，最大 MHF 逐渐降低，这与 Hauksson[4]、Fuchang Xu[33]的研究结果一致，产生这一现象的主要原因是随着射流冲击过程的进行平行流流速 v 以及过热度 ΔT_{sup} 逐渐减小。

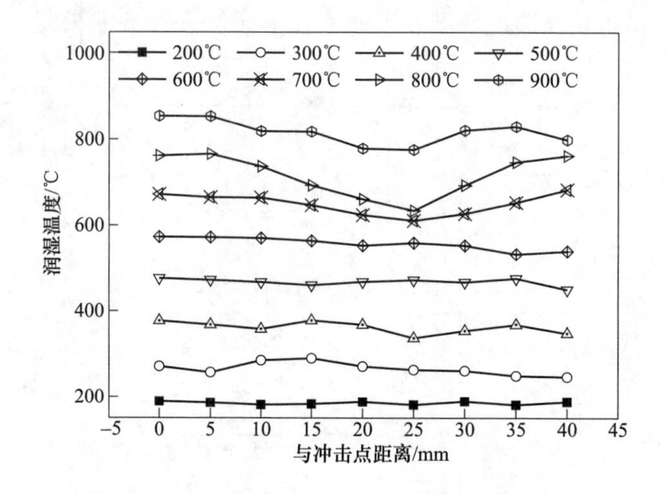

图 2-35　不同开冷温度下润湿温度曲线

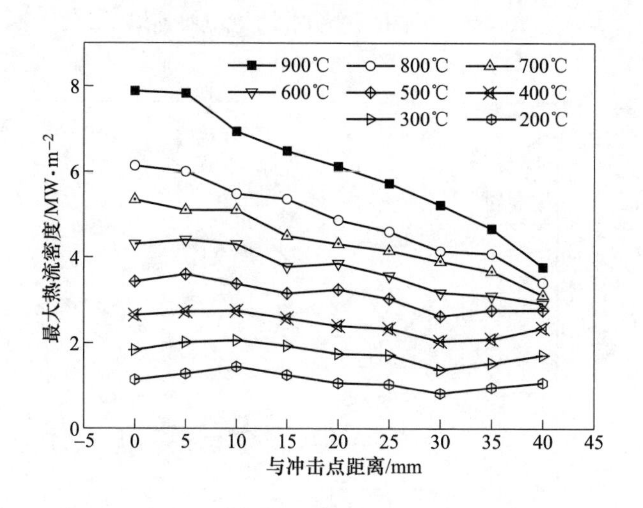

图 2-36　不同开冷温度下最大热流密度曲线

2.3.2.2　水温对换热属性的影响

水温分别设置为 13℃、23℃、33℃、43℃，不同水温下的润湿延迟时间曲线如图 2-37 所示。在冲击区域附近，水温的变化对润湿延迟时间影响不大。但在冲击区域外，水温的升高将显著增大润湿延迟时间，其中在 40mm 处，当水温由 13℃升高到 43℃时，相应的润湿延迟时间由 3. 2s 增加到了 5. 3s；达到热流密度峰值所需时间也由 4. 6s 增加到 7. 2s，这是由于水温的升高将增加沸腾气泡生成率，也就是说，水温越高越容易达到饱和沸腾温度，这将会促进沸腾气泡的形成与长大[34]，进而阻碍润湿前沿的扩展。水温的升高增大了润湿延迟时间，故而减小了润湿速度，不同水温下的润湿速度曲线如图 2-38 所示，润湿速度的峰值也出现在距冲击点 10～15mm 处。

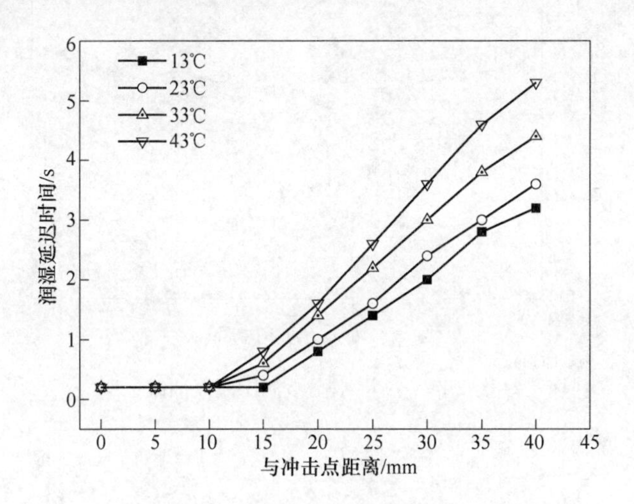

图 2-37　不同水温下润湿延迟时间曲线

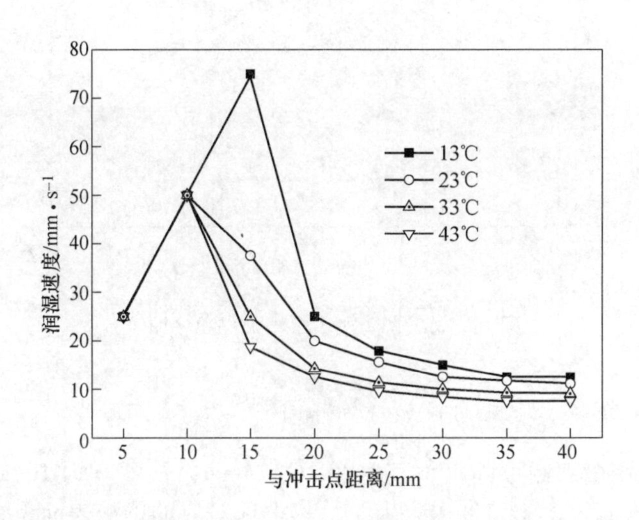

图 2-38　不同水温下润湿速度曲线

不同水温下的润湿温度曲线如图 2-39 所示，水温的变化对润湿温度的影响较小。不同水温下的最大热流密度曲线如图 2-40 所示，在冲击点处水温的变化对 MHF 影响不大，在平行流区域，水温的升高导致过冷度 ΔT_{sub}减小，而在平行流区域 MHF 受 v 和温差 ΔT_{sub}的乘积影响较大，故 MHF 减小。

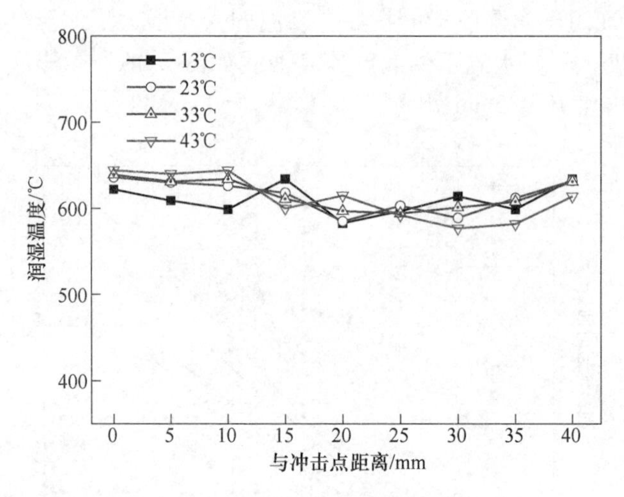

图 2-39　不同水温下润湿温度曲线

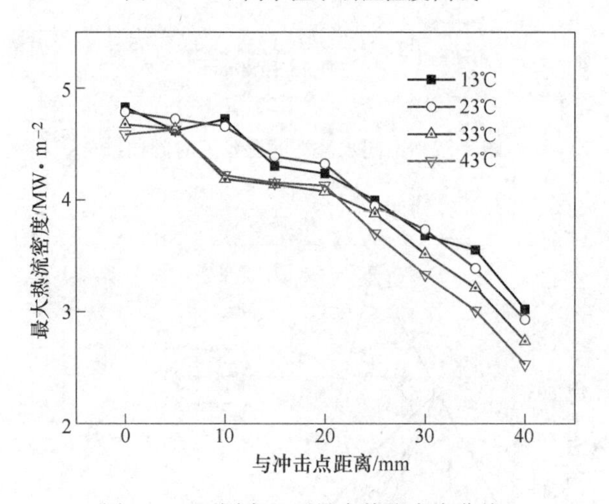

图 2-40　不同水温下最大热流密度曲线

2.3.2.3　钢板上下表面换热特性异同[20]

本实验采用单束圆形喷嘴，其直径 D 为 4mm，长度 L 为 10mm，开冷温度 670℃，水温为 10℃。射流冲击点为 1 号热电偶对应的钢板表面位置时，上、下喷嘴垂直射流冲击冷却实验中（见图 2-41），冲击点及距离冲击点 45mm 位置处钢板表面温度、热流密度随冷却时间变化曲线如图 2-42 所示。

在冲击点处初始的空冷阶段，上、下喷嘴实验中的热流密度相对较小。随着冷却过程的进行，表面热流密度有所增加，此时射流冷却水开始与钢板接触。随后钢板表面热流密度均急剧增加，达到峰值后开始出现下降趋势。此过程上、下喷嘴实验中的热流密度变化趋势基本一致，上喷嘴热流密度峰值为 3. 54MW/m^2，

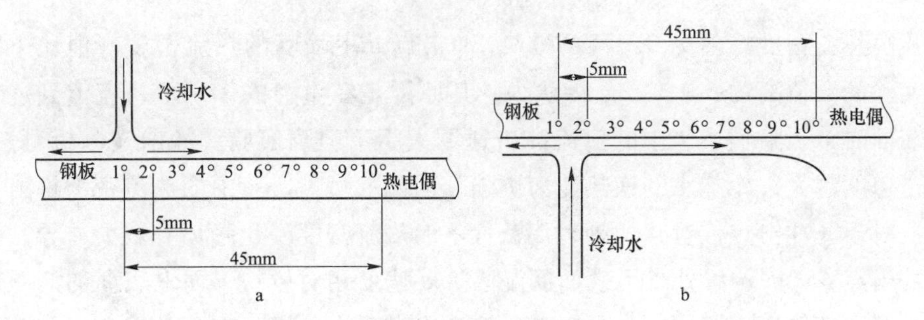

图 2-41 射流冲击冷却实验模型

a—上表面冲击；b—下表面冲击

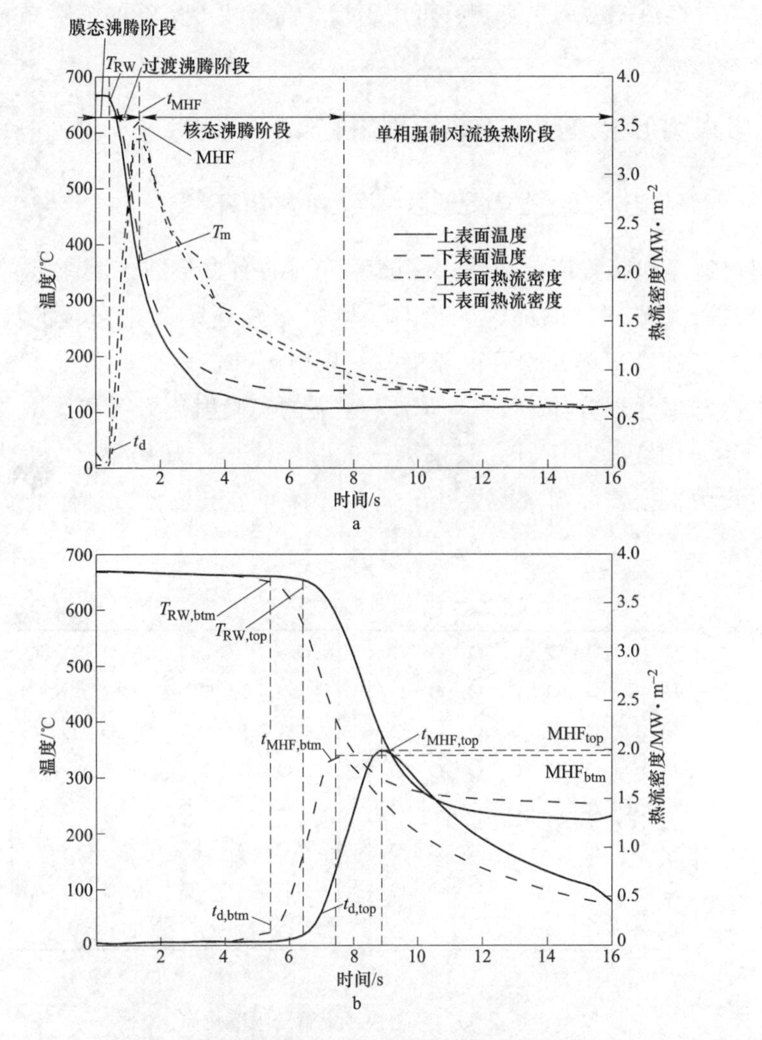

图 2-42 钢板的表面温度和热流密度变化曲线

a—冲击点处；b—距离冲击点 45mm 处

下喷嘴热流密度峰值为 3.37MW/m^2，冲击点处上喷嘴的热流密度峰值比下喷嘴实验的数值高约 5.1%。分析认为，其原因是在重力的作用下，流体到达钢板表面时，上喷嘴实验中的射流冲击速度大于下喷嘴实验。如前文分析可知，冲击速度越大，冷却水的换热能力更强，因此上喷嘴实验中的热流密度峰值更大。对于非冲击点位置，两种射流条件下的热流密度变化趋势有较大差异。距离冲击点 45mm 位置处，下表面润湿区扩展速度相对较快，而上表面的润湿区域扩展速度较慢。其原因是上喷嘴射流冲击过程中，钢板表面的残余水不断沸腾产生大量气泡阻碍了润湿区的扩展。上述实验结果将对超快速冷却系统上下钢板表面的换热能力产生影响，可用于指导高密快冷集管的喷嘴布置以及冷却工艺参数调优。

2.4　多束圆形射流冲击换热原理研究

2.4.1　射流冲击冷却过程中局部区域换热特性研究[35]

超快速冷却装置广泛地使用多喷嘴阵列的布置形式，其主要的布置形式为顺排式与叉排式。然而，无论对于顺排布置还是叉排布置的高密快冷集管，其最基础冷却单元均可由双束、三束射流冲击表征。顺排布置以及叉排布置的冷却单元划分如图 2-43 所示。建立的实验射流方案和热电偶布置如图 2-44 所示，用实验方法研究双束、三束射流冲击冷却局部区域的换热规律，实验过程中根据实际需求配置热电偶并选择冲击点位置，具体的实验参数参见表 2-1。

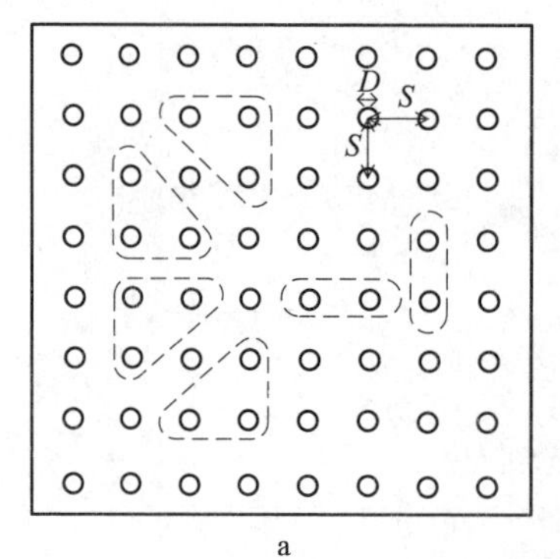

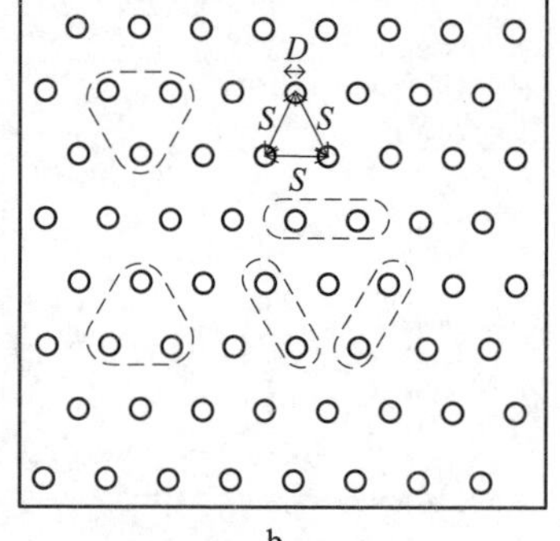

图 2-43　高密快冷集管的喷嘴排布

a—顺排；b—叉排

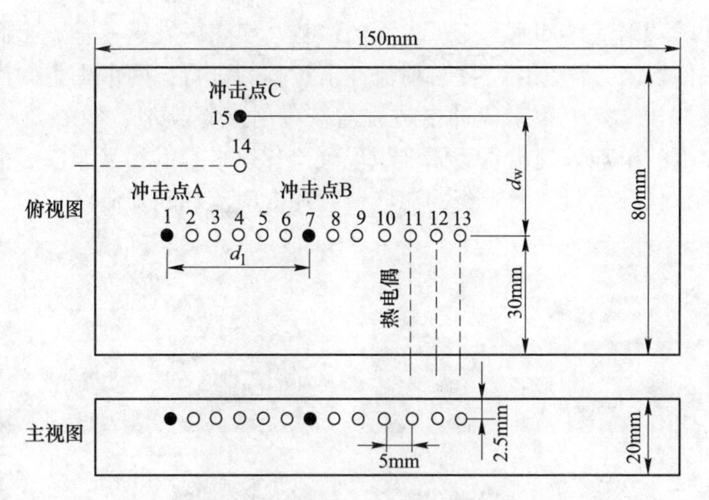

图 2-44 实验方案及热电偶布置

表 2-1 实验参数

实验序号	冲击角度 /(°)	射流速度 /m·s^{-1}	喷嘴间距 d_1/mm	喷嘴间距 d_w/mm	冲击点 A	冲击点 B	冲击点 C
1	0	3.98	—	—	1	—	—
2	0	3.98	20	—	1	5	—
3	0	3.98	30	—	1	7	—
4	0	3.98	40	—	1	9	—
5	0	1.99	40	—	1	9	—
6	0	2.84	40	—	1	9	—
7	0	6.63	40	—	1	9	—
8	15	3.98	40	—	1	9	—
9	30	3.98	40	—	1	9	—
10	45	3.98	40	—	1	9	—
11	60	3.98	40	—	1	9	—
12	0	2.21	30	30	1	7	15
13	0	3.32	30	30	1	7	15
14	0	6.63	30	30	1	7	15

2.4.1.1 局部区域流体属性和换热规律分析

双束射流冲击过程如图 2-45 所示，双束射流冲击的换热规律和单束射流冲击的换热规律不同。双束射流冲击流体之间产生干扰，两束平行流相遇碰撞，形成干涉区。随着射流冷却水与钢板表面的接触，换热区域迅速呈现出润湿区、润湿前沿扩展区以及未润湿区。随着射流冲击过程的进行，两个黑色的润湿区域不断向外扩展并相交。三束射流冲击过程与双束射流相类似，如图 2-46 所示。在三束流体交汇的干涉区处出现流体堆积现象，各束平行流相互碰撞后由重力作用下分散下落，且在钢板表面堆积的流体沿着冲击射流的间隙流出。

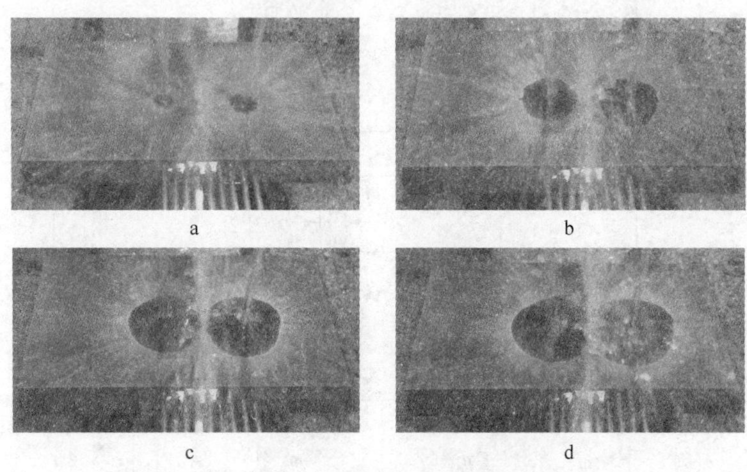

图 2-45　双束射流冲击钢板冷却过程表面状态的变化

a—0. 066s；b—0. 33s；c—0. 67s；d—1s

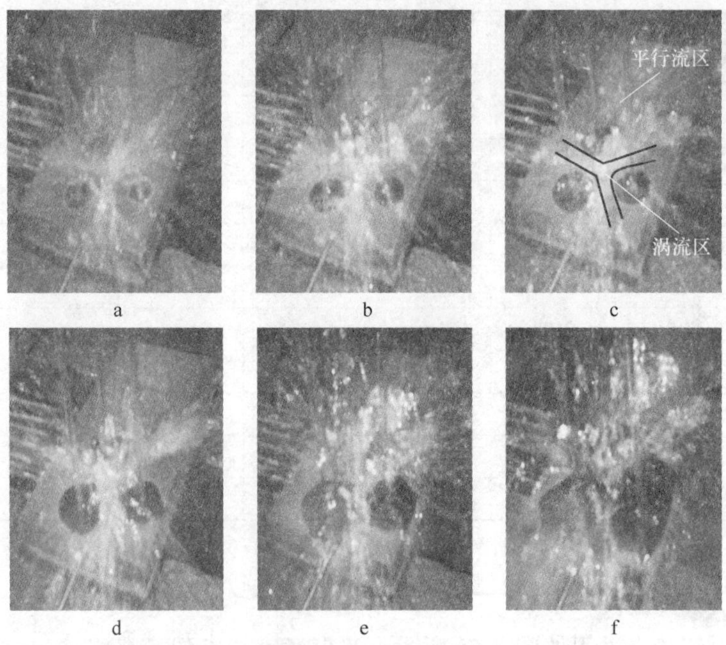

图 2-46　三束射流冲击钢板冷却过程表面状态的变化

a—0. 066s；b—0. 33s；c—0. 67s；d—1. 00s；e—2. 00s；f—4. 00s

如图 2-47 所示，带有一定流速的冷却水从喷嘴出口流出，冲击到钢板表面形成滞止区，并转向成为水平方向的平行流。与单束射流类似，单相强制对流换热区、核态沸腾换热区、过渡沸腾换热区、膜态沸腾换热区、小液态聚集区以及辐射换热区依次分布于外侧区域。而带有一定动量和能量的平行流在喷嘴间相互干扰、向上飞溅，形成干涉区和液滴飞溅区。

2.4.1.2　双束射流冲击换热规律研究

A　喷嘴间距的影响

双束射流冲击冷却的过程中，干涉流区域（图 2-47 中的④区域）处热流密度峰值明显加强。不同喷嘴间距下的双束射流冲击干涉区处和单束下相应位置的热流密度峰值以及润湿延迟时间如图 2-48 所示。就热流密度而言，单束射流冲击下 $r=10$mm 处热流密度峰值为 4.94MW/m^2，而在喷嘴间距为 20mm 时，干涉区处 $r=10$mm 热流密度峰值为 4.95MW/m^2，干涉区处较单束下相同位置处热流密度峰值增加了 0.2%；单束射流冲击下 $r=15$mm 热流密度峰值为 4.46MW/m^2，而在喷嘴间距为 30mm 时，干涉区处 $r=15$mm 热流密度峰值为 4.87MW/m^2，干涉区处较单束下相同位置处热流密度峰值增加了 6.6%；单束射流冲击下 $r=$ 20mm 热流密度峰值为 4.24WM/m^2，在双束射流干涉区处 $r=20$mm 热流密度峰值为 4.59WM/m^2，干涉区处较单束下相同位置处热流密度峰值增加了 8.2%。就润湿延迟时间而言，喷嘴间距由 20mm 增加到 40mm，干涉区处润湿延迟时间依次为 0.15s、0.19s、0.34s，而对于单束射流下相同位置处的润湿延迟时间依次为 0.17s、0.35s、0.59s。即随着喷嘴间距的增大，干涉区处较单束下相同位置处热流密度峰值增强幅度越来越大，润湿延迟时间减小幅度越来越大。在双束射流过程中，干涉区处流体质量较单束下有所增加，故双束射流过程中干涉区处会出现较单束射流热流密度峰值增强的效果。同时，由于两束平行流从两侧同时到达干涉区，使得膜态沸腾向过渡、核态沸腾转变更容易，进而相应地减小了润湿延迟时间。随着喷嘴间距的增大，在干涉区处水平流流速衰减得就越多，因此两束平行流撞击力减小，导致液体飞溅减小，相较而言增大了干涉区处冷却水的质量，进而导致此处换热强度增加得更为明显。

在不同的喷嘴间距下热流密度峰值的分布如图 2-49 所示，随着喷嘴间距的减小，干涉区处热流密度峰值越大，当喷嘴间距由 40mm 减小到 20mm 时，干涉区处热流密度峰值由 4.59MW/m^2 增加到 4.95MW/m^2，增加了 8.1%。喷嘴间距的增大使水平流流速衰减增大，减小了干涉区处的 $v\Delta T_{sub}$，进而减小了热流密度峰值。此外，喷嘴间距越小，在整个内部换热区的换热强度的均匀性越好，在喷嘴间距为 20mm 时，整个内部换热区最大的热流密度峰值为 5.27MW/m^2，最小的热流密度在干涉区位置，峰值为 4.95MW/m^2，热流密度峰值的变化幅度为

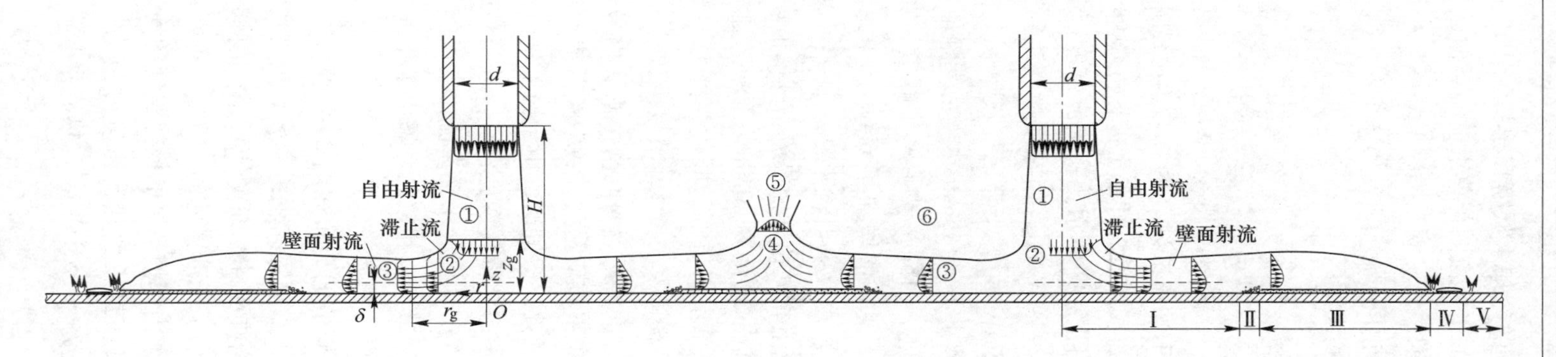

图 2-47　换热区域分布

O—滞止点；δ—流动边界层厚度；H—喷嘴与壁面的距离；r_g—沿壁面距离射流中心点的长度；z_g—与钢板表面的距离；

①—自由射流区域；②—滞止流区域；③—壁面射流区域；④—干涉流区域；⑤—液滴飞溅区域；⑥—空气区域；

Ⅰ—单相强制对流区域；Ⅱ—核态-过渡沸腾区域；Ⅲ—膜态沸腾区域；Ⅳ—小液体聚集区域；Ⅴ—辐射换热区域

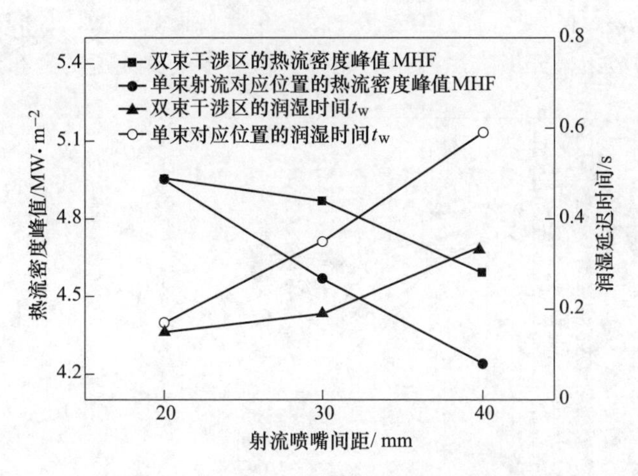

图 2-48 热流密度峰值和润湿延迟时间曲线

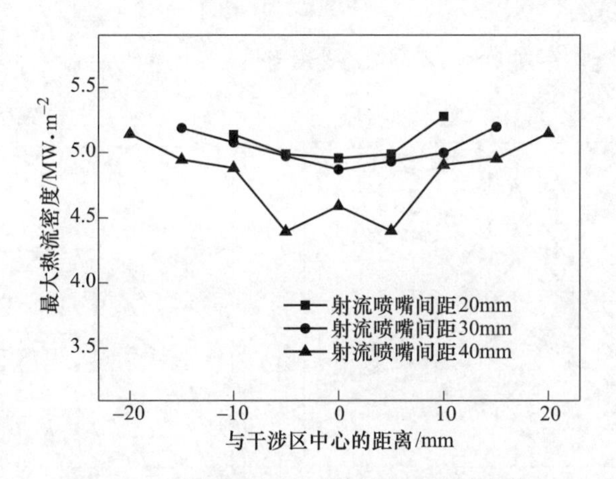

图 2-49 不同喷嘴间距下的热流密度峰值分布

6.5%；在喷嘴间距为 30mm 时，整个内部换热区最大的热流密度峰值为 5.19MW/m^2，最小的热流密度峰值为 4.87MW/m^2，热流密度峰值变化了 6.6%；在喷嘴间距为 40mm 时，整个内部换热区最大的热流密度峰值为 5.15MW/m^2，最小的热流密度并未出现在干涉区中心位置，而是出现在临近干涉区位置，峰值为 4.40MW/m^2，热流密度峰值相差 17.1%。

B 射流速度的影响

如图 2-50 和图 2-51a 所示，射流流速越大，在整个内部换热区，换热强度的均匀性以及润湿时间的同步性越好。当流速由 1.99m/s 增加到 6.63m/s 时，换热区内最大的热流密度峰值较最小的热流密度峰值依次增长了 27.2%、23.5%、17.1%、10.7%，润湿延迟时间依次为 0.85s、0.7s、0.6s 和 0.4s。对于润湿速度而言，如图 2-51b 所示，流速的增大会显著增大润湿速度，且润湿速度随着与冲击点距离的增大呈先增大后减小的趋势，这与水平流流速的分布规律相同。

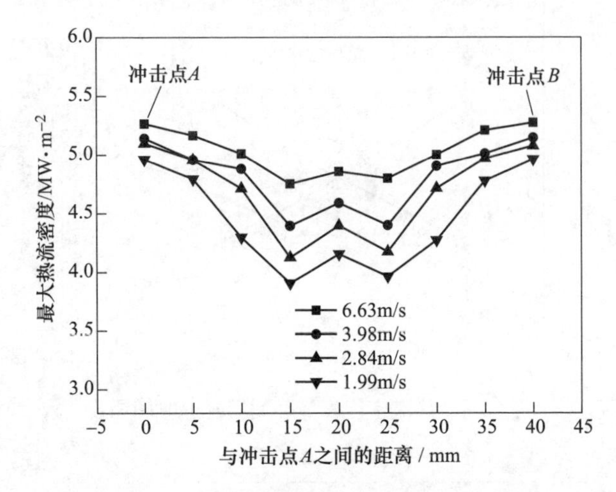

图 2-50 不同射流速度下热流密度峰值曲线

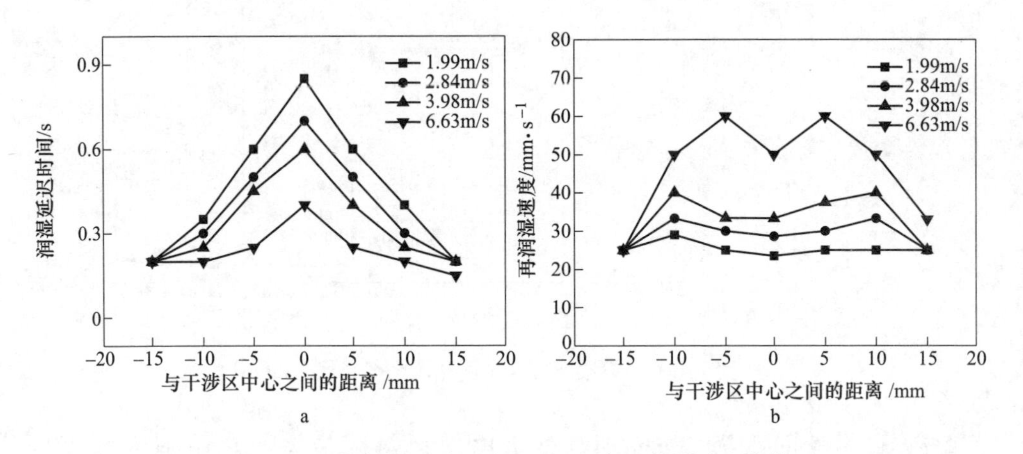

图 2-51 不同射流速度下润湿延迟时间和润湿速度曲线

a—润湿延迟时间；b—润湿速度

C 倾斜角度的影响

随着倾斜角度由 0°增加到 60°，内部换热区 MHF 有所降低，最大的热流密度峰值较最小热流密度峰值依次增加了 17. 1%、18. 1%、29%、38. 5%、47. 3%，如图 2-52 所示。倾斜角度的增大导致横向水平流流速减小，$v\Delta T_{sub}$的减小也导致了整个内部换热区热流密度峰值的减小。同时，如图 2-53 所示，水平流流速的减小也导致了润湿延迟时间的增大，减小了润湿速度，倾斜角度自 0°增加到 60°，干涉区处润湿延迟时间依次为 0. 6s、0. 85s、1. 2s、1. 4s、1. 8s。

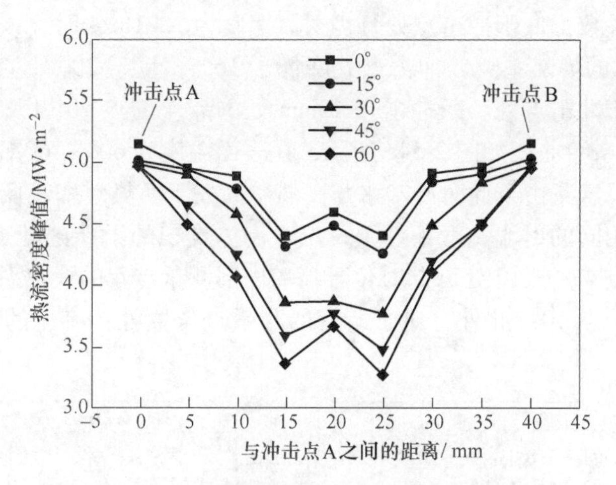

图 2-52 不同倾斜角度下最大热流密度曲线

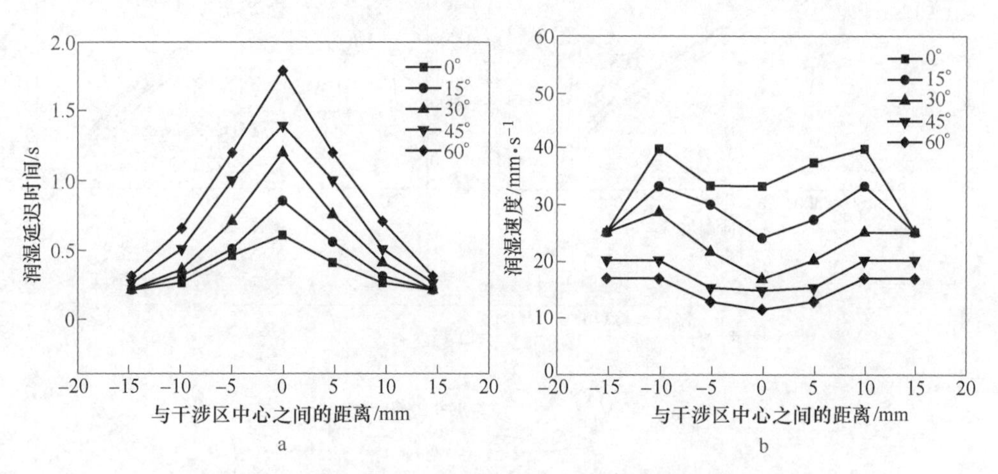

图 2-53 不同倾斜角度下润湿延迟时间和润湿速度分布曲线

a—润湿延迟时间；b—润湿速度

2.4.1.3 三束射流局部区域换热系数与表面温降分析

三束射流条件下不同位置处的换热系数曲线如图 2-54 所示。由图 2-54 可知，换热系数与表面温度呈非线性关系，且在不同的测量点处，换热系数曲线差异较大。冲击点 1、点 7 处换热系数曲线如图 2-54a 所示，在表面温度由 700℃降低到 500℃时，换热系数增长最快，随着表面温度的降低，换热系数曲线的斜率越来越小。换热系数在钢材表面温度为 170~190℃区间内达到峰值后开始迅速降低。射流速度的增大提升了换热系数。距冲击点 10mm 处的换热系数曲线如图 2-54b 所示，该位置处换热系数曲线与冲击点处类似，但此位置处的换热系数上升速度以及最大换热系数都低于冲击点处，当射流速度为 2. 21m/s 时，该位置处在表面温度为 500℃时的换热系数较冲击点处降低了 16%，且于 200℃左右达到最大换热系数，略高于冲击点处。距冲击点 15mm 处的点 4 与点 10 以及干涉区位置处的点 14 的换热系数曲线如图 2-54c 所示，在表面温度为 600～700℃时，换热系数曲线斜率较小，这是由于此时冷却水与高温壁面处于换热效率较低的膜态沸腾机制。因此对于相同的射流速度条件下，位于流体堆积的干涉区处点 14 的换热系数要高于测量点 4、点 10 处，同时位于喷嘴内部测量点 4 的换热系数也高于位于喷嘴外部的测量点 10。此外，对于所有的测量点位置处，流速的增加都增大了换热系数。

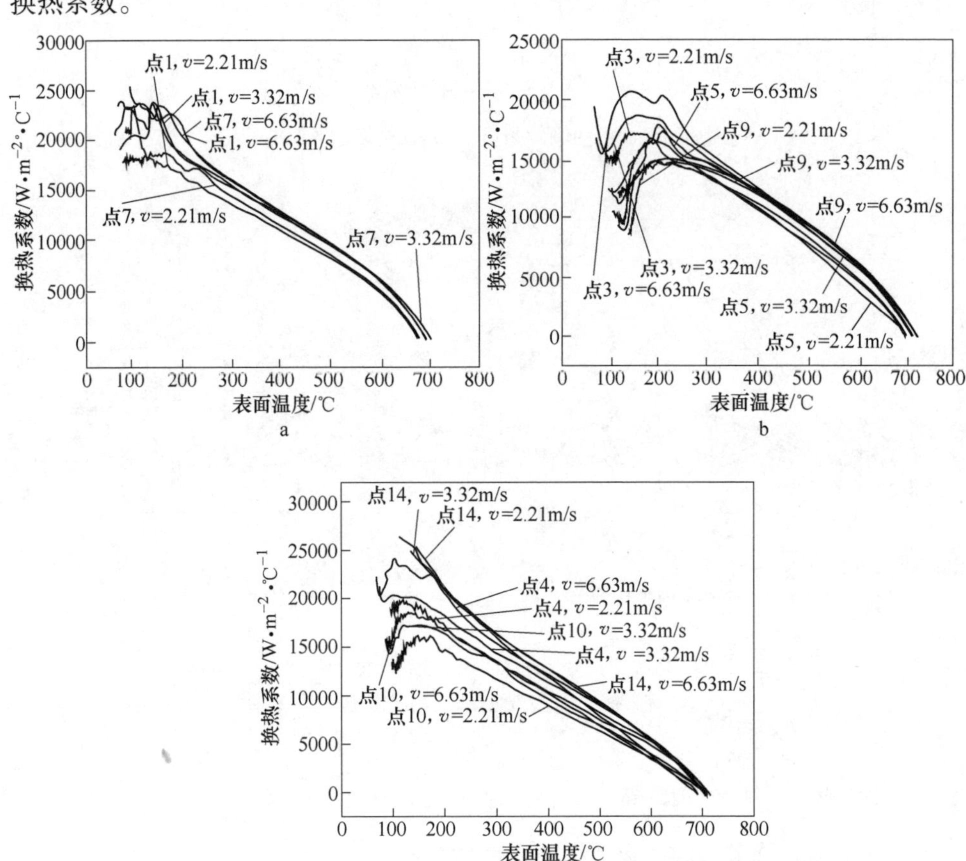

图 2-54　不同空间位置以及不同流速下的换热系数分布

a—点 1、点 7；b—点 3、点 5、点 9；c—点 4、点 10、点 14

各测量位置处的钢板表面温度随时间变化过程如图 2-55 所示，在冷却开始后 1. 0s 时，在冲击点 1～点 7 处的温降最大，且测量点 1 与点 7 的温度降幅基本相同，说明多束射流冲击冷却过程与单束射流时类似，流体之间的干涉并未导致基础冷却过程的改变，此外由温度曲线可以看出距冲击点越远，温度下降越慢。润湿区域均是以冲击点为圆心逐渐向外扩大，而相邻流体之间的干涉行为所引起的涡流并未本质性地改变其润湿规律。对于测量点 4 和点 10 而言，随着冷却过程的进行，测量点 4 处的温度大幅低于点 10，其中点 10 处的流体状态主要为平行流并伴随着干涉区处排出的冷却水的扰动，而点 4 处的流体状态主要为平行流与涡流的混合；然而对于完全处于由平行流碰撞产生的上升流与涡流的干涉区位置点 14 而言，由于与冲击点距离相对点 4、点 10 略远，故在冷却初始阶段温度较高，而在到达润湿前沿后温度迅速下降，表面温度大大低于点 4、点 10 处，较低的表面温度也说明流体之间的干涉行为产生的流体状态有利于换热的进行与润湿速度的加快。

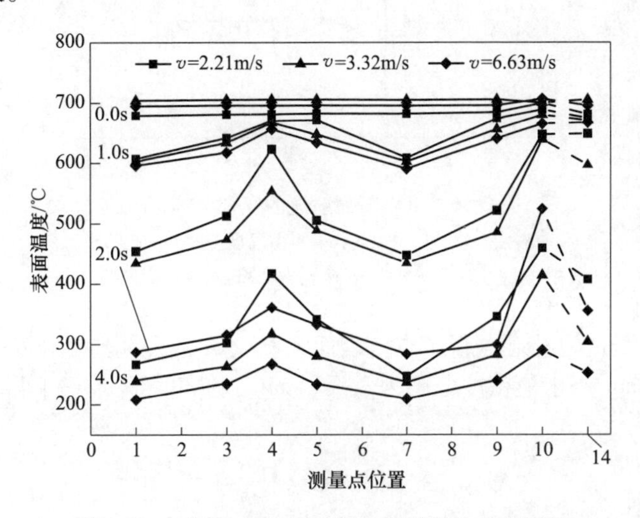

图 2-55 不同冷却时刻钢板表面温度的变化情况

2.4.2 多束圆形射流换热基本规律研究[36]

多束射流流场的流体特征主要包括自由发展流区、滞止流区、减速流区、上升流区、涡流区等，如图 2-56 所示。当喷嘴间距较大时，平行流区域流体互相冲击产生的上升流会增加冷却能力。气体与液体的流体状态有一定的相似性，很多学者针对气体的多喷嘴射流研究结果可为本章研究内容提供参考。

许多学者针对多束射流冲击冷却换热属性开展了研究工作。Jiji 等[37]在进行多束冲击射流实验中发现，随着相邻射流间距的减小，冷却的均匀性有一定的提高。同时当喷嘴高度的无量纲参数 H/d_n 在 3 ~ 5 范围时，对换热能力没有影响。根据实验数据得出了以下公式：

$$Nu = 3.84Re_{d_n}^{0.5}Pr^{\frac{1}{3}}\left(0.008\frac{L}{d_n}N + 1\right) \tag{2-1}$$

式中　L——加热器长度，mm；

d_n——喷嘴直径，mm；

Re——雷诺数；

Pr——普朗克数；

N——喷嘴数量。

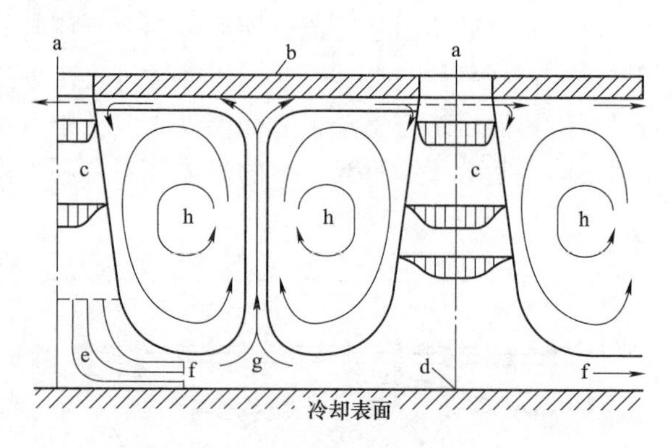

图 2-56　多束喷嘴射流的复杂流体形式

a—喷嘴出口；b—护板；c—自由发展流；d—滞止点；
e—滞止流区；f—减速流；g—上升流；h—涡流区

Robinson[38]也设计并进行了自由表面和浸没条件下的多束射流冷却实验，冷却面积为 780mm^2，水流密度范围为 2～9L/min。在此实验条件下得到的 Nu 计算公式为：

$$Nu = 23.39Re_{d_n}^{0.46}Pr^{0.4}\left(\frac{s}{d_n}\right)^m\left(\frac{H}{d_n}\right)^n \tag{2-2}$$

式中　s——喷嘴间距，mm。

m 和 n 在不同的实验条件下的对应关系为：

$$\left.\begin{matrix} m = -0.44200 \\ n = -0.00716 \end{matrix}\right\} \quad 2 \leqslant \frac{H}{d_n} \leqslant 3, 3 \leqslant \frac{s}{d_n} \leqslant 7$$

$$\left.\begin{matrix} m = -0.121 \\ n = -0.427 \end{matrix}\right\} \quad 5 \leqslant \frac{H}{d_n} \leqslant 20,\ 3 \leqslant \frac{s}{d_n} \leqslant 7$$

2.4.2.1　不同流速下多束射流冲击规律研究

图 2-57 中标注的 9 束射流阵列的冲击点位置，9 束射流分三列平行排布，喷嘴间隔为 25mm，热电偶的布置形式为相邻采集点间隔为 5mm。喷嘴阵列的中心点为 9 号热电偶的采集位置，这种布置形式可在一次实验中同时获得喷嘴阵列内部及外部的温度信息。实验设计了三种实验条件，其主要变化参数为射流速度，其余参数保持不变。实验条件见表 2-2，其中 T 为初始温度，℃；ΔT_{sub} 为过冷度，℃；D 为喷嘴直径，mm；v 为水流速度，m/s。

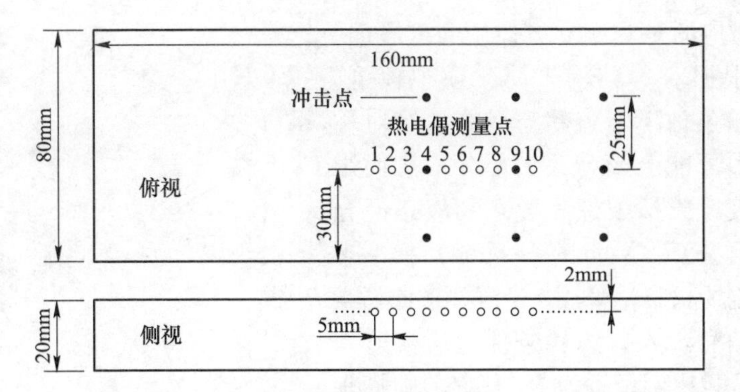

图 2-57 实验热电偶测量位置和冲击点位置说明

表 2-2 实验参数说明

实验条件	T_i/℃	ΔT_{sub}/℃	D/mm	v/m · s^{-1}	H/D
C1	700	82	3	3.9	30
C2	700	82	3	2.6	30
C3	700	82	3	1.9	30

为减小多流速之间差异的干扰，本文基于 Solid Works®三维机械设计软件设计了具备阻尼结构的均流装置。经多次验证性实验，最终喷嘴结构如图 2-58 所示。该均流装置采用 3D 打印增材制造的方式加工而成，加工精度为 0.1mm，进水口采用直径 15mm 的 M35 螺纹。均流装置内的阻尼板上布置有 4 个直径 10mm 的通水孔，稳定的供水量可以保证喷嘴出口的腔体维持均匀的压力状态，从而确保各喷嘴的流速均匀性。喷嘴伸出长度为 20mm，内径为 3mm，各喷嘴的流速偏差在±5%以内。

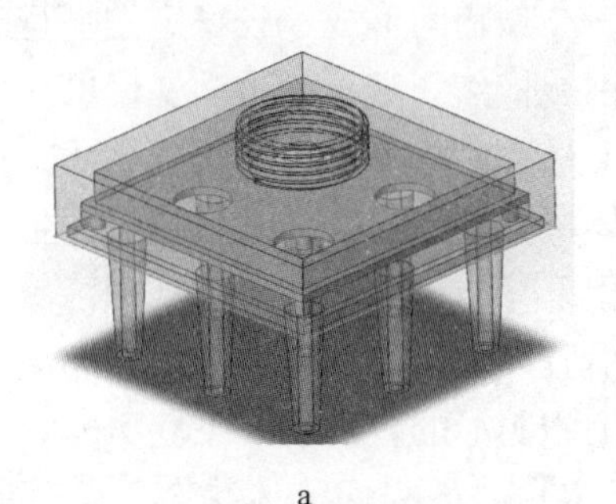
a

b

图 2-58 均流装置结构示意图（a）和实物照片（b）

模拟计算的主要区域是喷嘴阵列下方边长为 100mm 的立方体。立方体的底面为试样所在平面，立方体的四周及上方平面为压力出口边界条件（图 2-59），可认为其对应的是真实立方体中开放平面。在此并未根据对称结构来简化模拟模型，因为此实验条件下紊流状态较强，在对称边界条件中可能会因为丢失部分信息而影响计算精度。模拟条件为气态和液态混合条件，采用 VOF（Volume of Fluid）模型来计算稳定流场状态，采用 k-ε 模型来计算紊流强度等信息。入口边界条件选用流速入口边界，液相比例设置为 1，代表着喷嘴入口充满了水。出口界面选择压力为 0 的压力边界条件，表示流体可以自由的流出。对流和扩散控制方程的离散使用二阶迎风算法。在计算物理学中，迎风算法表示一类解决双曲偏微分方程的数值离散化方法，并使用一种自适应有限差分模板来计算流场的传播方向信息。压力场的求解则采用了 SIMPLE 算法。

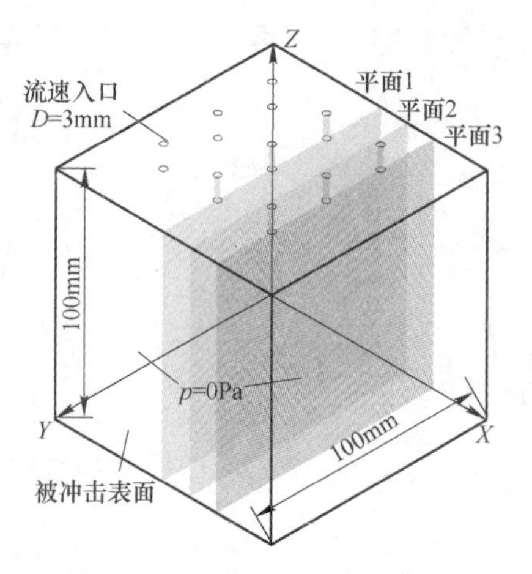

图 2-59 模拟计算区域及边界条件

2.4.2.2 冷却过程流体属性数值模拟和影像分析

图 2-60a 中为冷却水冲击至钢板表面 0.1s 时的表面流体状态。可以看出，飞溅的液滴发生强烈的撞击，流体状态并不稳定。在冲击点位置，可观测到直径约为 1.5D 的润湿区域。在相邻平行流碰撞的区域，并未观察到润湿区域，同时在喷嘴间流体堆积的区域也未观测到沸腾气泡。

图 2-60b、c 显示了冷却水冲击至钢板表面 0.34s 和 0.67s 时的流体状态，可看出润湿区域由各束射流的冲击点位置逐渐扩大，说明多束射流的润湿规律与单束射流相似。此时溅射的液滴明显减少，在喷嘴间形成了较稳定的平行于表面的流出射流。但此时在相邻平行流碰撞的区域依然观察不到再润湿现象。

图 2-60d 为冷却水冲击至钢板表面 1.00s 时的表面流体状态。此时流体状态较为稳定，在喷嘴间隙中央位置可见流体堆积现象。表面的平行流发生碰撞后变为与钢板表面垂直的射流，并在重力作用下分散下落，在流体堆积区域可观测到气泡混合在流体中。在表面堆积的流体沿着冲击射流的间隙流出，润湿区域已相互连接，在排出流体的流动区域并未观测到明显的再润湿现象。

图 2-60e 为冷却水冲击至钢板表面 2.00s 时的表面流体状态，此时流体的冲击高度略有下降。在流体堆积区域观察到的沸腾气泡直径变小，冲击区域外围的润湿区域进一步扩大，在排出流体的流动区域仍未观测到明显的再润湿现象。

图 2-61 为流速矢量图，对应水容量大于 0.1%的位置，可以看出模拟流体状

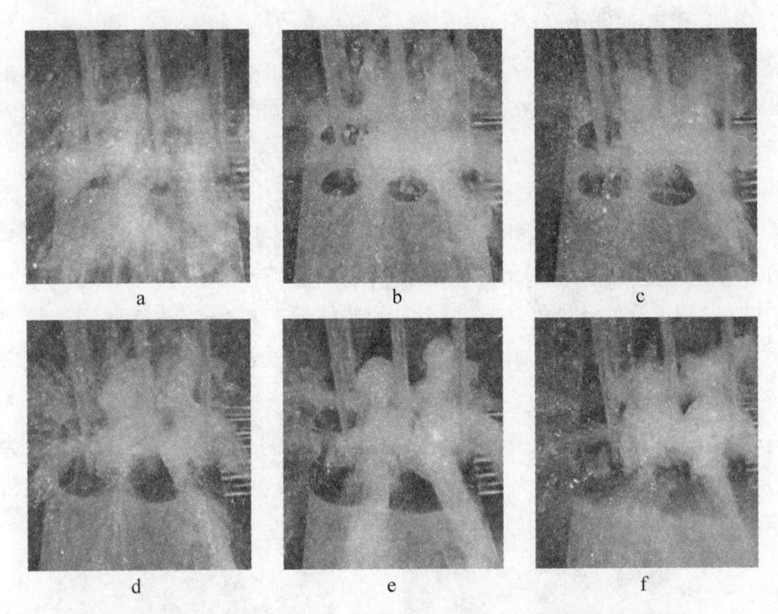

图 2-60　C2 实验条件下，不同冷却时间的表面流场状态和润湿区域照片

a—0. 034s；b—0. 34s；c—0. 67s；d—1. 00s；e—2. 00s；f—3. 00s

态与实际流体状态接近。喷嘴间可观察到明显的流体堆积现象，堆积流体沿着喷嘴间隙流出。在相邻喷嘴间的平行流产生碰撞，碰撞后的流体方向变为垂直于冷却表面。在重力的作用下，冷却水最终会跌落并与上升的冷却水碰撞后沿着喷嘴的间隙流动。图 2-61b 中，中心喷嘴和外侧喷嘴间的上升流位置并不在物理中心位置，而是更接近外侧喷嘴。冲击至表面的流体在接近表面位置处对应着很薄的流层。图 2-61b 为俯视角度的各喷嘴附近存在的空隙区域，这是上升流与堆积水相互平衡的结果。

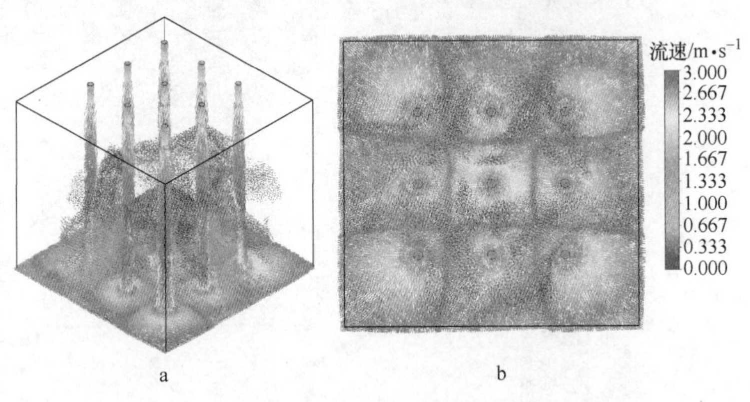

图 2-61　在水容量大于 0. 1%的区域内的流速矢量图

a—标准视角；b—俯视

图 2-62 为紊流动能 k（turbulence kinetic energy）和流速矢量在各测量面上的分布信息。k 是考虑到涡流状态的单位质量内的平均动能，可以理解为测量点的均方根（RMS）速度波动。因为多束射流结构的对称性，沿喷嘴中心线的两侧模拟结果非常接近，故只选取其中一侧进行分析。图 2-62a 中射流路径区域的 k 都非常小，说明流速的连续性很好。在 35mm 位置处可观察到上升流，上升流连续区域约为 17mm 高。上升流位置距离外侧喷嘴为 10mm 而距离中心喷嘴为 15mm。k 较大的区域主要分布在射流区域的两侧，此区域较大的速率波动主要为喷嘴间的堆积流体卷入向下射流的过程。在喷嘴外侧存在一定的流体堆积现象，部分堆积流体与外侧射流接触形成涡流，大部分流体在涡流上方流走。图 2-62b 位置为两相邻喷嘴的中间位置，可观察到明显的上升流区域，流速稳定的上升流高度约为 38mm，k 较高的区域对应着相邻流体冲击的区域，沿着流体堆积层的上方流出。图 2-62d 为 3.5mm 高度处数据平面的俯视图，从中可看出 k 较高的区域主要分布在各喷嘴靠外侧的区域，说明堆积流体在此区域的跌落与平行流的撞击使流速产生较大变化。

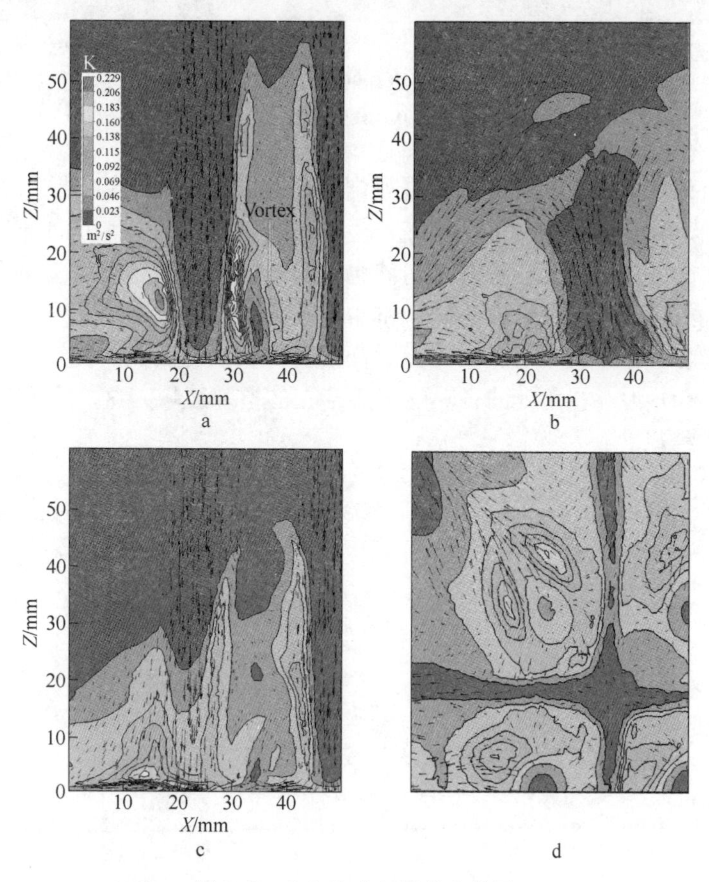

图 2-62　k 和流速矢量分布截图

a—平面 1；b—平面 2；c—平面 3；d—平面 4$H=D$

2.4.2.3 温度和热流密度分析

图2-63所示为冷却过程中表面温度与热流密度随时间的变化趋势，可以看出在冲击点4和点9处热流密度的变化趋势非常接近。在热电偶位置点9处，冷却开始0.5s后即达到热流密度的峰值4.52MW/m²，此位置处的热流密度也是整个冷却区域中最大的。结合图2-61中对应时刻的流体状态，可知此时冲击至表面的流体尚未形成稳定状态。因此在一定流量条件下，冲击点在冷却开始时并未受多喷嘴流场干涉的影响，且对应着最大的MHF。

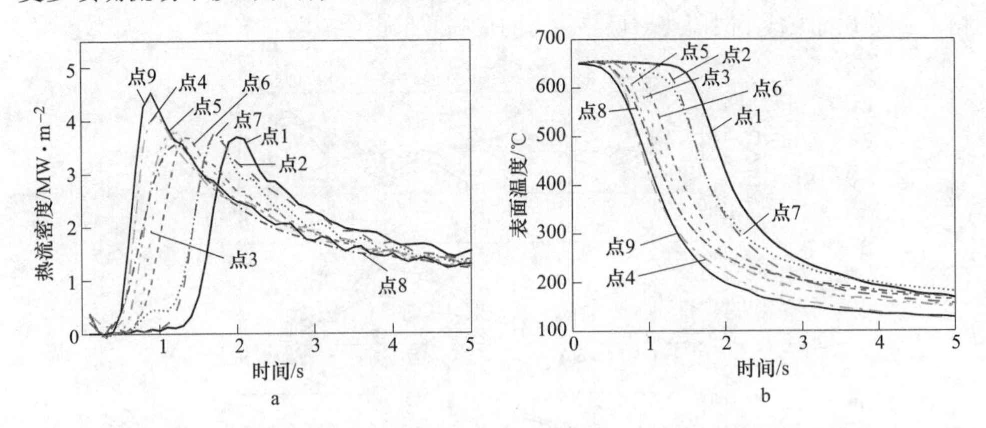

图2-63 C1实验中不同位置处表面热流密度和表面温度随冷却时间的变化规律
a—热流密度变化；b—表面温度变化

在距离冲击点5mm的测量点3、点5和点8处，仅用0.1s润湿区域便扩大至此区域，基本与冲击点开始润湿时间相同。但此位置处的热流密度增大速度明显低于冲击点处。从温度数据上可看出，在此位置处温度下降的时间与冲击点处非常接近。此位置处热流密度的峰值约为3.75MW/m²，比冲击点处的峰值低17%左右，且热流密度到达峰值的时间也慢0.3s。

距离冲击点10mm的测量点6、点7和点2处，其中点6、点7位于喷嘴阵列内部，点2位于喷嘴阵列外侧。在点7处，可观察到在冷却开始初期，热流密度会有一段时间的缓慢增长。这是由于冷却初期溅射的水滴在此位置碰撞并残留，而此时点7处表面尚未润湿，处于膜沸腾状态，故热流密度较低。点6处的润湿速度快于点7和点2处，这可能是因为上升流的中心位于点6处，说明上升流对再润湿过程有加速效果。点2处位于阵列射流的外侧，其热流密度到达峰值的时间慢于在阵列内部的对应位置，说明阵列喷嘴内部的流体堆积有利于润湿区域的扩大。

图2-64所示为不同位置处热流密度峰值及其对应时刻与表面温度，其中t^*为到达MHF时对应的时间，T^*为到达MHF时对应的表面温度。可看出较大的流速对应较大的MHF。MHF越大，T^*越高，t^*越短。在瞬态冷却过程中，热流密度到

达峰值时为瞬态沸腾向核沸腾转变的时刻，较大的 MHF 说明其对应着更高的沸腾强度。在冲击点处（点 4 和点 9 处），MHF 最大。在其余位置处，MHF 随着与冲击点距离的增加而减小，润湿区域的扩大速度随着流速的增加而增加。在流速为 3.9m/s 时，喷嘴阵列中心位置 6、7 处到达热流密度峰值的时间比流速为 2.6m/s 时的对应数值小 0.7s（约为 43.7%），但在喷嘴外侧点 2 处，该提升效果则不明显，对应时间仅缩小 0.1s（约为 7.1%）。结合之前研究结果可知，流速对换热能力的提高主要体现为更快的润湿速度，在单位面积内带走更多热量。多束射流条件流速的增加可以起到相同的效果。但流速对换热能力的提高效果会受到喷嘴间距的影响，当喷嘴间距减小时流速对换热能力的提高效果也会减弱。

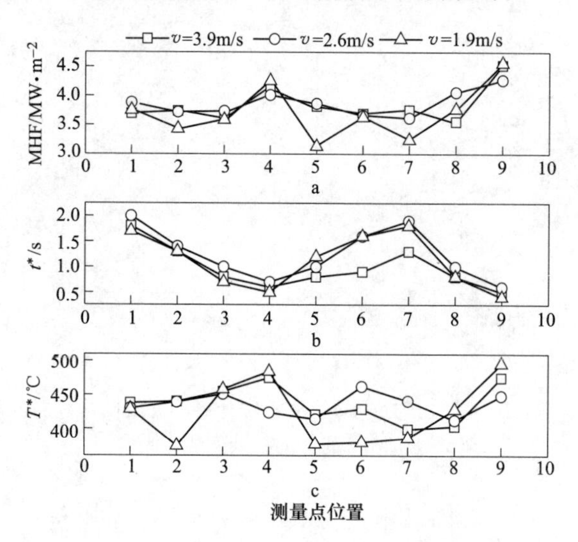

图 2-64　射流速度对不同位置处参数的影响

a—MHF；b—t^*；c—T^*

图 2-65 为冲击区域测量位置处表面温度随冷却时间的变化过程。在 0.5s 时，在冲击点位置处（点 4 和点 9）温降最大。点 4 和点 9 两处的温降幅度基本一致，说明多束射流的冷却过程与单束射流时相似，多束射流流场的干扰并未改变其基础冷却过程。温度曲线的分布说明，距离冲击位置越远，温度下降越慢。多束射流间的上升流与涡流并未本质性地改变再润湿规律。

测量点 2、点 6 和点 7 距离其最近冲击点位置都为 10mm，在此对其温度曲线进行对比分析。在 1.0s 时，点 6 和点 7 处的温度大幅低于点 2 处。点 2 处的流体状态主要为平行流，并伴随着排出冷却水的扰动。点 6 和点 7 处的流体状态主要为平行流碰撞产生的上升流和涡流。在点 6 和点 7 处，较低的表面温度说明多束射流间的碰撞产生的流体结构有利于润湿速度和沸腾强度的提高。此时，钢板表面的温度梯度最大，点 7 和点 9 之间的温差为 280.8℃，而这两点的温差在冷

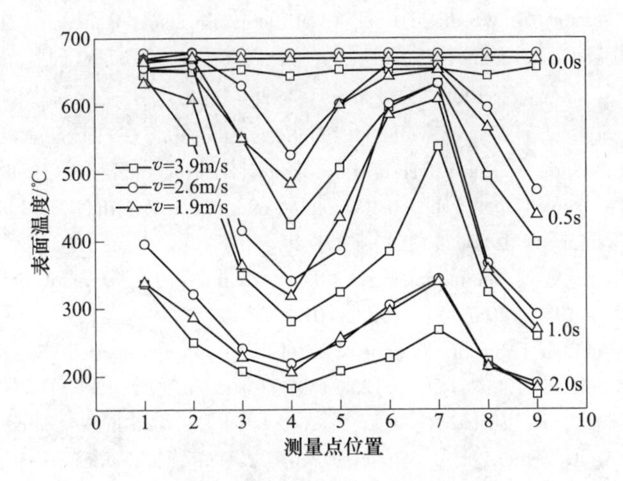

图 2-65 不同冷却时刻钢板的表面温度场变化

却时间为 2. 0s 时急剧下降到 95. 1℃。点 7 与点 9 的温差逐渐缩小的主要原因是热流密度随着表面温度降低而下降。随着冷却时间的增加，冲击区域的温度快速下降，此时射流换热效率会明显降低。

参 考 文 献

[1] Vallejo A, Trevino C. Convective Cooling of a Thin Flat Plate in Laminar and Turbulent Flows [J]. International Journal of Heat & Mass Transfer, 1990, 33 (3): 543~554.

[2] Quintana D L, Amitay M, Ortega A, et al. Heat Transfer in the Forced Laminar Wall Jet [J]. Transactions of the Asme Serie C Journal of Heat Transfer, 1997, 119 (3): 451~459.

[3] Coursey J S . Enhancement of Spray Cooling Heat Transfer Using Extended Surfaces and Nanofluids [D]. 2007.

[4] Hauksson A T, Fraser D, Prodanovic V, et al. Experimental Study of Boiling Heat Transfer during Subcooled Water Jet Impingement on Flat Steel Surface [J]. Ironmaking & Steelmaking, 2004, 31 (1): 51~56.

[5] Mitsutake Y, Monde M . Heat Transfer during Transient Cooling of High Temperature Surface with an Impinging Jet [J]. Heat & Mass Transfer, 2001, 37 (4-5): 321~328.

[6] Hammad J, Mitsutake Y, Monde M . Movement of Maximum Heat Flux and Wetting Front during Quenching of Hot Cylindrical Block [J]. International Journal of Thermal Sciences, 2004, 43 (8): 743~752.

[7] Karwa N, Gambaryan-Roisman T, Stephan P, et al. Experimental Investigation of Circular Free-Surface Jet Impingement Quenching: Transient Hydrodynamics and Heat Transfer [J]. Experimental Thermal & Fluid Science, 2011, 35 (7): 1435~1443.

[8] Islam M A, Monde M, Woodfield P L, et al. Jet Impingement Quenching Phenomena for Hot Surfaces Well above the Limiting Temperature for Solid-Liquid Contact [J]. International Journal of Heat & Mass Transfer, 2008, 51 (5-6): 1226~1237.

[9] Karwa N. Experimental Study of Water Jet Impingement Cooling of Hot Steel Plates [J]. 2012.

[10] Miyasaka Y, Inada S. The Effect of Pure Forced Convection on the Boiling Heat Transfer between a Two-Dimensional Subcooled Water Jet and a Heated Surface [J]. Journal of Chemical Engineering of Japan, 1980, 13 (1): 22~28.

[11] Ma C F, Bergles A E . Jet Impingement Nucleate Boiling [J]. International Journal of Heat & Mass Transfer, 1986, 29 (8): 1095~1101.

[12] Herveline, Robidou. Controlled Cooling of a Hot Plate with a Water Jet [J]. Experimental Thermal & Fluid Science, 2002 (26): 123~129.

[13] Torikai K, Suzuki K, Suzuki A, et al. Micro-bubbles Emission in Subcooled Transition Boiling by Use of Multi Water Jet [C]. Proc. 3rd Int. Symp. Multiph. Flow Heat Transf, 1994: 70~77.

[14] Suzuki K, Saito K, Sawada T, et al. An Experimental Study on Microbubble Emission Boiling of Water [C]. Proc. 11th Int. Heat Transf. Conf, 2000: 383~388.

[15] Zeng L Z, Klausner J F, Bernhard D M, et al. A, Unified Model for the Prediction of Bubble Detachment Diameters in Boiling Systems—Ⅱ. Flow Boiling [J]. International Journal of Heat and Mass Transfer, 1993 (36): 2271~2279 .

[16] Kandlikar S G, Cartwright M D, Mizo V R. Investigation of Bubble Departure Mechanism in Subcooled Flow Boiling of Water Using High-speed Photography [C]. Proc Int Conf Convert Flow Boil. Banff Alta. Can. 2019: 161~166.

[17] Kandlikar S G, Mizo V R, Cartwright M D, et al. Bubble Nucleation and Growth Characteristics in Subcooled Flow Boiling of Water [C]. ASME Proc. 32nd Natl. Heat Transf. Conf. 1997 (4): 11~18.

[18] Hitoshi, Fujimoto, Natsuo, et al. Deformation and Rebounding Processes of a Water Droplet Impinging on a Flat Surface Above Leidenfrost Temperature [J]. Journal of Fluids Engineering, 1996, 118 (1): 142~149.

[19] Wang B, Liu Z, Zhang B, et al. Heat Transfer Characteristic of Slit Nozzle Impingement on High-temperature Plate Surface [J]. ISIJ International, 2019, 59 (5) .

[20] Wang B, Guo X, Xie Q, et al. Heat Transfer Characteristic Research during Jet Impinging on Top/Bottom Hot Steel Plate [J]. International Journal of Heat & Mass Transfer, 2016, 101 (oct.): 844~851.

[21] Wang G, Cheng P . Subcooled Flow Boiling and Microbubble Emission Boiling Phenomena in a Partially Heated Microchannel [J]. International Journal of Heat & Mass Transfer, 2009, 52 (1-2): 79~91.

[22] Steiner H, Kobor A, Gebhard L . A Wall Heat Transfer Model for Subcooled Boiling Flow [J]. International Journal of Heat and Mass Transfer, 2005, 48 (19-20): 4161~4173.

[23] Prodanovic V, Fraser D, Salcudean M. Bubble Behavior in Subcooled Fow Boiling of Water at Low Pressures and Low Fow Rates [J]. Int. J. Multiphase Flow, 2002, 28 (1): 1~19.

[24] Chester N L, Wells M A, Prodanovic V . Effect of Inclination Angle and Flow Rate on the Heat

Transfer during Bottom Jet Cooling of a Steel Plate [J]. Journal of Heat Transfer, 2012, 134 (12): 122201.

[25] Agrawal C, Kumar R, Gupta A, et al. Effect of Jet Diameter on the Rewetting of Hot Horizontal Surfaces during Quenching [J]. Experimental Thermal & Fluid Science, 2012, 42 (5): 25~37.

[26] Wells M A, Li D, Cockcroft S L. Influence of Surface Morphology, Water Flow Rate, and Sample Thermal History on the Boiling-Water Heat Transfer during Direct-Chill Casting of Commercial Aluminum Alloys [J]. Metallurgical & Materials Transactions B, 2001, 32 (5): 929.

[27] Zumbrunnen D A, Viskanta R, Incropera F P. Effect of Surface Motion on Forced Convection Film Boiling Heat Transfer [J]. Journal of Heat Transfer, 1989, 111 (3): 760~766.

[28] Wang B, Lin D, Xie Q, et al. Heat Transfer Characteristics during Jet Impingement on a High-Temperature Plate Surface [J]. Applied Thermal Engineering, 2016, 100: 902~910.

[29] Fujimoto H, Shiramasa Y, Morisawa K, et al. Heat Transfer Characteristics of a Pipe-laminar Jet Impinging on a Moving Hot Solid [J]. ISIJ International, 2015, 55 (9): 1994~2001.

[30] Hammad J, Mitsutake Y, Monde M. Movement of Maximum Heat Flux and Wetting Front during Quenching of Hot Cylindrical Block [J]. International Journal of Thermal Sciences, 2004, 43 (8): 743~752.

[31] Hammad J. Characteristics of Heat Transfer and Wetting Front during Quenching High Temperature Surface by Jet Impingement [D]. 2004.

[32] Mozumder A K, Monde M, Woodfield P L. Delay of Wetting Propagation during Jet Impingement Quenching for a High Temperature Surface [J]. International Journal of Heat and Mass Transfer, 2005, 48 (25/26): 5395~5407.

[33] Xu F, Gadala M S. Heat Transfer Behavior in the Impingement Zone under Circular Water Jet [J]. International Journal of Heat & Mass Transfer, 2006, 49 (21/22): 3785~3799.

[34] Omar A M T, Hamed M S, Shoukri M. Modeling of Nucleate Boiling Heat Transfer under an Impinging Free Jet [J]. International Journal of Heat and Mass Transfer, 2009, 52 (23): 5557~5566.

[35] Wang, Bingxing, Lin, et al. Local Heat Transfer Characteristics of Multi Jet Impingement on High Temperature Plate Surfaces [J]. ISIJ International, 2018, 55 (1): 132~139.

[36] Xie Q, Wang B, Wang Y, et al. Experimental Investigation of High-temperature Steel Plate Cooled by Multiple Nozzle Arrays [J]. ISIJ International, 2016, 56 (7): 1210~1218.

[37] Jiji L M, Dagan Z. Experimental Investigation of Single-Phase Multijet Impingement Cooling of an Array of Microelectronic Heat Sources [C]. In: Proceedings of the International Symposium on Cooling Technology for Electronic Equipment. Hemisphere Publishing Corporation, Washington, DC, 1987: 333~351.

[38] Robinson A J, Schnitzler E. An Experimental Investigation of Free and Submerged Miniature Liquid Jet Array Impingement Heat Transfer [J]. Experimental Thermal & Fluid Science, 2008, 32 (1): 1~13.

3 新一代控制冷却装备与控制系统的研究

利用有限元分析工具 ANSYS 流体动力学模块中的 FLUENT 流体分析功能,采用湍流分析的标准 k-ε 模型[1~3]，模拟分析集管进水方式、均流结构等对喷水系统流场和流量分布的影响。在此基础上，优化设计了超快冷核心喷嘴和整体装备。基于钢板内部导热基本原理，建立中厚板温度场快速解析模型；并设计开发超快速冷却控制系统和关键控制技术，实现了超快速冷却系统的工业应用。

3.1 中厚板多功能冷却装备研发

3.1.1 整体狭缝式喷嘴设计

缝隙喷嘴能够产生流量分布均匀的出口射流，是中厚板超快速冷却设备中的核心装置。为实现获得高温钢板与冷却水之间的高效均匀换热，超快速冷却装置采用倾斜射流冲击冷却技术，全新设计具有冷却均匀性好、冷却效率高特点的全宽范围均匀高流速的缝隙式冷却喷嘴，并利用有限元软件分析喷嘴内部流体以及射流流体的流动规律，如图 3-1 所示。工业条件下，缝隙喷嘴的开口度为 1.0~5.0mm，喷水角度和喷嘴与钢板之间距离可根据工艺需要进行调节。0.2MPa 压力条件下，水流密度控制范围为 300~1500L/(m^2 · min)；0.5MPa 压力条件下，水流密度控制范围为 500~2300L/(m^2 · min)。

3.1.2 高密快冷喷嘴设计

高密快冷喷嘴的单位冷却强度低于缝隙喷嘴，用于缝隙喷嘴之后以便进一步降低钢板表面温度，保持钢板内部和表面的温度梯度。冷却水经高密快冷喷嘴后形成密集的水柱，均匀地喷射在该喷嘴覆盖区域内。高密快冷喷嘴的冷却速率调整范围非常大，可以适合于各品种钢板的冷却。在高密度喷嘴中设置水凸度调整装置和节水装置，通过喷嘴合理设计配合控制阀组实现宽板的凸度控制和节水控制。工业条件下，上喷嘴的水流密度调整范围为 300~1500L/(m^2 · min)，下喷嘴的水流密度调整范围为 100~1875L/(m^2 · min)。优化设计喷射集管保障了高密集管的射流效果，如图 3-2 所示为高密快冷集管的喷水状态，图 3-3 为高密快冷条件下钢板表面水流状况。

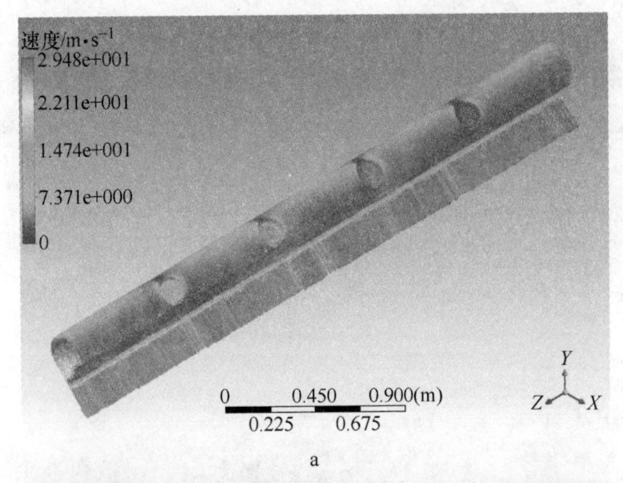

a

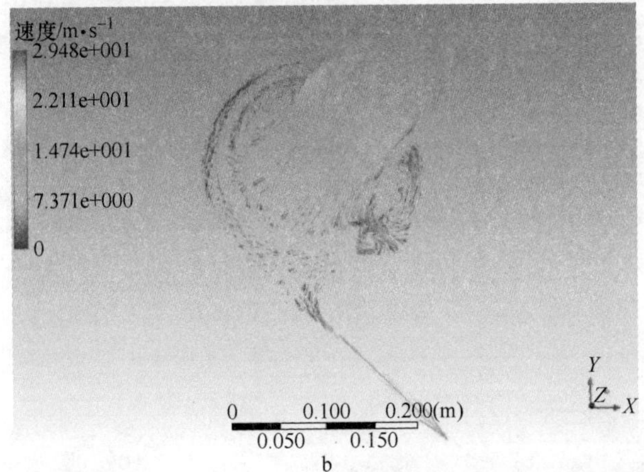

b

c

d

图 3-1 缝隙喷嘴模拟图片和喷水照片

a，b—缝隙喷嘴流体分布数值分析；c，d—缝隙喷嘴喷水照片

a

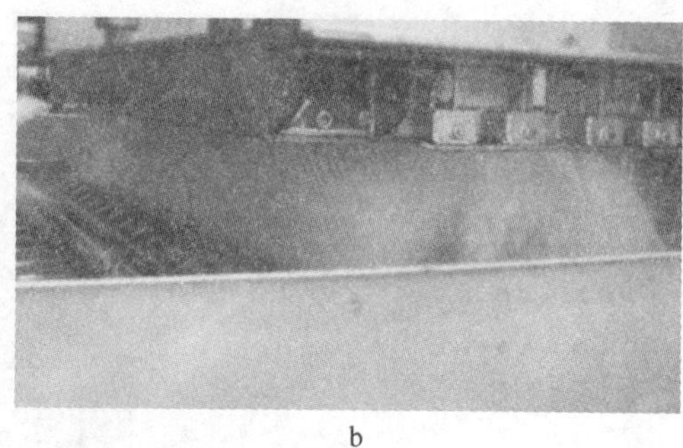
b

图 3-2　高密快冷喷嘴喷水图
a—实验平台测试；b—现场照片

a

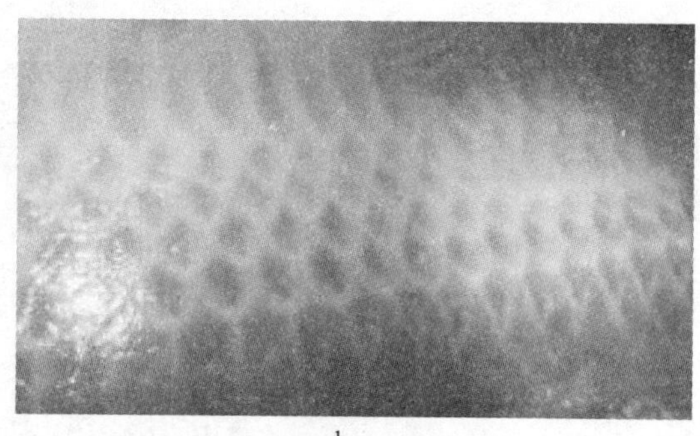
b

图 3-3　高密快冷喷嘴喷水照片
a—冷却钢板照片；b—下喷嘴喷射流体状态

3.1.3　超快速冷却整体装备的开发与集成[4,5]

超快冷区域内集管优化配置的目的是通过喷嘴形式、喷嘴角度、喷嘴流量、中喷、侧喷、吹扫装置的合理布置，提高钢板冷却效率和改善钢板冷却均匀性。缝隙喷嘴布置于超快速冷却区的入口侧，分为上缝隙喷嘴和下缝隙喷嘴，缝隙喷嘴的开口度、喷水角度以及上缝隙喷嘴与钢板的距离可调。缝隙喷嘴具有最大的单位冷却强度，可以使钢板表面温度快速降低，在钢板内部和表面形成很大的温度梯度。高密快冷集管布置于缝隙集管之后，分为上高密快冷集管和下高密快冷集管，上下对称布置。高密快冷集管的单位冷却强度仅次于缝隙喷嘴，用于进一步降低钢板表面温度，保持钢板内部和表面的温度梯度。

3.1.3.1　上冷却区域内集管配置

在冷却区域内的各个集管按照特定方向布置，形成特有的“软水封”控制技术，以清除钢板表面残余冷却水，提高冷却水的换热效率，改善钢板的冷却均匀性，同时有助于超快速冷却装置与层流冷却装置之间钢板表面温度的准确测量。“软水封”技术使得钢板上表面高速流动的冷却水固定在一定的区域之内，避免钢板离开超快冷出口后冷却水对钢板上表面的二次冷却作用。

“软水封”技术的设定原则如下：

(1)“软水封”是在超快速冷却区内设置反向集管，沿水平与正向集管朝向相反地布置集管。

(2)“软水封”作用区域确定原则：1~3 组正向集管+1 组“软水封”。

(3)“软水封”流量确定原则：“软水封”集管的流量根据具体冷却工艺进行单独设定，通常情况下设定为：1/2×本区域内所有正向集管流量之和小于“软水封”水量小于2×本区域内所有正向集管流量之和。

如图 3-4~图 3-6 所示，通过缝隙喷嘴、高密快冷集管以及“软水封”的合理布置，冷却水被有效地控制在超快速冷却区内，避免了超快速冷却区出口钢板上表面产生大量残余水，影响钢板的冷却均匀性。同时，“软水封”将超快速冷却区划分为相对独立的冷却单元，这有效地改善了上表面冷却水的流动状态，避免集管间水流的互相干扰，提高了冷却水换热效率。

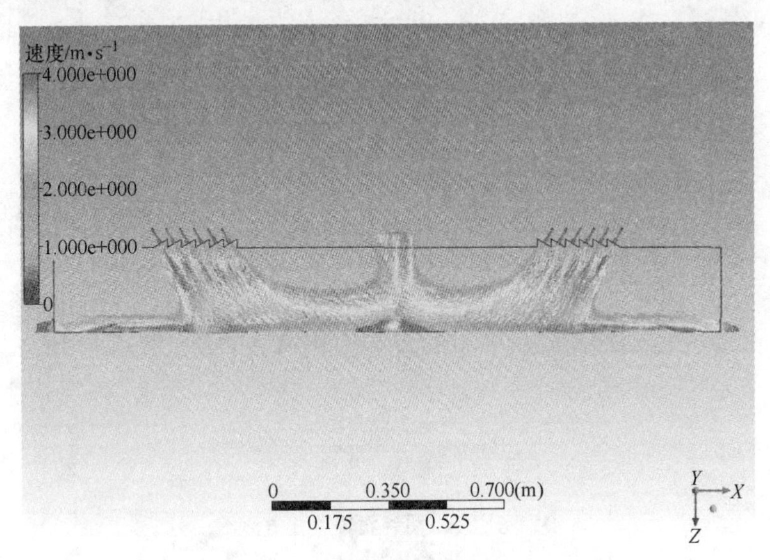

图 3-4 1vs1 集管布置方式流线图

如图 3-7 所示，在整个冷却区中，每两组集管成对射分布，正向喷射集管与钢板表面呈 θ 夹角，逆向集管与钢板表面呈 $-\theta$ 夹角，在两组集管共同作用下，冷却区内钢板上表面与冷却水之间的换热被分为以下几个区域，A 区为射流冲击换热区域、冲刷换热区域以及积聚水换热区域；B 区为少量残余

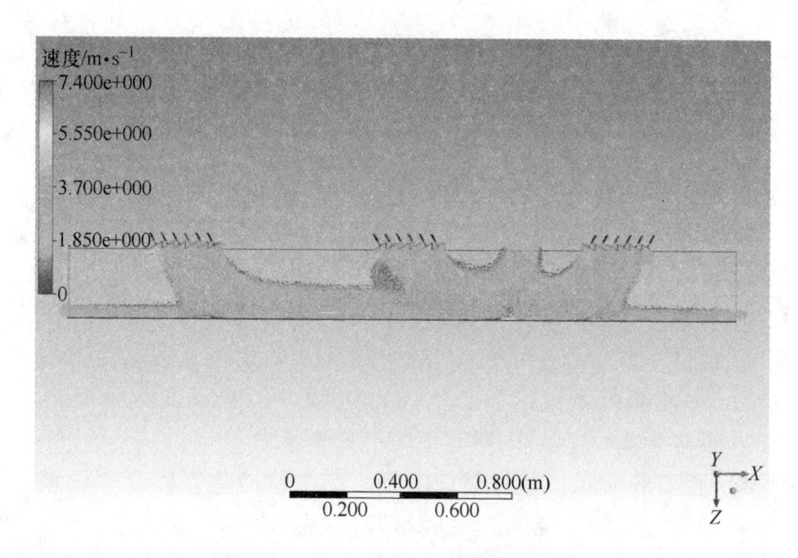

图 3-5　2vs1 集管布置方式流线图

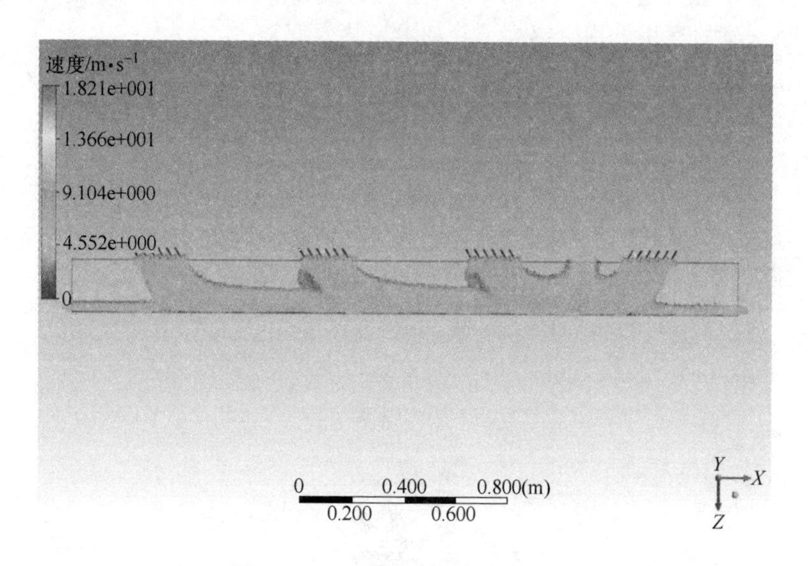

图 3-6　3vs1 集管布置方式流线图

水换热区域，此区域通常设置侧喷装置以清除冷却水，减小残余水的影响。集管对称布置，将钢板表面残余水限定在一个小区域内，有效地抑制了残余水无序流动，避免了“软水封”前冷却水的大量积聚，获得了更好的冷却均匀效果。钢板依次经历 A 区域和 B 区域的交替换热，使得钢板表面能及时接触更多新水，获得较高的换热效率。图 3-8 所示为射流冲击冷却水流状态模拟。

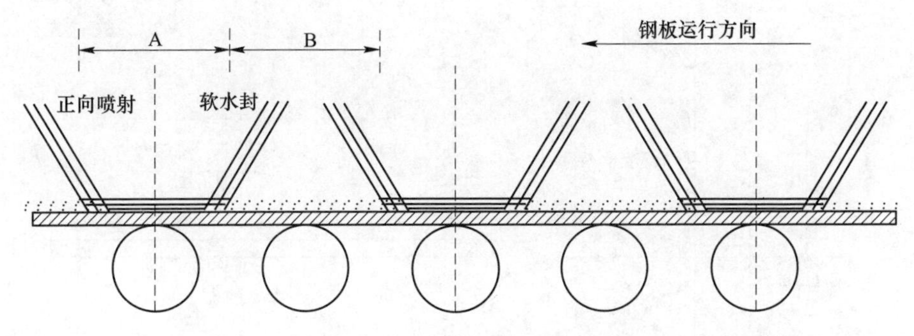

图 3-7 对称射流集管布置

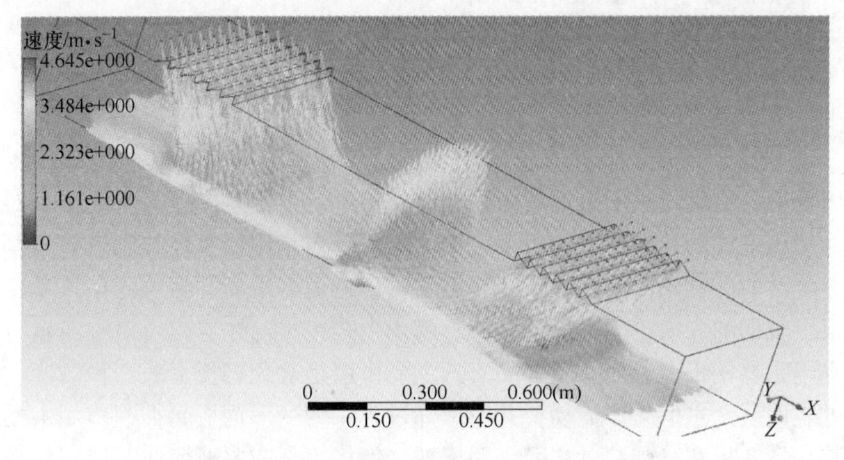

图 3-8 射流冲击冷却水流状态模拟

3.1.3.2 上下集管对称布置配置

为满足不同厚度规格钢板的工艺需求，超快冷上集管框架设计成水平方向相对静止，竖直方向可通过机械丝杠和液压系统进行上、下调整。如图 3-9 所示，D 为上集管和下集管在竖直方向的中心线沿轧向的距离，H_d 为下集管喷射出口与辊道上表面的距离，H_u 为上集管喷射出口与辊道上表面的距离，θ 为射流冲击与竖直方向的角度。使得上述参数满足式（3-1）的条件：

$$H_u \times \tan\theta = H_d \times \tan\theta + D \tag{3-1}$$

当对厚度为 h 的钢板进行冷却时，上集管高度 H 设定为：

$$H = H_u + h \tag{3-2}$$

3.1.3.3 挡水辊切分冷却单元

由于上集管冷却水不能被及时清除出钢板上表面，大量的冷却水顺着钢板表

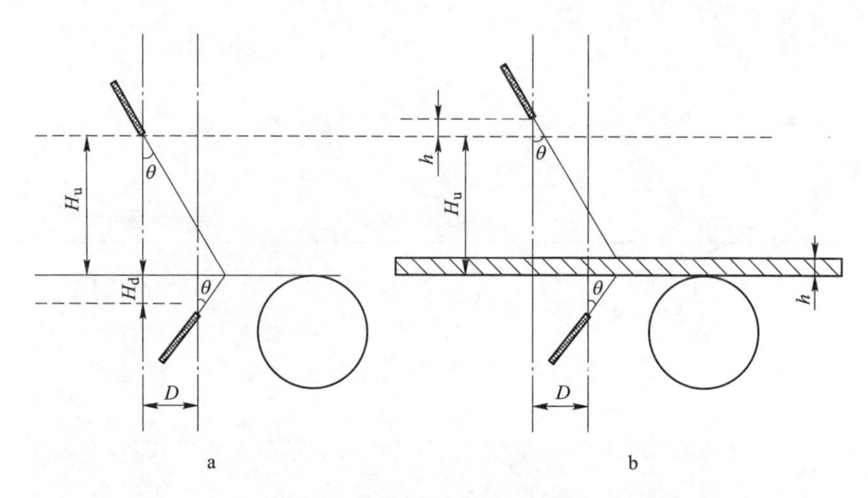

图 3-9　上框架高度调整示意图

a—原始辊缝位置；b—钢板厚度为 h 时

面溢流堆积，与钢板表面形成较为强烈的换热不均。为解决上集管残余水对其他集管冷却水造成的影响，将钢板上表面的水流分布采用挡水辊技术进行分割，使得高速流动的冷却水固定在一定的区域之内，避免钢板离开超快冷出口后冷却水对钢板上表面的二次不均匀冷却。冷却区内上挡水辊与输送辊道对称布置，工作时挡水辊距离钢板上表面 2~50mm，其主要作用是避免钢板上表面预激冷，阻止钢板上表面残余水的无序流动，并对冷却过程中的变形钢板起抑制作用。预矫直机安装在精轧机和冷却装置之间，用于减轻钢板头部或尾部翘曲并修正板身平直度缺陷，避免由于原始板形缺陷造成的钢板冷却不均，同时也为挡水辊装置充分发挥作用提供了基本保障。

3.1.3.4　上下水量配比控制

当下集管冷却水冲击到钢板下表面后，在重力的作用下迅速回落至地沟中排出，而钢板上表面冷却水将沿钢板表面继续流动产生换热。钢板上下表面所经历的换热方式不尽相同，在同等条件下钢板上表面的换热远远大于钢板下表面的换热。为实现钢板上下表面的对称换热，需要增加下集管流量以对下表面换热能力进行补偿。而上下集管流量的比例与集管射流水流量、辊道运行速度等工艺规程参数以及钢板厚度、宽度等尺寸密切相关，合理的下集管与上集管水量比通常在 1∶1.1~1∶2.5 的范围之内。

3.1.3.5　残水控制

残余冷却水在钢板表面的无序流动，与钢板表面发生不均匀的二次换热，同时也影响检测仪表的测量精度。如图 3-10 所示，侧喷、中喷及吹扫等辅助装置合理布置到冷却区内，用于清除钢板表面的残余冷却水，以提高冷却效率和改善冷却均匀性。在 1.2MPa 压力作用下，侧喷水以流速约 40m/s 的速率，冲击钢板上表面残余冷却水，将其清除出钢板上表面。强力吹扫装置清除范围覆盖于整个钢板表面，对于剩余的少量残余冷却水能够起到彻底清除的效果。

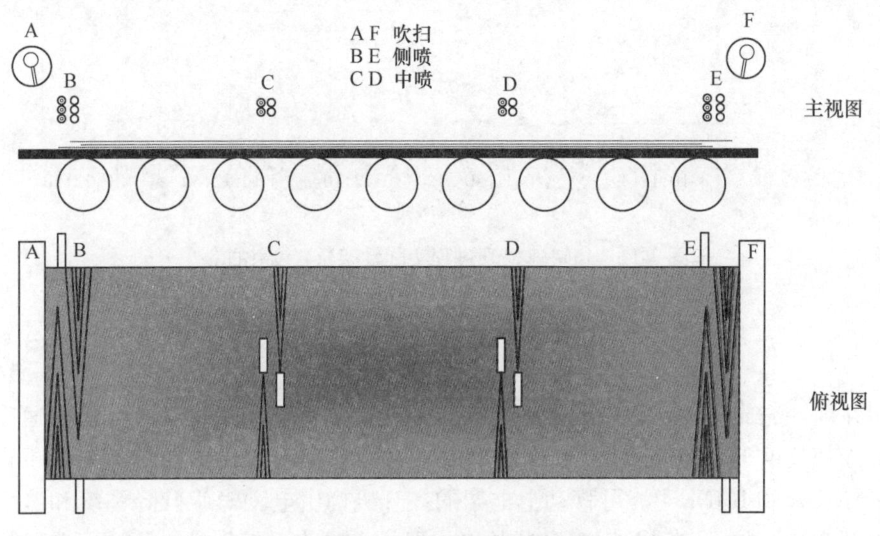

图 3-10 残余冷却水清理措施

3.1.3.6 液压多缸同步保护系统设计[6]

安全性和稳定性是检验系统能否适应工业化生产的重要指标。为此，超快冷装置设计了防钢板翘曲保护技术。为了避免来钢的板形不良对距离辊道面较近的超快冷上集管造成破坏性的撞击，设计了超快冷上集管快速抬起到安全位置的功能。超快速冷却装置的上框架需要由多个液压缸快速、同步地提升，上框架在快速提升过程中，如果各液压缸之间的同步误差较大，将造成框架变形和设备卡阻损坏。因此，为了使设备必须保证各液压缸在提升过程中的高精度同步。针对这一问题，将多液压缸同步作为难点问题进行攻关，研制出完全可仿真超快冷框架快速提升装置在各种工作状态的液压多缸同步模拟装置。在分析研究液压缸分布及控制回路的基础上，提出一种基于液压同步马达配合比例阀补偿的控制方案，开发出自主知识产权的液压系统同步控制技术及控制系统。实际应用结果表明，快速提升平均速率达到约 110mm/s，多液压缸快速提升同步控制偏差实际已小于 3%。图 3-11 为实测超快速冷却装置移动框架快速提升过程曲线。

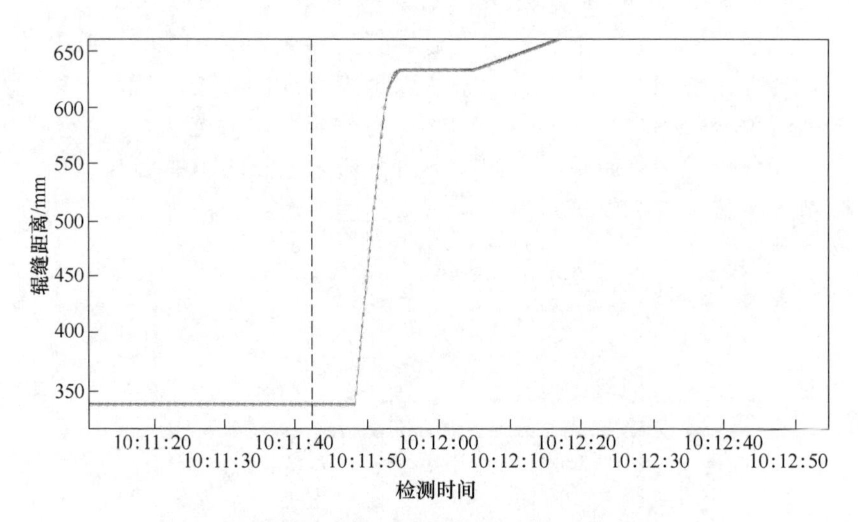

图 3-11 超快速提升过程实际框架位置变化曲线

3.1.3.7 超快速冷却装备的整体集成

在设计完成基本功能基础上，对超快速冷却装备进行系统集成。超快速冷却有效冷却长度 18~24m，由倾斜布置的上下对称喷嘴组成，分为两个集管布置区域 BANK A 和 BANK B。可移动上框架的提升机构由电动螺旋升降系统和液压快速提升系统组成，实现上框架提升及快抬保护上喷水系统功能。BANK A 区长为 8~12m，上喷嘴间设有挡水辊，工作时挡水辊距离钢板表面 2~50mm；BANK B 区长为 10~12m，喷嘴间未设置挡水辊，工作时喷嘴出口距离钢板表面 300mm。在线钢板进入超快冷区域时，第一段框架上的挡水辊和下方的辊道保持同步转动。将冷却水射流区域分隔，减弱残留水对在线淬火钢板板形的影响。超快冷各个水封、中喷及侧喷已与开启的各组集管联锁，清除钢板表面残余冷却水。

3.2 板带钢在线冷却快速温度解析模型的开发

3.2.1 钢板内部导热基本原理[7]

板带钢冷却过程中的理论模型是实现自动控制的基础。钢板轧后冷却过程自动控制的实现建立在对钢板温度变化进行控制的基础上，因此有必要对影响钢板温度变化控制精度的理论模型进行深入研究，以有限元算法为基础建立温度场解析模型，为多阶段冷却控制系统的建立提供必要的理论支持。

3.2.1.1 导热微分方程

导热是物体各部分之间不发生相对位移时，依靠分子、原子及自由电子等微观粒子的热运动而产生的热量传递。通过对实践经验的提炼，导热现象的规律已经总结为傅里叶定律，具体表达式为：

$$q = -\lambda \cdot \mathrm{grad}T \tag{3-3}$$

式中 q——热流密度，W/m²；

$\mathrm{grad}T$——某点的温度梯度，℃/m；

λ——热传导率，W/(m · ℃)。

根据傅里叶定律和能量守恒定律，经过数学推导，可得到具有内热源瞬态三维非稳态导热微分方程，表示为：

$$\rho \cdot c_p \cdot \frac{\partial T}{\partial \tau} = \frac{\partial}{\partial x}\left(\lambda \cdot \frac{\partial T}{\partial x}\right) + \frac{\partial}{\partial y}\left(\lambda \cdot \frac{\partial T}{\partial y}\right) + \frac{\partial}{\partial z}\left(\lambda \cdot \frac{\partial T}{\partial z}\right) + \dot{q} \tag{3-4}$$

式中 $\dot{q}$——单位时间、单位体积中内热源的生成热，W/(m³ · s)；

$\partial\tau$——计算时间步长；

$\partial x, \partial y, \partial z$——网格步长，与$\partial\tau$一样均是预设定的。

导热微分方程式是描述导热过程共性的数学表达式。导热问题求解过程须给出使微分方程获得适合某一特定问题解的附加条件，称为定解条件。定解条件有两个方面，即初始时刻温度分布的初始条件和导热物体边界上温度或换热情况的边界条件[4]。

初始条件是指已知的初始时刻导热物体的温度分布。冷却过程钢板温度场随时间变化而变化，初始条件的形式如下：

$$T(x, y, 0) = \varphi(x, y) \tag{3-5}$$

边界条件是指给出导热物体边界上温度或换热情况，主要有以下三类：

(1) 规定了边界上的温度值，称为第一类边界条件。在对流换热边界条件下，如果物体表面换热热阻远小于内部导热热阻，环境温度与物体边界温度相差很小，则给定对流换热边界条件就转化为给定温度边界条件。对于非稳态导热，$\tau>0$ 时，这类边界条件表示为：

$$T_w = f(\tau) \tag{3-6}$$

式中 T_w——边界温度，℃。

(2) 规定了边界上的换热系数值，称为第二类边界条件。给定物体边界上的热流边界条件，实际上是给定对流换热边界条件或给定辐射换热边界条件的一种特殊情况。在换热过程中，如果物体边界上的热流与表面温度近乎无关，则认为边界条件即为热流边界条件。对于非稳态导热，$\tau>0$ 时，这类边界条件表示为：

$$-\lambda \cdot \left(\frac{\partial T}{\partial n}\right)_w = f(\tau) \tag{3-7}$$

式中 n——表面 A 的外法线方向。

(3) 规定了边界上物体与周围流体间的表面换热系数值 α 和流体温度 T_f，称为第三类边界条件。对于非稳态导热，$\tau>0$ 时，这类边界条件表示为：

$$-\lambda\cdot\left(\frac{\partial T}{\partial n}\right)=\alpha\cdot(T-T_f) \tag{3-8}$$

式中　α——换热系数，$W/(m^2\cdot ℃)$；

T_f——流体温度，℃。

3.2.1.2　钢板热物性参数处理

利用数值分析求解温度场涉及的钢板热物性参数较多，主要热物性参数包括密度 ρ、热扩散率 α、热传导率 λ 等，它们是对钢板内部温度变化进行研究、分析、计算和工程设计的关键参数，这些参数随温度变化而变化。其中，温度变化对热传导率等参数影响较大，对密度影响较小。下面分别介绍数值解析温度场过程中钢板热物性参数的处理方法。

A　确定热传导率

傅里叶定律阐明热流与温度梯度之间存在着正比关系。热传导率又称导热系数，是用于表征材料导热性能优劣的参数，表示一定温度梯度下单位时间、单位面积上传导的热量，$W/(m^2\cdot ℃)$。

$$\lambda=-q/\mathbf{grad}T \tag{3-9}$$

板带钢在控制冷却的过程中，热传导率主要取决于钢板的化学成分、钢板温度以及钢板的组织状态等参数。合金元素 Cr、Ni、Mn、C、Si 等都是影响热传导率的关键参数。在计算钢板的热传导率时，通常根据测定的已知钢种不同温度下的热传导率，采用分段插值方法得到当前钢板的热传导率。

B　确定钢板密度

密度是指材料单位体积的质量，表示为：

$$\rho=m/V \tag{3-10}$$

式中　m——质量，kg；

V——体积，m^3；

ρ——密度，kg/m^3。

钢板温度变化对密度的影响不大。通常由于简化工程计算的目的，钢材的密度可选用常数值 $7800kg/m^3$。

C　确定热扩散率

利用热平衡方程进行板带钢控制冷却温度场计算，热扩散率是重要参数。热扩散率是表征非稳态导热过程中温度变化快慢的物理量。

$$\alpha=\lambda/(\rho\cdot c_p) \tag{3-11}$$

式中　α——热扩散率，m^2/s；

c_p——比热容，$kJ/(kg\cdot K)$。

热扩散率是热传导率、比热容和密度的函数。在相同温度梯度下，λ 越大，传导的热量越多。$\rho \cdot c_p$ 是体积热容量，单位体积 $\rho \cdot c_p$ 越小，温度升高 1℃所吸收的热量越少。

3.2.2 板带钢温度场快速解析模型开发[8~10]

3.2.2.1 钢板内部导热有限元解析模型的建立

利用 Euler-Lagrange 方程，对于含内热源平面二维非稳态温度场所对应的泛函求极小值[5]。

$$J[T(x,y)] = \frac{1}{2}\iint_D \left\{ k\left[\left(\frac{\partial T}{\partial x}\right)^2 + \left(\frac{\partial T}{\partial y}\right)^2\right] - 2\left(\dot{q} - \rho c_p \frac{\partial T}{\partial t}\right) T \right\} \mathrm{d}x\mathrm{d}y + \frac{1}{2}\int_\tau h(T - T_\infty)^2 \mathrm{d}s \tag{3-12}$$

选择等参单元，将区域离散化为有 4 个节点的 E 个单元，如图 3-12 所示。

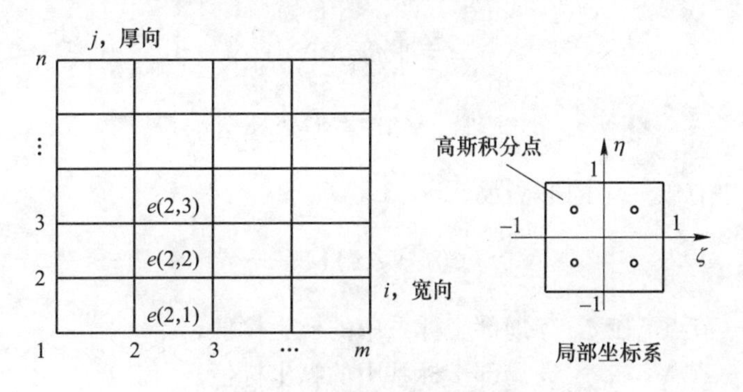

图 3-12 有限单元区域离散化

根据热传导问题的变分原理，对泛函求一阶偏导数并置零得：

$$\frac{\partial J}{\partial T_i} = \sum_{e=1}^{E} \frac{\partial J^e}{\partial T_i} = 0 \tag{3-13}$$

即：

$$(\boldsymbol{K}_1^e + \boldsymbol{K}_2^e) \cdot \{\boldsymbol{T}^e\} + [\boldsymbol{K}_3^e] \cdot \left\{\frac{\partial T^e}{\partial t}\right\} = \{p\} \tag{3-14}$$

式中 K_1+K_2——温度刚度矩阵，其值为 $\sum_{e=1}^{E}([K_1^e]+[K_2^e])$；

$\boldsymbol{K}_3$——变温矩阵，其值为 $\sum_{e=1}^{E}[K_3^e]$；

$\{p\}$——常向量，其值为 $\sum_{e=1}^{E}\{p^e\}$；

t——当前时刻。

单元刚度矩阵装配为整体刚度矩阵后可以写为：

$$[K_T]\cdot\{T\}+[K_3]\cdot\left\{\frac{\partial T}{\partial t}\right\}=\{p\} \tag{3-15}$$

以差分形式表示温度对时间的导数为：

$$\frac{\partial T}{\partial t}=\frac{\{T\}_t-\{T\}_{t-\Delta t}}{\Delta t} \tag{3-16}$$

式中　Δt——时间间隔。

则单元刚度矩阵装配为整体刚度矩阵表示为：

$$\left([K_T]+\frac{1}{\Delta t}[K_3]\right)\cdot\{T\}_t=\frac{1}{\Delta t}[K_3]\cdot\{T\}_{t-\Delta t}+\{p\} \tag{3-17}$$

$$K_{1ij}^e\iiint_{V_e}k\left(\frac{\partial N_i}{\partial x}+\frac{\partial N_j}{\partial y}\times\frac{\partial N_j}{\partial y}\right)\mathrm{d}V \tag{3-18}$$

$$K_{2ij}^e=\iint_s hN_iN_j\mathrm{d}S \tag{3-19}$$

$$K_{3ij}^e=\iint_{V_e}\rho c_{\mathrm{p}}N_iN_j\mathrm{d}V \tag{3-20}$$

$$p_i^e=\iiint_{V_e}\dot{q}N_i\mathrm{d}V+\iint hT_\infty N_i\mathrm{d}S \tag{3-21}$$

式中　N_i——有限元中的形函数。

$$N_i=\frac{1}{4}(1+\zeta_i\zeta)(1+\eta_i\eta) \tag{3-22}$$

式中　ζ_i——节点 i 在 ζ、η 局部坐标系中的横坐标值；

　　η_i——节点 i 在 ζ、η 局部坐标系中的纵坐标值。

实际计算中 ζ、η 可取为有限元解法求解时高斯积分点处的局部坐标值，利用上述方程求出 t 时刻的温度场，反复迭代求解，可得出任意时刻的温度场。

A　有限单元网格划分

为确保有限单元的计算精度同时提高有限元方法的计算速度，满足在线控制的需求，需要对有限单元进行合理的网格划分。

非对称问题有限单元网格划分，计算表达式为：

$$\mathrm{nod}_i=\left[\left(\frac{i+1}{\frac{n}{2}}\right)^{\frac{4}{3}}-\left(\frac{i}{\frac{n}{2}}\right)^{\frac{4}{3}}\right]\cdot\frac{L}{2} \tag{3-23}$$

式中　n——网格总数；

　　nod_{i}——第 i 单元长度，mm；

　　L——钢板厚度或宽度，mm。

对称问题有限单元网格划分，计算表达式为：

$$\mathrm{nod}_i = \left[\left(\frac{i+1}{n}\right)^{\frac{4}{3}} - \left(\frac{i}{n}\right)^{\frac{4}{3}}\right] \cdot L \tag{3-24}$$

B 时间步长确定

有限单元法求解温度场，需要合理确定时间步长。首先，确定基本水冷和空冷时间步长；然后，根据递推公式反复迭代求得各个阶段的时间步长。

空冷状态下基本时间步长表示为：

$$\mathrm{d}t_{\mathrm{air}} = 1000.0 \times L/3 \tag{3-25}$$

空冷迭代时间步长表示为：

$$\mathrm{d}t = \mathrm{d}t_{\mathrm{air}} \times (1.0 + 10.0 \times \sqrt{0.0125 \times i}) \tag{3-26}$$

式中 dt_{air}——空冷基本时间步长，s；

i——计算次数；

L——钢板厚度或宽度，mm。

水冷状态下基本时间步长表示为：

$$\mathrm{d}t_{\mathrm{wat}} = 100.0 \times L/(CR + 1) \tag{3-27}$$

水冷迭代时间步长表示为：

$$\mathrm{d}t = \mathrm{d}t_{\mathrm{wat}} \times (1.0 + 10.0 \times \sqrt{0.0125 \times i}) \tag{3-28}$$

式中 dt_{wat}——水冷基本时间步长，s；

CR——冷却速率，℃/s；

i——计算次数。

3.2.2.2 钢板内部 (1+2)D 解析模型的开发[11]

在实际冷却过程中，有必要对钢板的横向（即宽向）温度进行均匀化控制。目前，宽向冷却均匀性控制方式主要有边部遮蔽控制[12,13]和水凸度控制[14,15]。这些控制策略往往需要涉及对钢板整个横断面的温度场进行计算，而在实际工业生产中，几乎没有企业运用多维模型来计算钢板横断面的温度场。

为了解决宽向冷却不均匀的问题，从工业化应用的角度出发，本节研究建立了一种综合 1*D* 和 2*D* 的 (1+2)*D* 温度场模型，可有效计算钢板横断面温度场，便于边部遮蔽和水凸度的精细化控制，实现钢板宽向温度均匀性控制，同时满足工业快速响应的要求。

为了便于计算，降低模型维度，将钢板沿纵向离散成数个微单元，如图 3-13 所示。在实际冷却过程中，钢板的纵向表面温度是连续可测的，可以将每一个单元沿纵向的温度分布视为是均匀一致，仅考虑宽向和厚向的温度分布，因此本节主要研究宽向温度场有限元模型。

以单纯冷却过程为研究对象，建立钢板厚向和宽向二维无内热源导热微分方程的形式：

$$\rho c_{\mathrm{p}} \frac{\partial t}{\partial \tau} = \frac{\partial}{\partial y}\left(\lambda \frac{\partial t}{\partial y}\right) + \frac{\partial}{\partial z}\left(\lambda \frac{\partial t}{\partial z}\right) \tag{3-29}$$

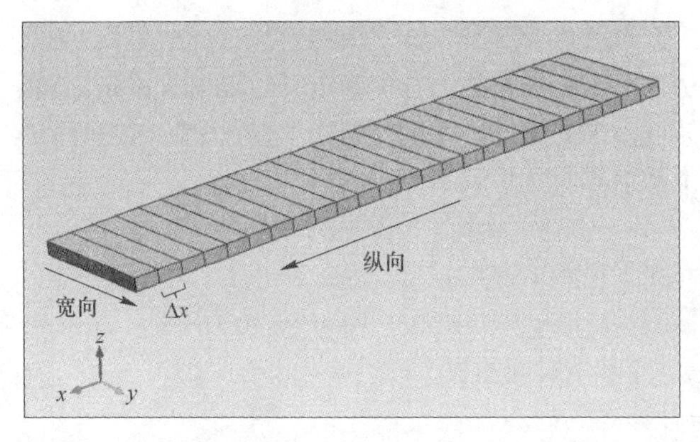

图 3-13　钢板沿纵向单元离散化示意图

由于厚板宽度规格很大，沿宽向钢板中部受边部冷却的效果影响很小，故可以将冷却的钢板沿宽向简化成两部分：中间域和冷却渗透域，如图 3-14*a* 所示。中间域是指钢板中部主要受来自厚向换热影响的区域，忽略边部的换热冷却作用。冷却渗透区域是指综合受厚向及侧面换热影响的区域，沿厚向和宽向均会产生一定温度梯度，渗透区域宽度等于沿宽向的冷却渗透度。

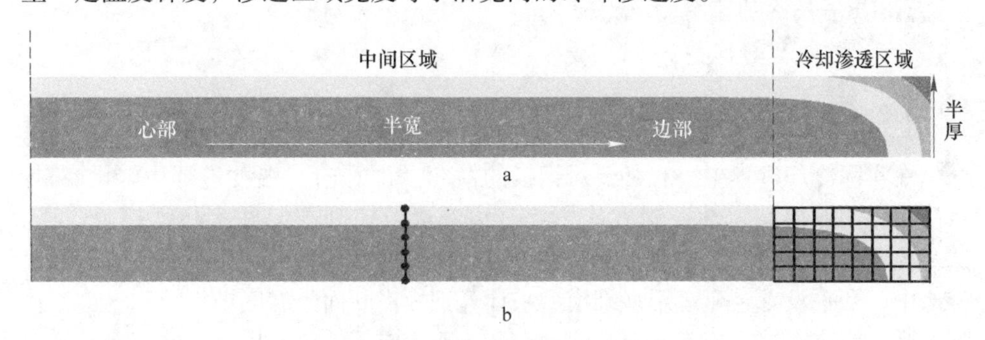

图 3-14　区域网格划分示意图

a—温度区域划分；*b*—区域网格划分

综上所述，中间区域的温度场可采用厚向一维有限元模型来做简化计算，而冷却渗透域采用二维模型来处理，如图 3-14*b* 所示，这种方式称为区域变网格划分（*Section Mesh Generation*，*SMG*）。这里的冷却渗透度一般由计算或经验获得，也可通过现场扫描式高温计来进行测量及修正。计算过程如下：

（1）预设定一个粗略的渗透度值 S_R 作为边部冷却渗透区域的宽度，进行网格区域划分；然后参与第一次模型计算，得到钢板横断面的温度场，此时可获得该冷却条件下较精确的冷却渗透度的计算值 S_F。

（2）重新用 S_F 作为边部冷却渗透区域的宽度，进行网格区域划分；然后参与第二次模型计算，得到冷却过程中钢板横断面的温度场。

为了后续的描述统一方便，本节中根据现场经验，将冷却渗透度 S_R 设定为 100mm。实际过程中，可根据工况条件对 S_R 进行调整。

由于钢板沿宽向所处的工况不同，换热强度存在较大差异，因此需要考虑不同的边界条件，如图 3-15 所示。钢板外表面均采用第三类边界条件。钢板宽向中间区域上表面主要受上冷却水强对流作用，换热条件如图 3-15 中 h_1 所示；钢板边部区域上表面除了受上冷却水的作用，还会受到溢流水的二次冷却，换热条件如图 3-15 中 h_2 所示；钢板侧边受到空气对流换热和部分溢流水的综合作用，换热条件如图 3-15 中 h_3 所示。

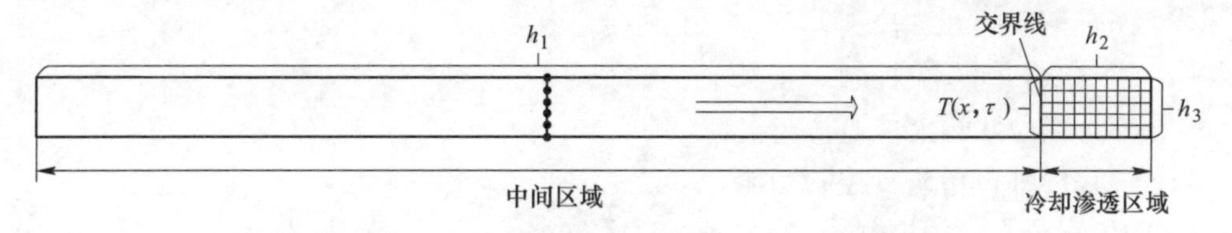

图 3-15 冷却过程中钢板在宽向上的不同换热条件

通常钢板温度沿宽向呈中间高两边低的分布，所以为了保证宽向冷却均匀性，钢板中部的温降一般要大于钢板边部低温区，此过程中两个区域的厚向温度场变化不同步，因此需要对两个区域的交界线处（图 3-15）的热传导作用做特殊处理。这里采用第一类边界条件进行简化处理，将中间区域的厚向温度函数 $T(x,\tau)$ 作为边部冷却渗透区域在交界处的边界条件，进行热传导的计算。

3.3 高精度冷却路径控制系统研发

随着高等级产品的研发，工艺要求越来越严格。针对超快速冷却系统工艺过程，开发出冷却过程在线控制应用软件，实现了冷却过程自动控制，满足中厚板产品品种繁多、生产节奏快、工艺窗口狭窄的冷却工艺控制需求。

3.3.1 控制系统组成

超快速冷却控制系统由过程控制系统、基础自动化系统、人机界面交互系统等主体系统以及供水系统、传动系统等辅助系统组成，与之相关联的上下游流程、装备及控制系统包括轧机、预矫直机和热矫直机等。超快速冷却控制系统内部采用工业以太网进行数据通信，*L2* 采用 *TCP/IP* 协议实现与轧机 *L2*、*MES*、预矫直机 *L2* 的数据通信，*L1* 采用 *TCP/IP* 和 *PROFIBUS-DP* 协议实现与辊道 *PLC*、供水系统 *PLC*、轧机 *PLC* 以及预矫直机 *PLC* 之间的数据通信。

3.3.1.1 基础自动化控制系统

基础自动化控制系统采用 *SIEMENS S7-400 PLC*。*PLC* 系统和人机操作界面（*HMI*）由工业以太网连接起来，用于满足冷却过程的顺序控制、逻辑控制及设备控制功能[16]。其主要控制功能如下：

（1）数据采集和处理。

（2）集管流量曲线快速采集及流量闭环控制。

（3）供水压力曲线快速采集及压力闭环控制。

（4）钢板位置微跟踪。

（5）头尾遮蔽控制。

（6）侧喷阀开关控制。

（7）吹扫阀开关控制。

（8）高位水箱液位监视与报警。

（9）冷却设备仿真控制功能。

（10）自水冷阀控制。

（11）遮蔽宽度控制。

（12）侧喷泵控制。

（13）过程监控。

（14）故障诊断。

3.3.1.2 过程自动化控制系统

超快速冷却过程控制系统由冷却规程预计算，冷却规程修正计算，冷却过程后计算以及自学习计算等多个功能模块组成，如图 3-16 所示，其核心是工艺过程计算模型。预计算模型根据 *PDI* 工艺参数，计算获得集管水量、集管组数、辊道运行速度、上下水量配比、加速度等冷却规程参数，传递于基础自动化系统执行，满足冷却速率、终冷温度、钢板温度均匀性等工艺控制需求。修正计算模型根据测量的实际温度和实测厚度对集管流量、组数、速度等参数进行修正，以获得更精确的控制效果。后计算模型将记录下钢板的整个冷却过程中的温度变化、速度变化和集管流量变化等情况，根据测量的数据比较计算终冷温度和实测终冷温度偏差，评估在钢板长度方向不同位置处的钢板表面、中心及平均冷却速率，建立不同时间的工艺数据与钢板长度方向坐标之间的关系，进行换热系数、冷却速率等核心参数的自学习计算[17,18]。

超快速冷却工艺过程自动化系统用于对冷却工艺参数进行模型计算及规程设定，如图 3-17 所示为过程控制系统的主界面。

过程控制系统对冷却规程进行计算设定，减少了人工操作的工艺不稳定性，

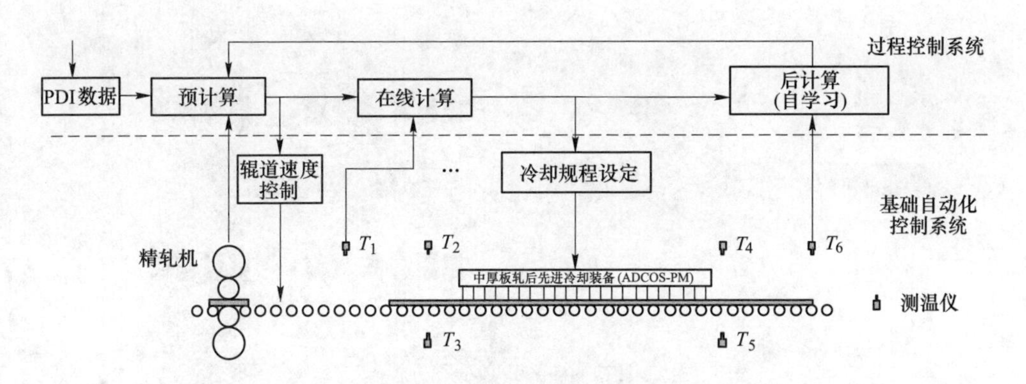

图 3-16　控制系统时序触发机制

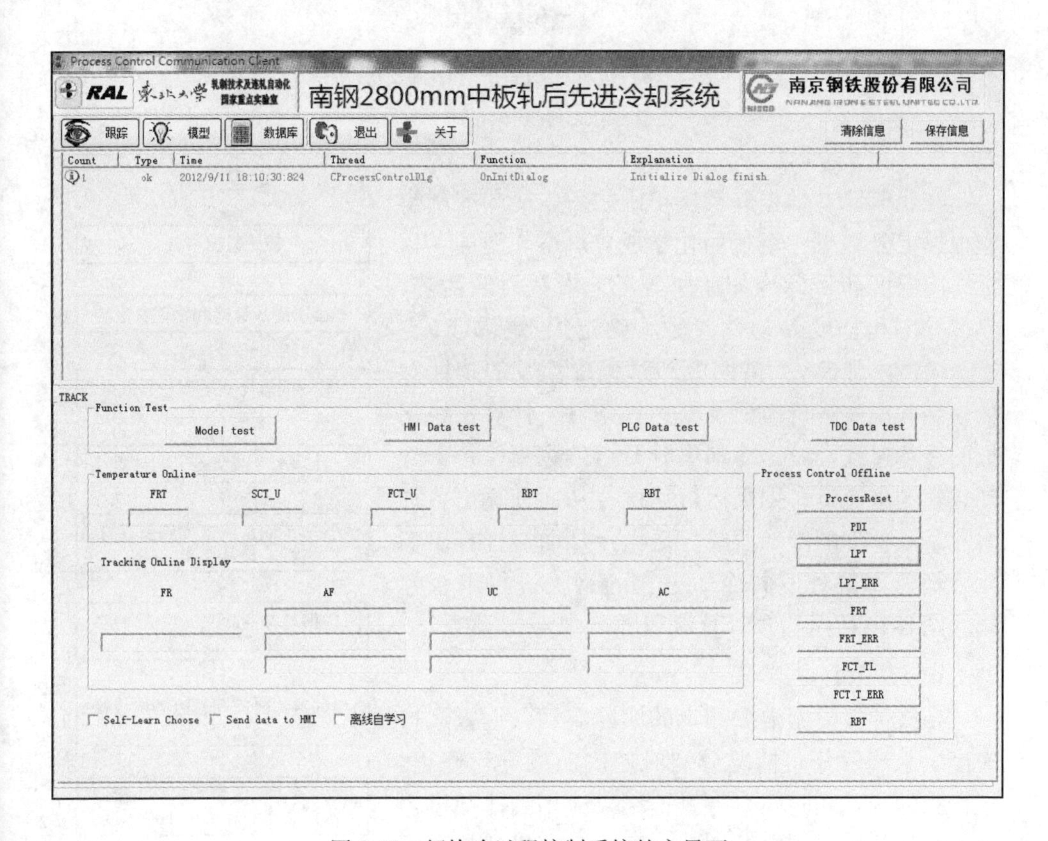

图 3-17　超快冷过程控制系统的主界面

提高了产品冷却工艺的控制精度。控制系统对冷却过程全程监控，自动记录工艺数据，增强了产品质量的可追溯性，保证了产品质量。过程控制系统的主要触发机制描述如图 3-18 所示。

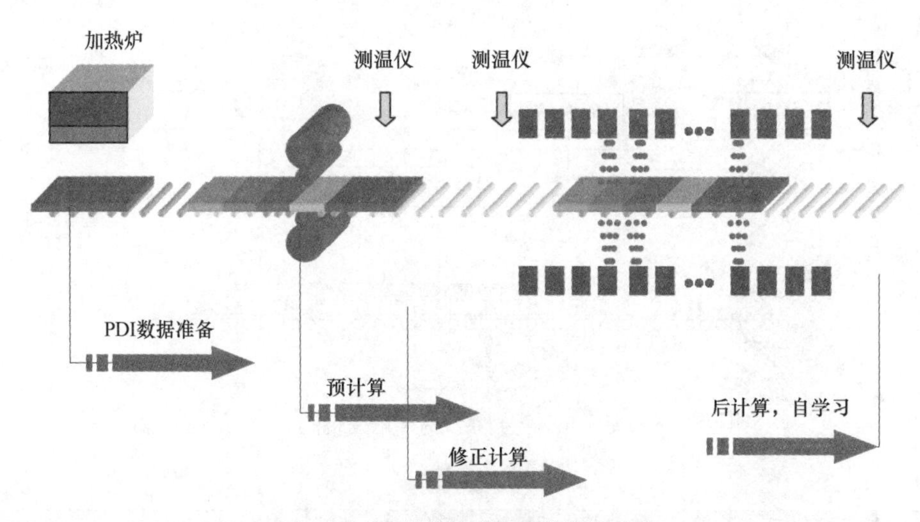

图 3-18 过程控制系统时序触发机制

A 预计算模块

在获取 *PDI* 数据并校核正确之后，冷却控制模型根据 *PDI* 数据中钢板的化学成分、终轧温度、目标终冷温度和目标冷却速率等工艺参数以及比热、热传导率和密度等物性参数，确定控冷模式（空冷、缓冷、强冷）。借助冷却过程中涉及的物性参数模型和温度解析模型及其边界条件，计算每块钢板的冷却过程，设定冷却集管开启的数量、每个冷却集管的水流量、钢板运行速度，从而计算出各种水流量条件下的冷却曲线，再由冷却曲线计算出实际冷却速率，对不同冷却工艺的钢板进行组合控制。图 3-19 所示为预计算流程图。

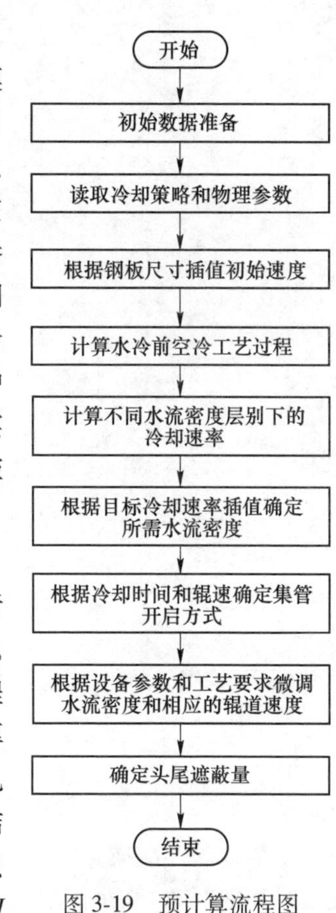

图 3-19 预计算流程图

B 在线计算模块

在线计算模型根据测量的实际温度、钢板运行速度、水流量分布情况分别对速度曲线进行修正。在恰当的位置和时间，将修正结果应用到冷却过程中。当精轧机末道次抛钢后，可得到钢板的实测厚度、表面温度以及设备状态参数等信息，根据终轧温度实测值以及目标值之间的偏差对预设定计算结果进行修正。计算过程和预设定计算过程一致，只是终轧温度等参数采用的是实时测量值而不是 *PDI*

给定的目标值。

C 温度场计算模块

读取*PDI*数据，根据钢板的成分、尺寸、来钢温度以及冷却方式等，求得相应的热传导系数、换热系数、比热等物性参数。根据目标工艺要求，对厚度进行网格划分，计算合理步长，利用有限差分法或有限元差分法求解得出钢板温度场。

D 后计算模块

由于本系统中使用的控制模型都是一些简化的理论模型或经验模型，因而在实际使用中很难精确地描述钢板冷却过程。设定模型的计算偏差主要来自温度的预报偏差、模型系数的精度及模型本身结构的偏差。根据测量的数据，评估后续钢板的修正值、比较计算终冷温度和目标终冷温度；评估在钢板长度方向不同位置处的钢板表面、心部及其平均冷却速率，建立不同时间的钢板温度与钢板长度方向坐标之间的关系。钢板冷却结束后，后计算模型将记录下钢板的整个冷却过程中的温度变化、辊道速度变化和集管流量变化等情况，并根据这些数据计算出冷却速率，供自学习模型进行后续钢板的自学习。

E 自学习计算模块[19]

模型参数包含一个相关的修正系数，通过计算值和实际值的比较，求得一个修正系数来对模型参数进行相应的修正。模型参数自学习分为短期自学习和长期自学习。短期自学习用于同一批号内轧件到轧件的参数修正，学习后的参数值自动替代原先的参数值，用于下一块同种轧件。长期自学习用于不同批号的同种轧件长期参数修正，学习后的参数值可以选择性地替代原先的参数值。

后计算模型的计算结果用作后续冷却钢板的自适应。评估和研究后续冷却钢板的影响参数，结合生产统计数据，处理生产评估标准（新产品自学习，并找出合适的工艺设定参数），并对生产数据分析应用和维护的各个自适应进行分类。

如果钢板的冷却已经结束，自适应功能将计算一个修正系数，该系数是一个与实际生产钢板钢种系列冷却终止温度偏差相关的函数；然后再用修正系数的平均值计算下一块同钢种系列钢板冷却时的自适应系数。这个自适应系数将用于预计算模型，以适应调整该钢种系列的冷却情况。控制冷却模型对换热系数与冷却速率进行了自学习修正，修正方法表示如下。

（1）冷却速率自学习系数修正计算方法为：

$$\alpha_{cr} = CR_{mea}/CR_{cal} \tag{3-30}$$

式中 α_{cr}——冷却速率自学习系数；

CR_{mea}——冷却速率实际平均值，℃/s；

CR_{cal}——冷却速率计算平均值，℃/s。

（2）换热系数自学习系数修正计算方法为：

$$\alpha_{\mathrm{hr}} = \Delta T_{\mathrm{mea}} / \Delta T_{\mathrm{cal}} \tag{3-31}$$

式中 α_{hr}——换热系数自学习系数；

ΔT_{mea}——开冷温度实测平均值与终冷温度实测平均值之差,℃；

ΔT_{cal}——开冷温度计算平均值与终冷温度计算平均值之差,℃。

除尺寸规格、化学成分等自身因素外，换热方式、水温、水压及水量等外部因素都将影响钢板在冷却过程中的换热过程。冷却速率计算模型仅考虑了主要因素的影响，这使模型计算精度存在一定的局限性。为了提高冷却速率控制精度，控制系统采用自学习方法，自学习参数以开冷温度、终冷温度、钢板厚度、合金含量等建立层别。

模型自学习的启动是在钢板尾部出冷却区后。钢板冷却完毕运行到冷却区后的测温仪下，根据检测到的轧件各物理段的实际终冷温度，确定是否进行自学习计算。如果实测终冷温度与目标终冷温度偏差太大（>50℃，该值在生产过程中，根据经验可随时调整），则不进行自学习处理，出现这样大的偏差认为是模型结构本身的问题，非自学习所能纠正，给出严重报警信号，过程机调整模型。当温度偏差非常小时（<5℃，该值在生产过程中，根据经验可随时调整），认为模型参数适当，不必进行自学习处理。当温度偏差在5~50℃之间时，启动模型参数的自学习计算。

自学习模块主要包括换热系数自学习、上下水量比自学习等，模型参数的自学习分为短期自学习和长期自学习。

1）短期自学习用于轧件到轧件的参数修正，学习后的参数值自动替代原先的参数值，用于下一块同种轧件的模型计算。短期自学习主要以指数平滑法取最近冷却的10块钢板进行参数修正，主要过程如下：

$$KI_{(n+1)} = a_{(10)} \times KI_{(n)} + a_{(9)} \times KI_{(n-1)} + \cdots + a_{(2)} \times KI_{(n-8)} + a_{(1)} \times KI_{(n-9)} \tag{3-32}$$

式中 $KI_{(n+1)}$——第n+1次参数的自学习值；

$KI_{(n)}$——第n次参数的自学习值；

$a_{(i)}$——第i次自学习系数的权重。

在式（3-32）中权重系数$a_{(i)}$的选择可以采用时效权重法，即对最邻近的数据其权重最大，时间间隔越长其权重越小。权重的选取采用如下算法：

$$a_{(i)} = 0.5^{(10-i)} \times \left[1.0 - \min\left(1.0, \frac{t_{(10)} - t_{(i)}}{3600}\right)\right] \tag{3-33}$$

在式（3-33）中$min\left(1.0, \frac{t_{(10)} - t_{(i)}}{3600}\right)$是一个求小函数，$t_{(i)}$是第i块钢冷却的时刻。如果第i块钢距当前冷却钢的时间相差大于1h，则第i块钢的权重$a_{(i)}$为0。当前钢的权重$a_{(i)}$为1，以后各块钢权重依次递减。

2）长期自学习用于大量同种轧件长期参数修正，学习后的参数值可以选择性地替代原先的参数值。长期自学习采用在线方式：

$$P_{\mathrm{N}} = P_0 + G \cdot (P_{\mathrm{M}} - P_0) \tag{3-34}$$

式中 P_N——学习后的新参数；

P_0——学习前的原参数；

P_M——实测参数；

G——自学习增益。

（3）冷却速率的自学习方法。除尺寸规格、化学成分等自身因素外，换热方式、水温、水压及水量等外部因素都将影响钢板在冷却过程中的换热过程。冷却速率计算模型仅考虑了主要因素的影响，这使模型计算精度存在一定的局限性。为了提高冷却速率控制精度，控制系统采用自学习方法。以开冷温度、终冷温度、钢板厚度以及水流密度建立冷却速率自学习层别参数，见表 3-1。

表 3-1 冷却系数自学习层别参数划分

厚度层别	开冷温度层别	终冷温度层别	水流密度层别
0(h≤10.8mm)	0(T_s≤711℃)	0(T_f≤100℃)	0(F≤1.8L/(m^2·s))
1(10.8mm<h≤12.8mm)	1(711℃<T_s≤731℃)	1(100℃<T_f≤131℃)	1(1.8L/(m^2·s)<F≤5.8L/(m^2·s))
⋮	⋮	⋮	⋮
18(109.8mm<h≤119.8mm)	18(1031℃<T_s≤1051℃)	38(931℃<T_f≤951℃)	18(55.8L/(m^2·s)<F≤60.8L/(m^2·s))
19(119.8mm<h)	19(1051℃<T_s)	39(951℃<T_f)	19(60.8L/(m^2·s)<F)

冷却速率自学习计算模型见式（3-35）。

$$f_{\mathrm{R,mod}} = f_{\mathrm{R,old}} \times \frac{n}{n+1} + f_{\mathrm{R,cal}} \times \frac{1}{n+1} \tag{3-35}$$

式中 $f_{\mathrm{R,mod}}$——本次计算获得的冷却速率自学习系数；

$f_{\mathrm{R,old}}$——原有冷却速率自学习系数；

$f_{\mathrm{R,cal}}$——修正后的自学习系数。

3.3.1.3 冷却工艺参数优化窗口

为了方便调试和日常维护工作，控制系统编制独立离线调试软件，完成离线修改参与模型计算的参数，主要包括换热系数设定、头尾特殊控制设定以及新增钢种物性参数的初始化等功能，如图 3-20 所示。

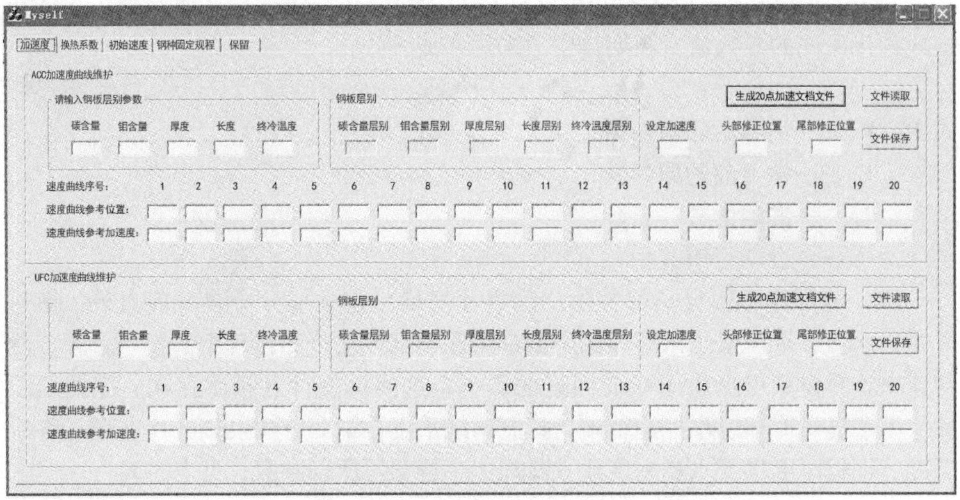

图 3-20　过程控制系统工艺维护软件操作界面

3.3.2　超快速冷却系统关键控制技术

3.3.2.1　压力-流量耦合快速高精度控制

喷射单元的水流密度作为超快速冷却系统的核心控制参数，其决定因素是供水压力和集管流量。为此，超快速冷却系统采用高压变频供水泵供给冷却装置所需的大流量中压水，并采用相应的控制单元和模块对供水压力和集管流量进行快速高精度控制[20,21]。如图 3-21 所示，超快速冷却装置的供水系统由高压变频供水泵、分流集水管、流量调节阀、旁通阀、流量计、温度计以及压力计等组成。供水泵提供带流量压力可调节的中压冷却水。冷却水经由供水管路进入分流集水管，经过均流后由集管供水管路分配至喷水集管，在集管内部受到阻尼装置整

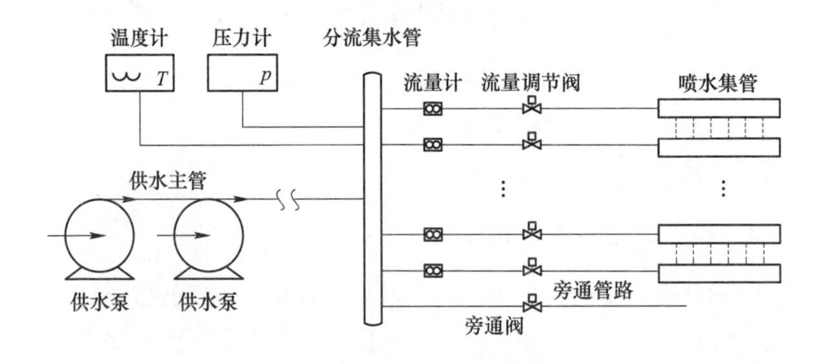

图 3-21　供水装置及集管流量控制单元组成

流、均流作用，均匀地喷射至钢板表面对钢板进行冷却。分流集水管上安装温度计和压力计，所采集到的压力和温度值将用于控制模型进行冷却规程的计算。同时，水压将用于供水系统的压力闭环控制。集管供水管路上依次布置流量计、流量调节阀，用于集管水量调节、检测和控制。

在供水压力和集管流量调节过程中两者相互影响。为了实现供水压力和集管流量的快速高精度控制，控制系统针对供水压力和集管流量进行快速高精度耦合控制，如图 3-22 所示。

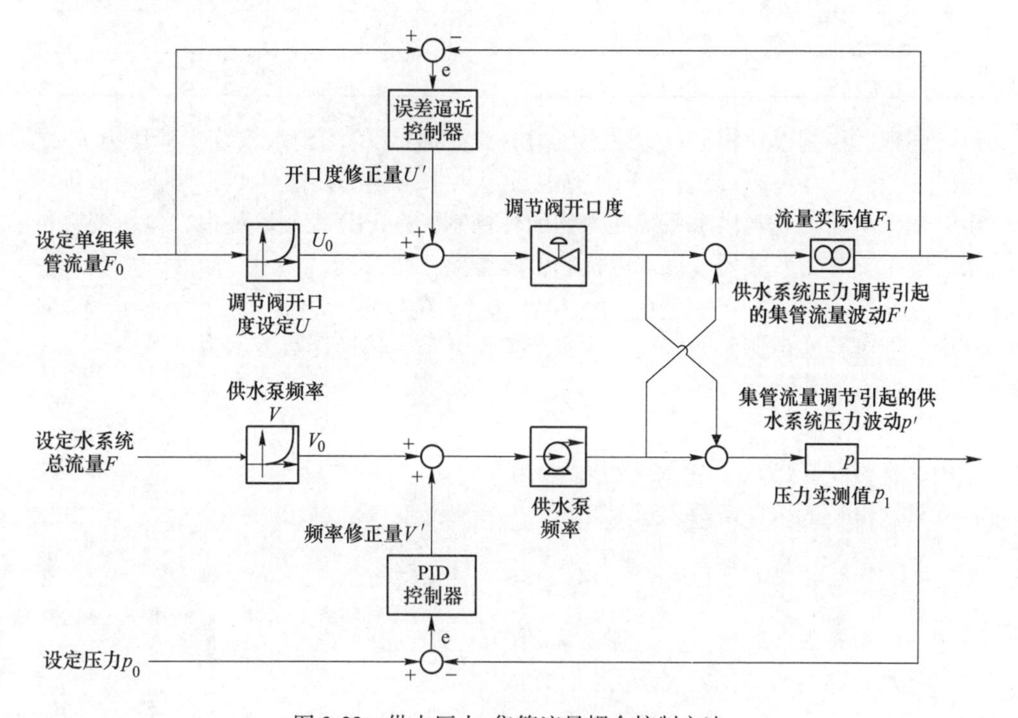

图 3-22 供水压力-集管流量耦合控制方法

首先，根据设定供水压力 p_0、设定集管流量 F_0 以及预先采集到的 0.2MPa(0.5MPa) 压力条件下的集管流量与阀门开口度关系曲线，进行线性插值计算，快速设定阀门开口度 U_0。同理，根据设定供水压力 p_0、设定总流量 F 以及预先采集到的 0.2MPa(0.5MPa) 压力条件下的供水量与供水泵频率之间的关系曲线，进行线性插值计算，快速设定供水泵频率 V_0。当集管阀门开口度和供水泵频率达到设定值时，集管流量和供水压力耦合闭环控制模块投入运行，以提高集管流量及供水压力控制精度。控制模块根据设定流量 F_0 与流量计检测到集管实际流量 F_1 之间的偏差 $e(e=F_0-F_1)$，设定阀门开口度补偿量 U'，修正调节阀门开口度，从而实现对流量闭环控制。PLC 扫描设定周期为 100ms，误差逼近控制器的具体参数见表 3-2。

表 3-2　误差逼近控制器参数

流量偏差 $e/m^3 \cdot h^{-1}$	阀门开口度补偿量 $U'/\%$
0	0
$-3<e<-5$	0.05
$3<e<5$	-0.05
$-5<e<-10$	0.07
$5<e<10$	-0.07
$-10<e$	0.09
$10<e$	-0.09

同理，控制模块根据设定供水压力 p_0 与压力计检测到水系统实际压力 p_1 之间的偏差 $e(e=p_0-p_1)$，基于 PID 算法设定供水泵频率补偿量 V'，修正调节供水泵频率，从而实现对供水系统压力的闭环控制。在 PID 控制算法中，恒压变频供水系统主要分为变频器、供水电机和供水管路三个过程。

$$G(s) = G_1(s)G_2(s)G_3(s) \tag{3-36}$$

其中，变频器的传递函数可设定为一个惯性环节，传递函数表示为：

$$G_1(s) = \frac{k_1}{1 + T_1 s} \tag{3-37}$$

式中，常数 T_1 取为 5；比例系数 k_1 取为 3。

供水电机的传递函数表示为：

$$G_2(s) = \frac{k_d}{1 + T_d s} \tag{3-38}$$

式中，电机常数 T_d 取为 0.4；常数 k_d 取为 0.2。

供水管路的传递函数表示为：

$$G_3(s) = \frac{k_3}{1 + T_3 s} \cdot e^{-\tau s} \tag{3-39}$$

式中　k_3——系统总增益，取为 1；

T_3——系统惯性时间常数，取为 3；

τ——系统总滞后时间，取为 2。

调节过程中供水系统压力变化将引起的集管流量波动 F'，其将作为集管流量实测值的组成部分，在集管流量调节闭环中得到消除。同理，集管流量变化引起的供水系统压力变化 p' 也将作为压力实测值的组成部分，在供水压力调节闭环中得到消除。经控制模块反复调整实现对集管流量和供水压力的快速高精度耦合控制，满足供水系统压力精度的控制需求。

图 3-23 为 0.2MPa 压力条件下，阀门开口度、集管流量以及供水系统压力随时间的变化曲线。由图 3-23 可知，流量的调节过程分为三个阶段，阀门快速开

启阶段约持续 2s，阀门开口度保持阶段约持续 1s，集管流量及供水压力闭环调整阶段持续 6~7s。在此过程中供水压力呈先下降后上升的趋势，压力最低值达到 0.153MPa。随着流量调节阀快速开启，集管流量迅速增加，而阀门开口度保持阶段是为了避免流量滞后产生严重的超调，随后在供水压力和阀门开口的共同调节下，集管流量逐步调整至目标值（200±5）m^3/h。集管流量快速调节的时间约为 5s，达到稳定状态所需调节时间约为 10s。

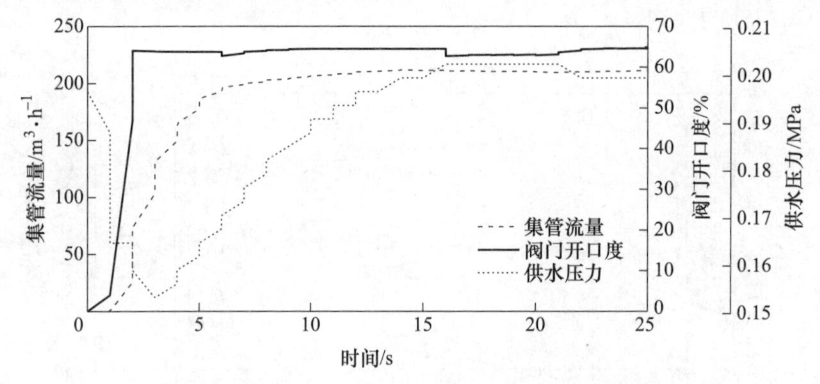

图 3-23　0.2MPa 压力下高密快冷集管流量控制曲线

图 3-24 为 0.2MPa 压力条件下，供水泵频率、总流量以及供水系统压力随时间的变化曲线。由图 3-24 可知，供水系统压力达到目标设定值（0.2±0.02）MPa 的时间约为 10s。总流量的调节时间略滞后于单组集管的流量调节，原因在于其由多个单组集管流量叠加而成，为了减小集管开启过程中的水锤冲击，往往采用顺次激活的方式，而其他集管开启时引起的供水压力及总流量变化对图 3-24 所示集管的流量稳定造成了冲击。

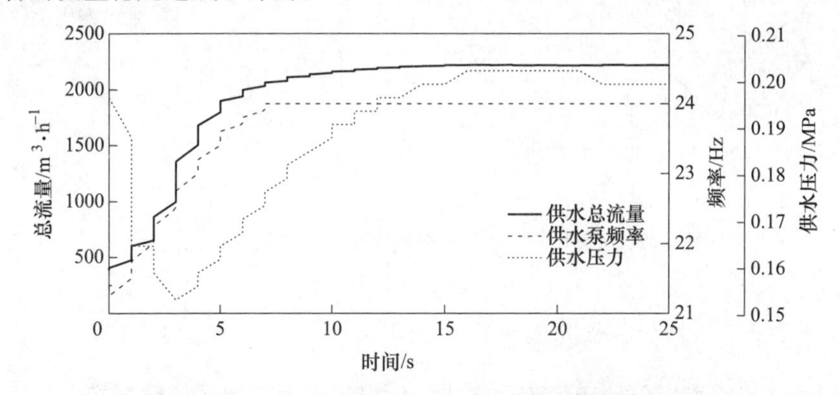

图 3-24　0.2MPa 压力下供水系统压力及总流量控制曲线

图 3-25 和图 3-26 分别为 0.5MPa 压力条件下集管流量和供水压力调节的控制曲线。分析可知，其流量和压力的调节趋势与 0.2MPa 压力条件下相类似。但

因为单组集管流量、总流量以及供水压力均较大，所以其达到稳定状态的时间也较长。集管流量及供水压力分别达到（350±5）m^3/h 和（0.5±0.02）MPa 的时间约为 15s。同时，供水系统压力波动范围较大，最低值达到 0.37MPa。综上采用供水压力和集管流量耦合控制方法，实现了集管流量和供水压力的快速高精度控制，能够满足中厚板产品品种繁多、生产节奏快、冷却工艺窗口狭窄的控制需求。同样利用上述方法可以实现钢板头尾低温区域的流量遮蔽控制，满足产品纵向冷却均匀性的控制需求。

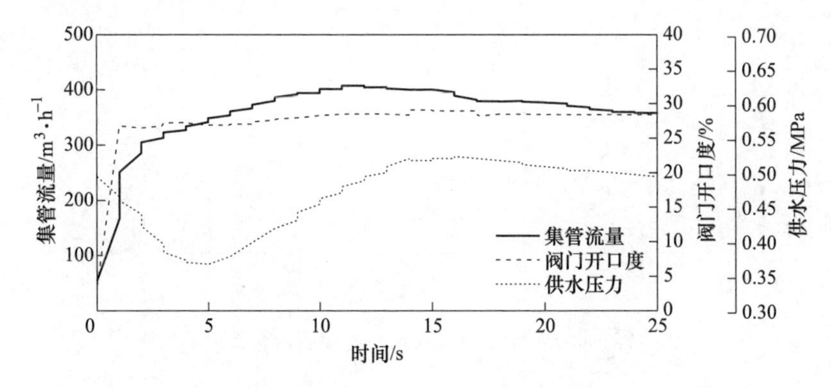

图 3-25　0.5MPa 压力下高密快冷集管流量控制曲线

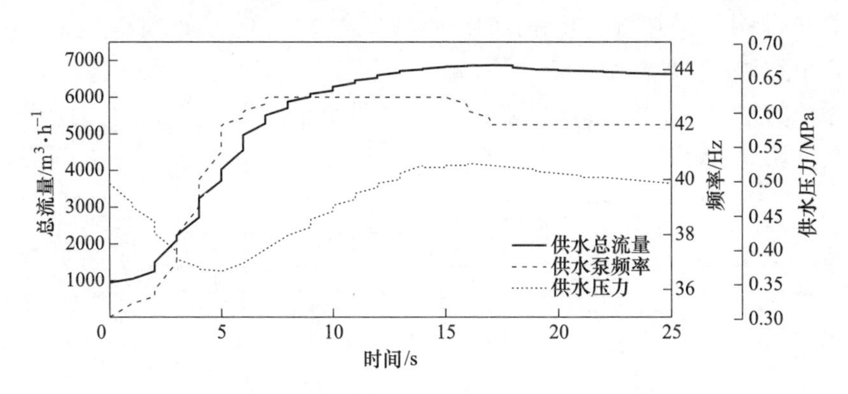

图 3-26　0.5MPa 压力下供水系统压力及总流量控制曲线

3.3.2.2　高精度钢板位置微跟踪技术

控冷区辊道采用单独变频传动方式，每根辊道由单独的变频器控制，它们之间互不影响，有效避免了变频器损坏对生产造成的影响。针对钢板长度方向上温度控制的问题，此种传动方式提供了快速的响应时间，实现了辊道速度快速变化，为钢板运行速度的灵活调整提供了有效保障。超快速冷却装置基础自动化控制系统采用了由编码器和变频装置组成的高性能闭环矢量调速系统来对钢板进行微跟踪。同时，考虑到钢板在辊道上的打滑等因素，在控冷区安装多台热金属检测仪和激光检测器，对钢板位置进行修正，保证了钢板位置微跟踪的准确性。微跟踪的控制方程建立在拉格朗日系统坐标下，利用此坐标系统可以精确地对样本进行位置跟踪。

$$v_i = v_i^0 + a \cdot (t_i - t_i^0) \tag{3-40}$$

式中 v_i^0——第 i 样本通过冷却区前热检时的线速度，m/s；

t_i^0——第 i 样本通过冷却区前热检时的时间，s；

t_i——第 i 样本的瞬时时间，s；

a——钢板加速度，m/s^2。

图 3-27 所示为钢板的实际运行速度，对速度变量进行积分便可得到第 i 样本经历的距离，即图中阴影部分的面积。

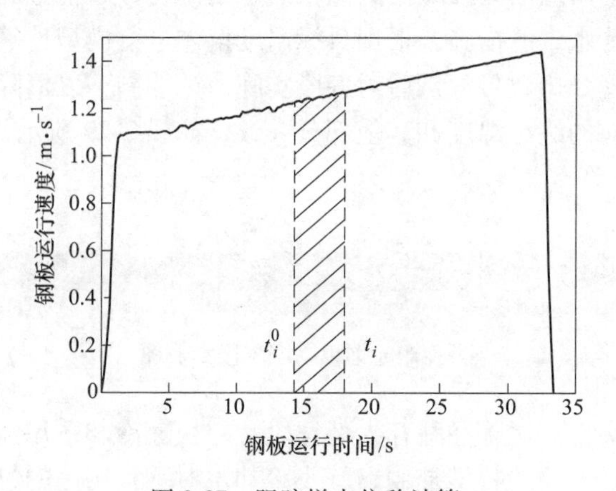

图 3-27 跟踪样本位移计算

3.3.2.3 纵向均匀性自动控制技术

在轧后钢板长度方向上，存在着温度分布不均匀的现象。通常情况下，钢板头尾温度较低，中间温度较高；同时，实际生产中推钢式加热炉广泛应用，导致钢板板身存在两段温度较低的水印；此外，由于钢板从头到尾顺序进入冷却区域，板身上各点进入冷却区域时温度不同，这些因素都将造成钢板长度方向上的冷却不均匀。冷却后钢板长度方向上温差较大，必然导致钢板长度方向上的组织性能不均，严重时会导致钢板出现板形问题，影响产品成材率。要保证钢板长度方向上的冷却均匀性，就必须采取有效的均匀性冷却策略。为了实现钢板长度方向上的温度均匀性控制，模型将钢板在长度方向上划分为多个样本，如图 3-28 所示，在此基础上模型针对各个样本进行速度最优化计算。

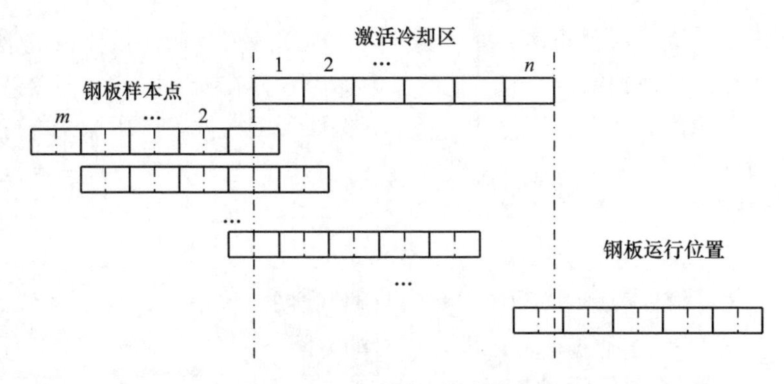

图 3-28　钢板长度上的样本划分

由于水印造成钢板低温或由于现场其他因素造成钢板温度波动，需要从控冷区入口开始对钢板实施分段微跟踪控制，即把钢板从头部到尾部进行物理分段，对水印及温度波动对应的区段依据测温仪测定的温度分布信号和跟踪信号采取开闭集管或调节集管水量的措施，根据目标温度偏差进行模型计算，控制变量为冷却水的水量或集管开启数目，然后对各段实施前馈控制，以消除钢板长度方向的温度波动，使对应的终冷温度和其他部分一致，如图 3-29 所示。

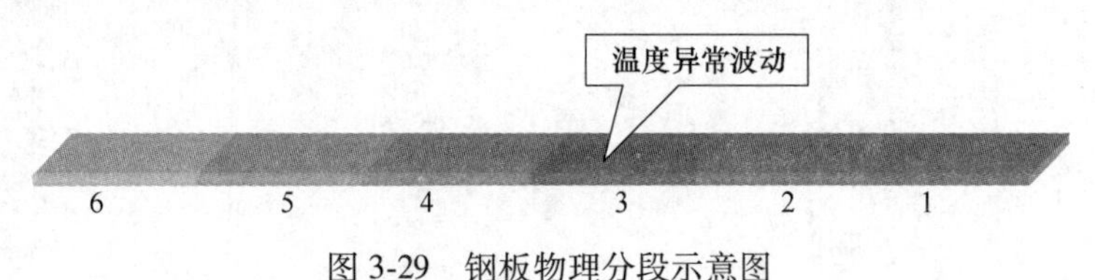

图 3-29　钢板物理分段示意图

轧后钢板的头部和尾部往往存在低温段，超快速冷却采用流量变化或集管开闭实现钢板头尾低温段的特殊控制，减小冷却水对钢板头尾的过度冷却。

3.3.2.4　横向均匀性自动控制技术

A　边部遮蔽控制

在冷却过程中，钢板边部容易产生过冷现象，为实现对钢板宽度方向上的冷却均匀性，采用边部遮蔽装置对钢板边部过冷区域进行控制。最优边部遮蔽量采用下式给出的关于钢板宽度，钢板厚度以及冷却水量的函数。

$$M_b = A_1 - A_2 \times H + A_3 \times W + A_4 \times Q \tag{3-41}$$

式中　M_b——遮蔽量设定值，mm；

H——钢板厚度，mm；

W——钢板宽度，m；

Q——水流密度，$L/(m^2 \cdot min)$；

$A_1 \sim A_4$——常数。

在此基础上，可以采用正弦模型计算各组集管的遮蔽量，以凸度形式实现集管遮蔽控制。

B　集管水凸度控制

在冷却过程中，钢板边部容易产生过冷现象，容易造成钢板边浪、性能不均等产品缺陷。为实现对钢板宽度方向上的冷却均匀性，对钢板边部过冷区采用水流量的凸度控制。如图 3-30 所示，通过对钢板边部水量大小进行调整，实现对钢板边部冷却强度的特殊控制。

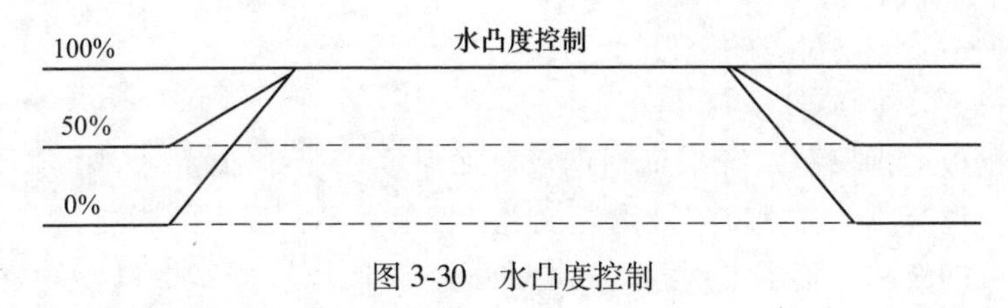

图 3-30　水凸度控制

（1）当水凸度控制阀调整到 100%开口度时，边部区域与集管横向主冷区域具有相同水流密度，相当于不对钢板边部进行水凸度控制。

（2）当水凸度控制阀调整到 0%开口度时，边部区域进行水凸度控制量最大，控制阀在 0%~100%调整，进行水凸度控制。

将集管横向设计为三个内腔，中间腔与边部腔分别进行流量控制，从而实现对钢板边部过冷区域进行冷却强度调节的控制方式。

采用中间一路供水管路供水，两侧一路管路供水的设计方式。为实现对各个区域的流量进行精确的控制，每一路供水管路均安装控制阀和流量计。

3.3.2.5　实测温度检测与处理[22]

终轧温度、开冷温度、终冷温度和冷却速率等工艺参数直接影响钢板的金相组织、力学性能和表面质量，因此中厚板轧后冷却过程将其作为主要目标进行控制。高温钢板温度的精确测量是冷却过程实现自动控制的前提。钢板表面温度的测量往往受到残余水、汽雾以及钢板表面氧化铁皮等多种因素的影响。对实测温度进行合理处理，从中获取控制模型进行冷却规程设定和自学习计算的有效依据，以实现过程控制系统对冷却工艺参数的高精度控制并确保冷却过程中钢板的冷却均匀性。

A　实测温度滤波处理

在中厚板生产线控制冷却区域内通常布置多台非接触式红外测温仪。测温仪选型以及黑度系数设定对温度测量精度有重要影响，这与钢板表面温度、钢板表面氧化程度以及测温仪的工作环境等多种因素密切相关。控制系统以钢板位置跟踪为基础，采集并建立对应钢板位置与实测温度数组。钢板位置的计算方法见式（3-42）：

$$p = p_0 + \sum_{i=0}^{n} \frac{1}{2}(v_i + v_{i+1}) \times (t_{i+1} - t_i) \tag{3-42}$$

式中　p_0——钢板初始位置；

i——采样点；

n——采样点总数；

v_i——采样点对应的钢板运行速度；

t_i——采样点对应的系统时间。

随着钢板运行控制系统采集到钢板表面温度如图 3-31 所示。由于受到钢板表面残水、汽雾、氧化铁皮以及测温仪自身性能等多种因素的影响，实测温度出现较大幅度的波动，甚至出现温度测量的盲点、干扰值，通常终轧温度和终冷温度表现得较为明显。

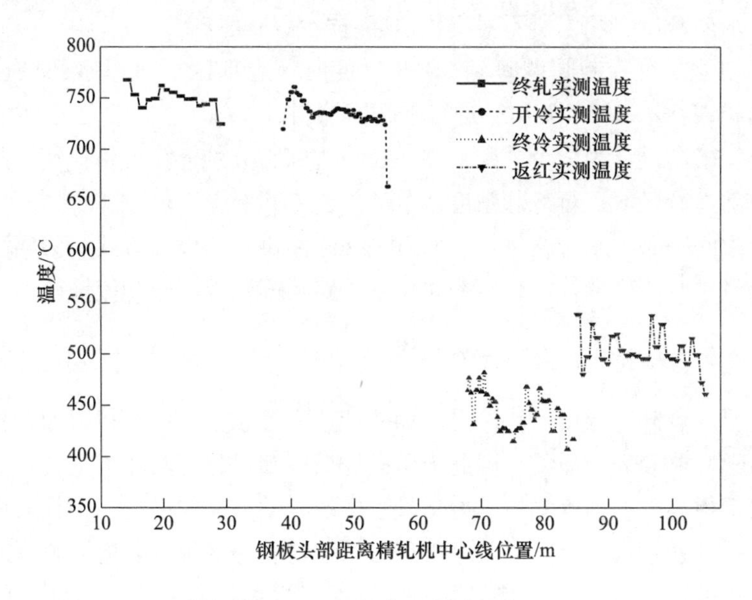

图 3-31　钢板表面实测温度

B　实测温度工艺合理性滤波处理

目标工艺参数可用于判断实测温度的合理性。以终轧温度为例，若目标终轧温度设定为 T_{tar}，则偏差量 $T_{err} = T_{tar} \times f$ 作为衡量实测温度是否合理的判据，其中 $0<f<1$。如果实测终轧温度 $T_{mea,i}$ 与 T_{tar} 的偏差小于 T_{err}，则认为第 i 点温度采集值合理，否则认为该温度值失准。

C 实测温度容错性滤波处理

针对实测温度中的测量盲点需要进行容错性的插值处理。图 3-32 为实测温度容错性处理方法。方法为：首先，判断实测温度中连续盲点的数量，如果连续盲点数量大于允许值 m，则认为有效测量温度结束；如果连续盲点数量小于等于允许值 m，则对其进行补充。图 3-33 所示为 $m=2$ 时，实测终冷温度容错性处理

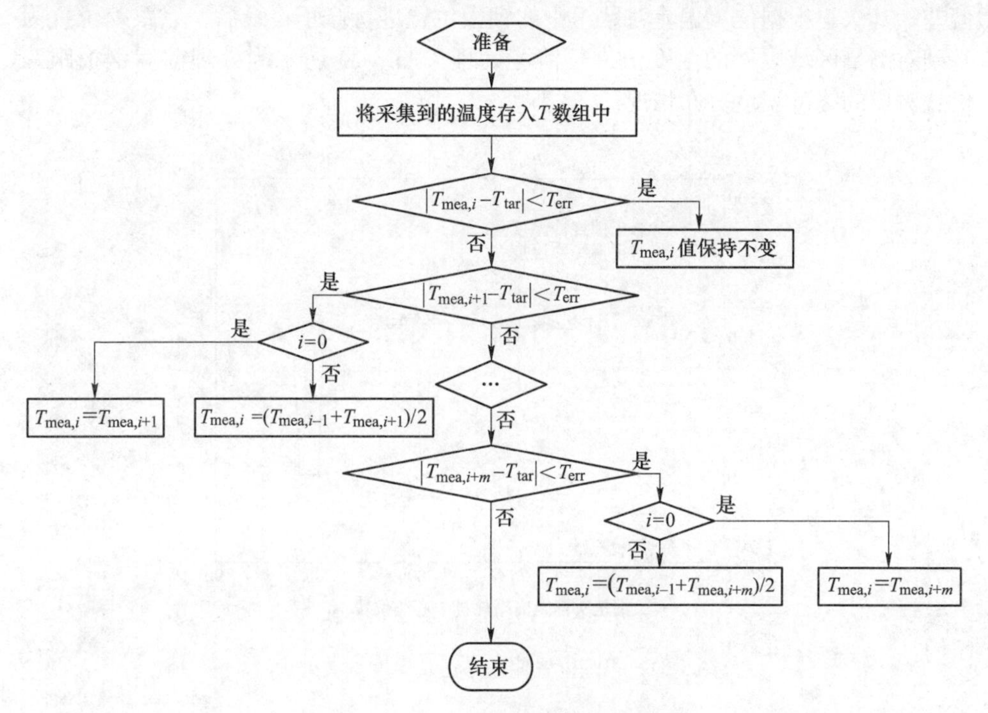

图 3-32 实测温度容错性处理方法

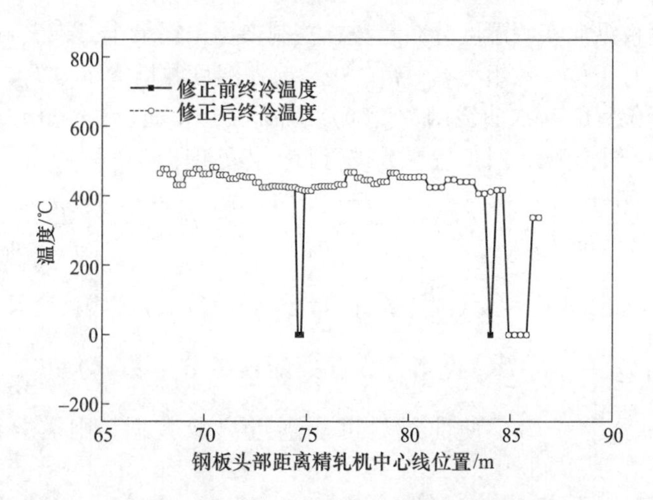

图 3-33 实测终冷温度数组容错性处理结果

结果。由图 3-33 可知，连续盲点数量小于等于 2 时，该算法对温度值进行了有效补充；连续盲点数量大于 2 时，该算法对温度值未做处理。

D　跟踪位置偏差修正及温度滤波处理

为了消除辊道打滑等引起的钢板跟踪误差对模型计算产生的影响，控制系统以钢板跟踪位置校正温度测量值的合理性。首先，确定各个测温仪处的位置跟踪偏差；其次，根据位置偏差对数组中的钢板位置进行修正；最后，以跟踪位置为基础对测量区域以外的温度值进行清零处理。图 3-34 所示为处理前后钢板跟踪位置对应的终冷温度分布情况。

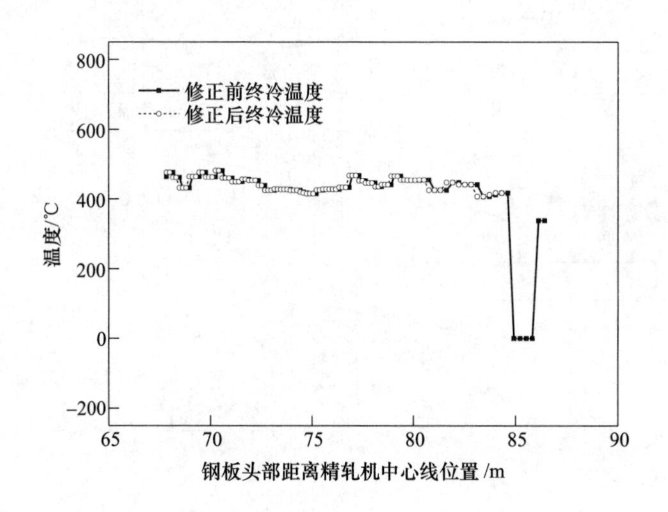

图 3-34　跟踪位置偏差修正及温度滤波处理

E　实测温度的曲线拟合分析

为了沿钢板纵向实测温度分布趋势，控制模型采用最小二乘法对实测温度进行曲线拟合。对于位置数组为 p_0、p_1、…、p_m，温度数组为 T_0、T_1、…、T_m，假设温度是关于位置的 n 次曲线函数 $\varphi(p)=a_0\varphi_0(p)+a_1\varphi_1(p)+\cdots+a_n\varphi_n(p)$。为防止程序运算中产生超限，对位置参数进行归一化处理：

$\varphi_0(p)=\left(\frac{p-p_0}{p_{n-1}-p_0}\right)^0$，$\varphi_1(p)=\left(\frac{p-p_0}{p_{n-1}-p_0}\right)^1$，…，$\varphi_n(p)=\left(\frac{p-p_0}{p_{n-1}-p_0}\right)^n$，权函数 $\rho(p_i)=\frac{1}{n^2}$。引入向量 $\boldsymbol{\phi}_j=(\boldsymbol{\varphi}_j(p_0),\boldsymbol{\phi}_{\mathrm{j}}(\mathrm{p}_1),\cdots,\boldsymbol{\phi}_j(p_m))^T$，$j=0$，1，2，…，$n$；向量 $\boldsymbol{f}=(T_0,T_1,T_2,\cdots,T_m)^T$，设第 i 节点处的误差 $\delta_i=\varphi(p_i)-T_i$，则误差向量 $\boldsymbol{\delta}=(\delta_0,\delta_1,\cdots,\delta_m)^T$。为了使曲线尽可能逼近离散数据，则需要满足：$\frac{\partial G}{\partial a_k}=$

$\frac{\partial \|\delta\|_2^2}{\partial a_k}=0, k=0,1,2,\cdots,n$，即：

$$\sum_{j=0}^{n}(\varphi_j,\varphi_k)\times a_j=(f,\varphi_k),\ k=0,1,\cdots,n \tag{3-43}$$

将式（3-43）表示为矩阵形式，由于此矩阵为正定矩阵，其唯一解可表示为：

$$a_k^*=(f,\varphi_k)/(\varphi_k,\varphi_k),\ k=0,1,2,\cdots,n \tag{3-44}$$

则拟合曲线表示为：

$$\varphi^*(p)=\frac{(f,\varphi_0)}{(\varphi_0,\varphi_0)}+\frac{(f,\varphi_1)}{(\varphi_1,\varphi_1)}\times\left(\frac{p-p_0}{p_{n-1}-p_0}\right)^1+\cdots+\frac{(f,\varphi_n)}{(\varphi_n,\varphi_n)}\times\left(\frac{p-p_0}{p_{n-1}-p_0}\right)^n \tag{3-45}$$

对钢板纵向实测返红温度分别进行零次、一次和二次线性拟合，拟合结果如图 3-35 所示。利用一次拟合曲线对钢板纵向冷却均匀性和头尾遮蔽控制结果进行评估，如图 3-36 所示为钢板板身 90%以上的温度被控制在±25℃之内，该曲线斜率为-0.66℃/m，表明钢板返红温度由头部到尾部呈下降趋势，该值将用于模型对钢板加速度进行自学习修正；钢板尾部实测温度距离目标返红温度的偏差为-28.8℃，表明钢板尾部过冷，需要对钢板尾部遮蔽量进行调整。

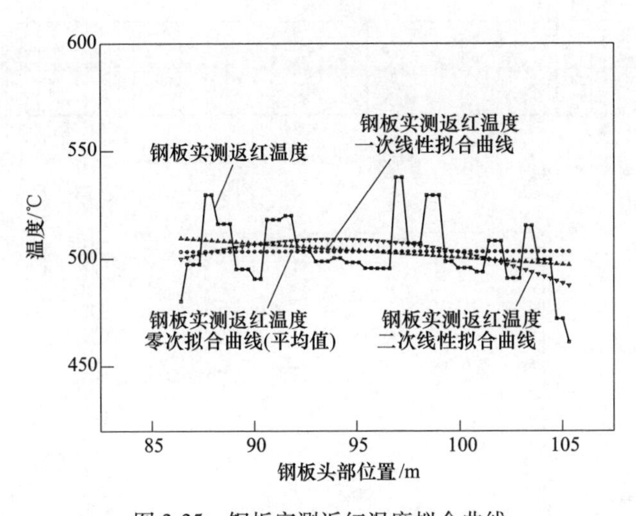

图 3-35　钢板实测返红温度拟合曲线

F　实测温度样本化处理

将长度为 l 的钢板沿纵向以 Δl 划分为 n 个样本，首先确定第 S_1 个样本上的温度点 $T_{S,1}$ 所在的位置 $p_{S,1}$。在此基础上以 Δl 为步长依次确定出 $T_{S,2}$，…，

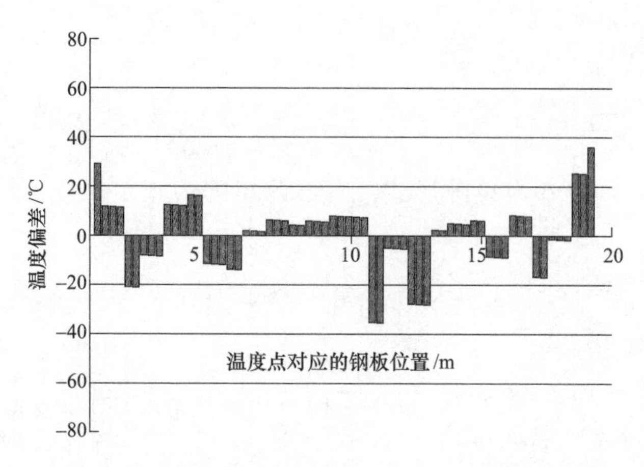

图 3-36　钢板实测返红温度与一次线性拟合曲线之差

$T_{S,j}$，…，$T_{S,n}$所对应的位置 $p_{S,2}$，…，$p_{S,j}$，…，$p_{S,n}$，如图 3-37 所示。由图 3-38 可知，$p_{S,j}$介于 p_i 与 p_{i+1}之间，利用线性插值方法可以求解第 j 样本的温度值 $T_{S,j}$，见式（3-46），其中 r_1、r_2 为权重系数。计算获得的钢板各个样本对应的终轧温度、开冷温度、终冷温度、返红温度如图 3-38 所示。这些温度数据将用于控制

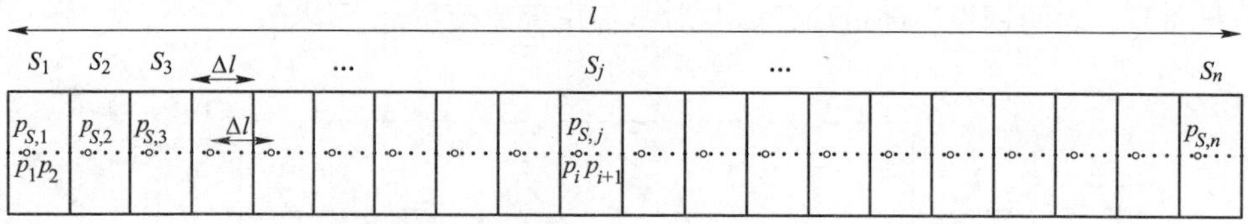

图 3-37　钢板纵向样本温度处理方法

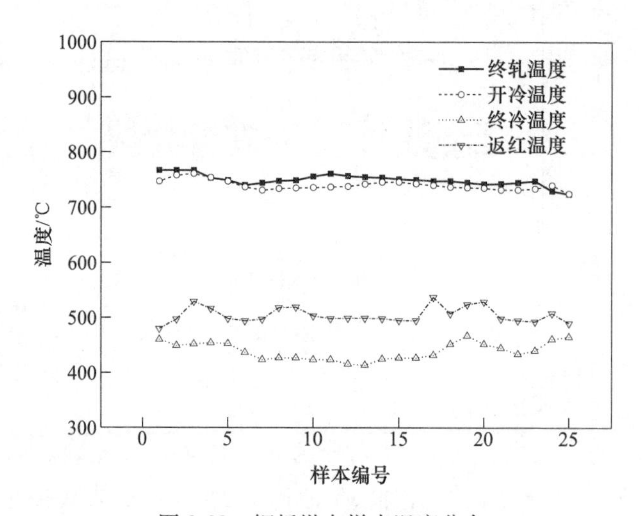

图 3-38　钢板纵向样本温度分布

系统进行冷却工艺参数的预设定以及针对每个样本的终冷温度和冷却速率自学习计算，从而满足模型进行终冷温度和冷却速率高精度控制的需要。

$$\begin{cases} r_1 = (p_{S,j} - p_i)/(p_{i+1} - p_i) \\ r_2 = 1 - r_1 \\ T_{S,j} = r_1 \times T_{i+1} + r_2 \times T_i \end{cases} \tag{3-46}$$

3.3.2.6 冷却路径控制

轧后冷却过程是奥氏体分解为铁素体、珠光体、贝氏体、马氏体等组织的相变过程。以超快速冷却为核心的新一代 TMCP 技术使得相变强化、细晶强化和析出强化作用得到进一步增强，前段超快速冷却与后段加速冷却相结合的超快速冷却装置可满足前段超快速冷却和后段加速冷却多级冷却工艺控制的需求。通过充分发挥布置在输出辊道上各种冷却设备的技术特点，综合利用不同的冷却方式，充分发挥各种强化机制的作用，在实现冷却均匀性的同时，满足产品最终组织性能的控制要求[23,24]。

由新型轧后冷却装备取代超快速冷却装置与层流冷却装置简单联合布置的设备形式并未削弱冷却系统的功能；相反，凭借射流集管具有水流密度大范围调整及灵活开启和关闭的能力，超快速冷却突破传统冷却控制系统仅对终冷温度进行简单一元控制的瓶颈，实现对冷却速率和终冷温度的二元耦合控制。同时，通过调整激活集管位置、集管形式和组态、流量、压力、辊道运行速度等参数，在实现 ACC/UFC/DQ 等基本功能的同时，实现了灵活的冷却路径控制，从而满足更多产品进行柔性化冷却工艺生产的需求。图 3-39 所示为中厚板轧后多级冷却工艺控制示意图。

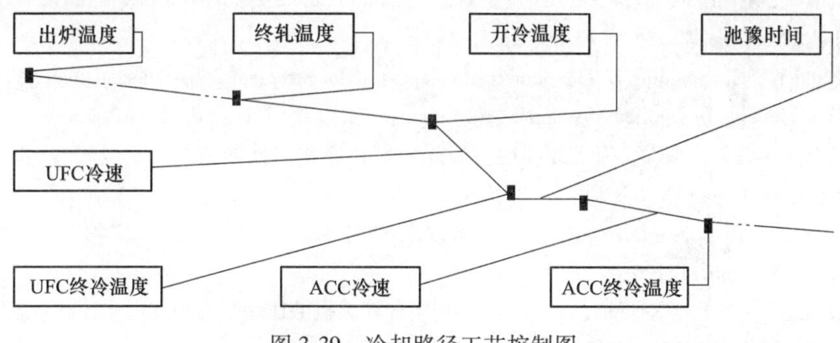

图 3-39 冷却路径工艺控制图

冷却速率是阶段内温度控制的关键，控制系统根据轧件厚度、温度的不同，利用冷却方式、集管形式、集管水流密度以及集管交错排布来大范围调整冷却速率，实现冷却速率的全范围高精度调整。图 3-40 中曲线的斜率表示冷却速率。射流冲击冷却换热和层流冷却换热的选择，缝隙喷嘴和高密快冷集管的选择，集管流量的大范围连续化调整以及激活集管的交错排布，保障了冷却速率的调整范围和控制精度。在此基础上，控制系统根据实际瞬时冷却速率和阶段目标终冷温度要求，确定冷却区长度，从而确定激活集管的组数。

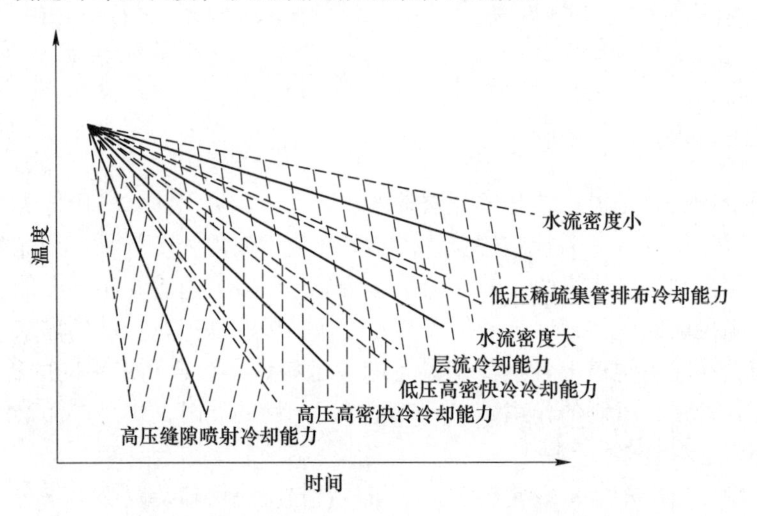

图 3-40 冷却速率与集管形式、水流密度的关系

参考文献

[1] 王献孚，熊鳌魁．高等流体力学［M］．武汉：华中科技大学出版社，2003：90~93.

[2] Rodi W . Experience With Two-Layer Models Combining the k-epsilon Model with a One-Equation Model Near the Wall [J]. AIAA Paper, 1991.

[3] Launder B E, Spalding D. The numerical computation of turbulent flows-ScienceDirect [J]. Computer Methods in Applied Mechanics and Engineering, 1974, 3 (2): 269~289.

[4] 王丙兴，田勇，袁国，等．改善中厚板轧后超快冷均匀性的措施及其应用［J］．钢铁，2012，47（6）：51~54.

[5] 王丙兴，田勇，王昭东，等．用于改善中厚板轧后超快速冷却均匀性的方法［P］. CN201110312196. 4.

[6] 张福波，王贵桥，王昭东，等．一种实现辊式淬火机液压多缸高精度同步控制系统［P］．辽宁：CN101338357，2009-01-07.

[7] 陶文铨．数值传热学［M］．西安：西安交通大学出版社，1988.

[8] 辛啟斌，王琳琳．材料成形计算机模拟［M］.2 版．北京：冶金工业出版社，2013.

[9] 董湘怀．材料成形计算机模拟［M］.2 版．北京：机械工业出版社，2006.

[10] 孔祥谦．有限单元法在传热学中的应用［M］．北京：科学出版社，1986.

[11] Zhang T, Xiong L, Tian Y, et al. A Novel 1. 5D FEM of Temperature Field Model for an On-

line Application on Plate Uniform Cooling Control [J]. Isij International, 2017, 57 (4): 770~773.

[12] 周娜，吴迪，张殿华．边部遮蔽在中厚板冷却中的研究与应用 [J]. 冶金设备，2008 (1): 21~23.

[13] 王丙兴，王君，张殿华，等．中厚板层流冷却链式边部遮蔽装置控制方法 [P]. CN 101502849B.

[14] 杜平．基于 MULPIC 装置的宽厚板均匀冷却控制 [J]. 轧钢，2012，29 (6): 7~10.

[15] 庞义行. X65 钢板边部浪形的原因分析及控制 [J]. 山东冶金，2015 (1): 13~14.

[16] 张全会，李铮．基于 PLC 电气控制在数控系统上的应用 [J]. 装备制造技术，2010 (1): 94~95.

[17] 苑达，田鹏，田勇，等．中厚板超快冷温度控制模型的自学习 [J]. 轧钢，2014，31 (3): 52~54.

[18] Dianyao G, Jianzhong X U, Lianggui P, et al. Self-Learning and Its Application to Laminar Cooling Model of Hot Rolled Strip [J]. Journal of Iron & Steel Research, 2007, 14 (4): 11~14.

[19] 王丙兴，胡啸，王昭东，等. ADCOS-PM 工艺下中厚板冷却速度控制方法 [J]. 东北大学学报（自然科学版），2012，33 (4): 509~512.

[20] 孙涛，周娜，王丙兴，等．中厚板控制冷却系统的水流量控制技术 [J]. 东北大学学报（自然科学版），2008，29 (6): 842~844.

[21] 于明，王君，李勇，等．中厚板控制冷却系统流量调节特性分析 [J]. 钢铁，2008，43 (4): 46~50.

[22] 王丙兴，苑达，李勇，等．中厚板控制冷却系统中的实测温度处理方法 [J]. 东北大学学报（自然科学版），2012 (09): 69~72.

[23] 王国栋，姚圣杰．超快速冷却工艺及其工业化实践 [J]. 鞍钢技术，2009 (6): 1~5.

[24] Wang B X, Wang Z D, Wang G D. Research of Advanced Cooling System for High Performance Steel Plates [J]. AISTECH Iron and Steel Technology Conference Proceedings, 2014 (1): 3073~3080.

4 控制冷却条件下纳米碳化物析出热力学与动力学

4.1 微合金碳化物析出热力学与动力学计算

对于钢铁材料来说，添加的 Nb、V 和 Ti 等碳/氮化物形成元素会对产品组织和性能产生很大影响。Ti 和 Nb 的碳化物或氮化物析出温度较高，可有效阻碍奥氏体化和固溶处理过程中奥氏体晶粒的长大。Nb 与晶界具有较强的结合能，可产生较强的溶质拖曳效应或形成析出相钉扎晶界，从而有效阻碍奥氏体的回复和再结晶。V 的析出温度较低，可在铁素体中形成析出物，产生较强的析出强化效应。众所周知，析出相的作用效果依赖于其体积分数、形状、尺寸和分布等，若能定量化这些参数将有助于微合金高强钢的开发和生产。

析出热力学和动力学可揭示钢中不同第二相的形成规律，为析出物的研究提供理论指导。比如，通过热力学模型计算不同成分体系析出相的全固溶温度来优化钢种成分设计或制定某一钢种的固溶处理温度以便保证各种组元能够溶于基体中；通过动力学计算了解加热过程中第二相的溶解行为，掌握第二相钉扎力及溶质拖曳力随温度和时间的变化规律，进而预测奥氏体晶粒的尺寸等。因此，通过析出热力学和动力学模型对第二相析出相关参数进行预测有助于优化新钢种的成分设计和科学高效的制定轧制成型及热处理工艺，实现生产过程中析出的控制。

4.1.1 析出热力学计算

随着低合金钢的发展及对析出研究的深入，为了实现析出参数的定量化，合金碳化物析出热力学研究应运而生。从热力学角度建立体系平衡模型常采用两种方法：一是根据系统平衡时体系自由能最低原理建模，通过对自由能求不同参数的偏导数并令其为零得到各相的平衡信息；二是根据平衡时各组元在不同相中的化学位相等原理建模。这两种方法的建模过程涉及体系的自由能和化学位等参数，公式推导比较复杂，涉及的未知参量较多，模型求解也较复杂。通过求解热力学模型可以得到不同温度下析出相的成分、平衡析出量和基体的平衡成分，可以掌握某一参数的改变对其他参数的影响情况。

随着钢种成分的复杂化，热力学模型也越来越复杂，从最初的单组元模型发展到现今的多组元模型。析出热力学模型大都是基于 Hillert-Staffanson 双亚点阵模型和理想溶体模型或规则溶体模型等发展起来的。

所谓双亚点阵模型是指把研究对象分成两个亚点阵（结点点阵和间隙点阵）的模型。两种点阵的性质完全不同，一种组元只能进入一种亚点阵，不能进入另一种亚点阵，比如奥氏体或铁素体中 Mn 等置换类组元只能进入结点点阵，C 和 N 只能进入间隙点阵。

理想溶体模型是指不同组元的原子或分子随机混合后，既没有体积效应也没有热效应，即混合后自由焓变化（过剩自由能）为零，形成的溶体为理想溶体。由于形成理想溶体需要的物理及化学条件比较苛刻，因此现实生活中真正属于理想溶体的材料是极少的。

规则溶体模型以理想溶体为参考态，认为不同组元混合后的焓变不为零，即组元混合后会产生过剩自由能，此时规则溶体的自由能为理想溶体自由能与过剩自由能之和。

目前，针对奥氏体中理想配比型第二相析出热力学的研究较多[1~3]，模型都假设碳氮化物符合理想化学配比，即在碳氮化物中金属原子总数为总原子数的一半，忽略了间隙原子缺位（在碳氮化物中金属原子总数与非金属原子总数之比不满足 1∶1）的情况。事实上，由于各种原因，碳氮化物并不完全符合理想配比，经常存在非理想化学计量比情况，尤其是在超快冷情况下，合金碳氮化物中明显存在间隙原子的缺位，然而针对间隙原子缺位型第二相析出热力学的研究较少[4~6]。现有的热力学计算模型只适用于理想型或缺位型析出，普适性差，且需单独编程求解，效率低。本节介绍普适的第二相析出热力学模型的建立过程，并探究不同类型第二相的析出热力学行为及各组元的名义含量对复合相全固溶温度的影响。

4.1.1.1 模型建立

A Fe-M^1-M^2-M^3-C-N 体系析出热力学模型

假设合金组元为 M^1、M^2 和 M^3，间隙组元为 C 和 N，基体为稀溶体。假设复合析出相分子式为 $(M^1_xM^2_vM^3_z)(C_yN_{1-y})_p$，其中 x、v 和 z 分别为结点点阵中 M^1、M^2 和 M^3 原子占位比例，其中 $x+v+z=1$，y 和 $1-y$ 分别为间隙点阵中 C 和 N 原子占位比例，各参数取值均在 0~1 范围内。p 为非金属原子总数与金属原子总数之比，当析出相为理想配比型时，$p=1$；当析出相为缺位型时，$p<1$。假定析出相由二元组元 M^1C_p、M^1N_p、M^2C_p、M^2N_p、M^3C_p 和 M^3N_p 组成，则该析出相的摩尔自由能为[7]：

$$G_m = xyG^{\ominus}_{M^1C_p} + x(1-y)G^{\ominus}_{M^1N_p} + vyG^{\ominus}_{M^2C_p} + v(1-y)G^{\ominus}_{M^2N_p} + z(1-y)G^{\ominus}_{M^3N_p} + zyG^{\ominus}_{M^3C_p} - TS_m + G^E_m \tag{4-1}$$

式中 $G^{\ominus}_{M^1C_p}$，$G^{\ominus}_{M^1N_p}$，$G^{\ominus}_{M^2C_p}$，$G^{\ominus}_{M^2N_p}$，$G^{\ominus}_{M^3C_p}$，$G^{\ominus}_{M^3N_p}$ ——给定温度下各化合物组元的摩尔自由能；

S_m——混合熵；

G^E_m——过剩自由能。

混合熵可表示为：

$$S_m = pR_g[y\ln y + (1-y)\ln(1-y)] + R_g(x\ln x + v\ln v + z\ln z) \tag{4-2}$$

R_g 为理想气体常数。目前仅知道相互作用能 $L^{Ti}_{CN} = -4260\text{J/mol}$，假设 $L_{CN} = L^{M^1}_{CN} = L^{M^2}_{CN} = L^{M^3}_{CN} = -4260\text{J/mol}$，$L^{C}_{M^iM^j} = 0$。基于规则溶体模型，过剩自由能可表示为：

$$G^E_m = y(1-y)L_{CN} \tag{4-3}$$

平衡条件下，各个基本组元 M^1、M^2、M^3、C 和 N 在基体中的化学位与析出相中的相等，故存在以下约束方程：

$$\overline{G}_{M^1C_p} - \overline{G}_{M^1} - p\overline{G}_C = 0 \tag{4-4}$$

$$\overline{G}_{M^1N_p} - \overline{G}_{M^1} - p\overline{G}_N = 0 \tag{4-5}$$

$$\overline{G}_{M^2C_p} - \overline{G}_{M^2} - p\overline{G}_C = 0 \tag{4-6}$$

$$\overline{G}_{M^2N_p} - \overline{G}_{M^2} - p\overline{G}_N = 0 \tag{4-7}$$

$$\overline{G}_{M^3C_p} - \overline{G}_{M^3} - p\overline{G}_C = 0 \tag{4-8}$$

$$\overline{G}_{M^3N_p} - \overline{G}_{M^3} - p\overline{G}_N = 0 \tag{4-9}$$

式中 $\overline{G}_{M^iX_p}$，$\overline{G}_{M^i}$，$\overline{G}_X$ ——二元组元 M^iX_p 及基体中各基本组元的偏摩尔自由能。

基本组元化学位的热力学定义为：

$$\overline{G}_E = G^{\ominus}_E + R_gT\ln a_E \tag{4-10}$$

下标 E 表示组元，a 为组元的活度。二元组元的偏摩尔自由能定义为：

$$\overline{G}_{MX_p} = G_m + \left(\frac{\partial G_m}{\partial Z_M}\right)_{Z_k} - \sum_{i=1}^{n} Z_{M_i}\left(\frac{\partial G_m}{\partial Z_{M_i}}\right)_{Z_k} + \left(\frac{\partial G_m}{\partial Z_X}\right)Z_k - \sum_{j=1}^{n} Z_{M_j}\left(\frac{\partial G_m}{\partial Z_{M_j}}\right)_{Z_k} \tag{4-11}$$

利用式（4-1）和式（4-11）求得各二元组元的化学位为：

$$\begin{aligned}\overline{G}_{M^1C_p} = {} & G^{\ominus}_{M^1C_p} + R_gT\ln x + z(1-y)(\Delta G_1 - \Delta G_3) + pR_gT\ln y + \\ & v(1-y)(\Delta G_1 - \Delta G_2) + (1-y)^2L_{CN}\end{aligned} \tag{4-12}$$

$$\begin{aligned}\overline{G}_{M^1N_p} = {} & G^{\ominus}_{M^1N_p} + y^2L_{LN} - zy(\Delta G_1 - \Delta G_3) - vy(\Delta G_1 - \Delta G_2) + \\ & pR_gT\ln(1-y) + R_gT\ln x\end{aligned} \tag{4-13}$$

$$\begin{aligned}\overline{G}_{M^2C_p} = {} & G^{\ominus}_{M^2C_p} + R_gT\ln v + z(1-y)(\Delta G_1 - \Delta G_3) + (1-y)^2L_{CN} - \\ & (1-v)(1-y)(\Delta G_1 - \Delta G_2) + pR_gT\ln y\end{aligned} \tag{4-14}$$

$$\overline{G}_{M^2N_p} = G^{\ominus}_{M^2N_p} + pR_gT\ln(1-y) + R_gT\ln v - zy(\Delta G_1 - \Delta G_3) + (1-v)y(\Delta G_1 - \Delta G_2) + y^2L_{CN} \tag{4-15}$$

$$\overline{G}_{M^3C_p} = G^{\ominus}_{M^3C_p} + v(1-y)(\Delta G_1 - \Delta G_2) + R_gT\ln z + (1-y)^2L_{CN} - (1-z)(1-y)(\Delta G_1 - \Delta G_3) + pR_gT\ln y \tag{4-16}$$

$$\overline{G}_{M^3N_p} = G^{\ominus}_{M^3N_p} + (1-z)y(\Delta G_1 - \Delta G_3) + R_gT\ln z + y^2L_{CN} - vy(\Delta G_1 - \Delta G_2) + pR_gT\ln(1-y) \tag{4-17}$$

式中，$\Delta G_1 = G^{\ominus}_{M^1N} - G^{\ominus}_{M^1C}$，$\Delta G_2 = G^{\ominus}_{M^2N} - G^{\ominus}_{M^2C}$，$\Delta G_3 = G^{\ominus}_{M^3N} - G^{\ominus}_{M^3C}$。将式（4-10）与式（4-12）~式（4-17）结合后分别代入式（4-4）~式（4-9），得到：

$$R_gT\ln\frac{xy^pK_{M^1C_p}}{[M^1][C]^p} + v(1-y)(\Delta G_1 - \Delta G_2) + z(1-y)(\Delta G_1 - \Delta G_3) + (1-y)^2L_{CN} = 0 \tag{4-18}$$

$$R_gT\ln\frac{x(1-y)^pK_{M^1N_p}}{[M^1][N]^p} - vy(\Delta G_1 - \Delta G_2) + y^2L_{CN} - zy(\Delta G_1 - \Delta G_3) = 0 \tag{4-19}$$

$$R_gT\ln\frac{vy^pK_{M^2C_p}}{[M^2][C]^p} - (1-v)(1-y)(\Delta G_1 - \Delta G_2) + (1-y)^2L_{CN} + z(1-y)(\Delta G_1 - \Delta G_3) = 0 \tag{4-20}$$

$$R_gT\ln\frac{v(1-y)^pK_{M^2N_p}}{[M^2][N]^p} + (1-v)y(\Delta G_1 - \Delta G_2) - zy(\Delta G_1 - \Delta G_3) + y^2L_{CN} = 0 \tag{4-21}$$

$$R_gT\ln\frac{zy^pK_{M^3C_p}}{[M^3][C]^p} - (1-z)(1-y)(\Delta G_1 - \Delta G_3) + (1-y)^2L_{CN} + v(1-y)(\Delta G_1 - \Delta G_2) = 0 \tag{4-22}$$

$$R_gT\ln\frac{z(1-y)^pK_{M^3N_p}}{[M^3][N]^p} + (1-z)y(\Delta G_1 - \Delta G_3) - vy(\Delta G_1 - \Delta G_2) + y^2L_{CN} = 0 \tag{4-23}$$

结合式（4-18）~式（4-23），消除 ΔG_1、ΔG_2 与 ΔG_3，得到：

$$y\ln\frac{xy^pK_{M^1C_p}}{[M^1][C]^p} + (1-y)\ln\frac{x(1-y)^pK_{M^1N_p}}{[M^1][N]^p} + y(1-y)\frac{L_{CN}}{R_gT} = 0 \tag{4-24}$$

$$y\ln\frac{vy^pK_{M^2C_p}}{[M^2][C]^p}+(1-y)\ln\frac{v(1-y)^pK_{M^2N_p}}{[M^2][N]^p}+y(1-y)\frac{L_{CN}}{R_gT}=0 \quad (4\text{-}25)$$

$$y\ln\frac{zy^pK_{M^3C_p}}{[M^3][C]^p}+(1-y)\ln\frac{z(1-y)^pK_{M^3N_p}}{[M^3][N]^p}+y(1-y)\frac{L_{CN}}{R_gT}=0 \quad (4\text{-}26)$$

$$vy\ln\frac{x[M^2]K_{M^1C_p}}{v[M^1]K_{M^2C_p}}+(1-y)\ln\frac{x(1-y)^pK_{M^1N_p}}{[M^1][N]^p}+y^2(1-y)\frac{L_{CN}}{R_gT}+$$
$$z(1-y)\ln\frac{z[M^1]K_{M^3N_p}}{x[M^3]K_{M^1N_p}}=0 \quad (4\text{-}27)$$

式中　$[M^1]$，$[M^2]$，$[M^3]$，$[C]$，$[N]$——T 温度下基体中相应组元的平衡固溶量；

$K_{M^iX_p}$——以原子分数表示的各组元的固溶度积。

溶质原子主要存在于基体和第二相中，根据质量守恒法则可得：

$$M^1=\frac{x}{1+p}f+(1-f)[M^1] \quad (4\text{-}28)$$

$$M^2=\frac{v}{1+p}f+(1-f)[M^2] \quad (4\text{-}29)$$

$$M^3=\frac{z}{1+p}f+(1-f)[M^3] \quad (4\text{-}30)$$

$$C=\frac{yp}{1+p}f+(1-f)[C] \quad (4\text{-}31)$$

$$N=\frac{(1-y)p}{1+p}f+(1-f)[N] \quad (4\text{-}32)$$

式中　f——复合析出相摩尔分数；

M^1，M^2，M^3，C，N——各组元的初始含量。

体系的热力学平衡状态由式（4-24）~式（4-32）组成的方程组确定。该方程组共含有九个未知参量 $[M^1]$、$[M^2]$、$[M^3]$、$[C]$、$[N]$、x、y、v 和 f，采用数值求解法可得到不同温度下体系的热力学平衡信息。常用的固溶度积公式采用组元的质量分数乘积的形式，需将其转换成以原子分数乘积表示的形式：

$$K_{MX_p}=[M][X]^p=\frac{(A_{Fe})^2}{10^4A_MA_X}\times10^{B-\frac{A}{T}} \quad (4\text{-}33)$$

式中　A_{Fe}，A_M，A_X——相应组元的相对原子质量；

B，A——相应固溶度积公式中的常数。

此外，该热力学模型也适用于合金组元种类较少的体系。比如针对 Fe-M^1-

M^2-C-N 体系，假定析出相分子式为 $(M^1_x M^2_{1-x})(C_y N_{1-y})_p$，则热力学方程为：

$$y\ln\frac{xy^p K_{M^1C_p}}{[M^1][C]^p} + (1-y)\ln\frac{x(1-y)^p K_{M^1N_p}}{[M^1][N]^p} + y(1-y)\frac{L_{CN}}{R_g T} = 0 \tag{4-34}$$

$$y\ln\frac{(1-x)y^p K_{M^2C_p}}{[M^2][C]^p} + (1-y)\ln\frac{(1-x)(1-y)^p K_{M^2N_p}}{[M^2][N]^p} + y(1-y)\frac{L_{CN}}{R_g T} = 0 \tag{4-35}$$

$$x\ln\frac{x(1-y)^p K_{M^1N_p}}{[M^1][N]^p} + (1-x)\ln\frac{(1-x)(1-y)^p K_{M^2N_p}}{[M^2][N]^p} + y^2\frac{L_{CN}}{R_g T} = 0 \tag{4-36}$$

B Fe-M^1-M^2-M^3-Al-C-N 体系析出热力学模型

Al 和 N 具有较强的亲和力，体系中加入 Al 会有 AlN 析出。AlN 具有六方结构，与具有 NaCl 结构的 MX 相不互溶，将独立析出。因此，只需在式（4-24）~式（4-27）基础上加入 AlN 固溶度积公式及修改质量平衡方程即可构建析出热力学模型：

$$K_{AlN} = [Al][N] = \frac{(A_{Fe})^2}{10^4 A_{Al} A_N} \times 10^{B-\frac{A}{T}} \tag{4-37}$$

$$M^1 = \frac{x}{1+p} f + (1-f-f_{AlN})[M^1] \tag{4-38}$$

$$M^2 = \frac{v}{1+p} f + (1-f-f_{AlN})[M^2] \tag{4-39}$$

$$M^3 = \frac{z}{1+p} f + (1-f-f_{AlN})[M^3] \tag{4-40}$$

$$C = \frac{yp}{1+p} f + (1-f-f_{AlN})[C] \tag{4-41}$$

$$N = \frac{(1-y)p}{1+p} f + (1-f-f_{AlN})[N] \tag{4-42}$$

$$Al = \frac{1}{2} f_{AlN} + (1-f-f_{AlN})[Al] \tag{4-43}$$

式中 Al，[Al] ——Al 的初始原子分数和温度 T 时基体中 Al 的平衡固溶量。

4.1.1.2 计算结果与分析

A 模型验证

Mori 等[9] 测定了 Fe-0.468C-0.064N-0.124Nb 及 Fe-0.474C-0.0717N-0.575Nb（原子分数,%）合金在 1273K、1373K 和 1473K 时缺位型第二相 $Nb(C_y N_{1-y})_{0.87}$ 析出时体系的热力学平衡信息，包括基体浓度、析出相成分及其摩尔分数。针对两种体系的测定结果如图 4-1 和图 4-2 中散点所示，采用本文模型计算的平衡信息如图中曲线所示。由图 4-1a 可知，基体中 Nb 浓度与 C 浓度随温度降低而减小，析出相中 C 原子占位比及析出相的摩尔分数随温度降低而增加。图 4-1b 中 1273K 温度下，y 值计算值与实测值有一定偏差，这可能是实验测定时误差较大所致，除此之外，其余各温度下计算值与实测值吻合较好，证明了模型的可靠性。

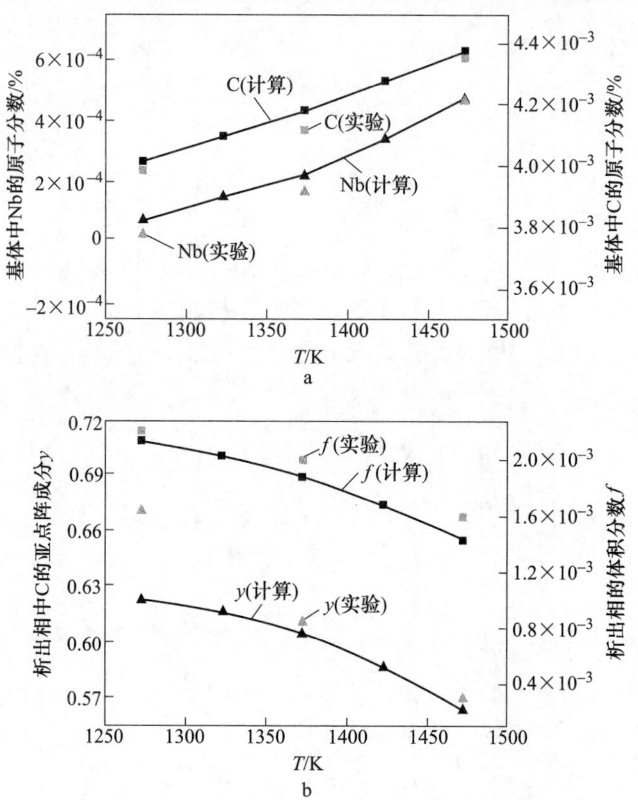

图 4-1　不同温度下 Fe-0.468C-0.064N-0.124Nb 中 $Nb(C_yN_{1-y})_{0.87}$ 与基体间的平衡信息

a—基体中 Nb 和 C 浓度；b—析出相体积分数及 C 在亚点阵中的成分

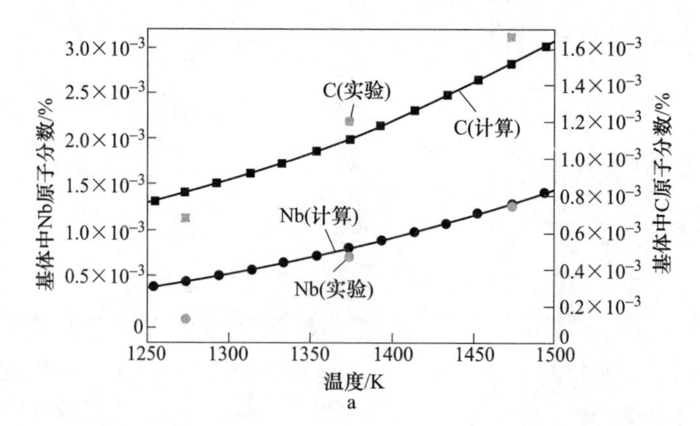

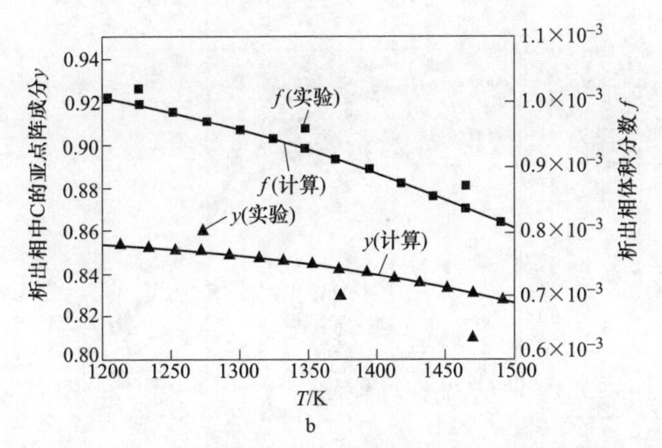

图 4-2 不同温度下 Fe-0.474C-0.0717N-0.575Nb 中 $Nb(C_yN_{1-y})_{0.87}$ 与基体间的平衡信息

a—基体中 Nb 及 C 浓度；b—析出相体积分数及 C 在亚点阵中的成分

B 析出相类型对平衡信息的影响

由于针对缺位型析出相溶解度的研究较少，因此多种缺位型第二相溶解度公式尚未建立。根据 Perez[10] 在计算 NbC_xN_y 析出动力学时提出的计算缺位型第二相溶解度的公式及文献中的钢种成分，计算了不同温度下 $(Nb_xTi_{1-x})(C_yN_{1-y})$ 及 $(Nb_xTi_{1-x})(C_yN_{1-y})_{0.87}$ 与基体间的平衡信息，结果如图 4-3 所示。

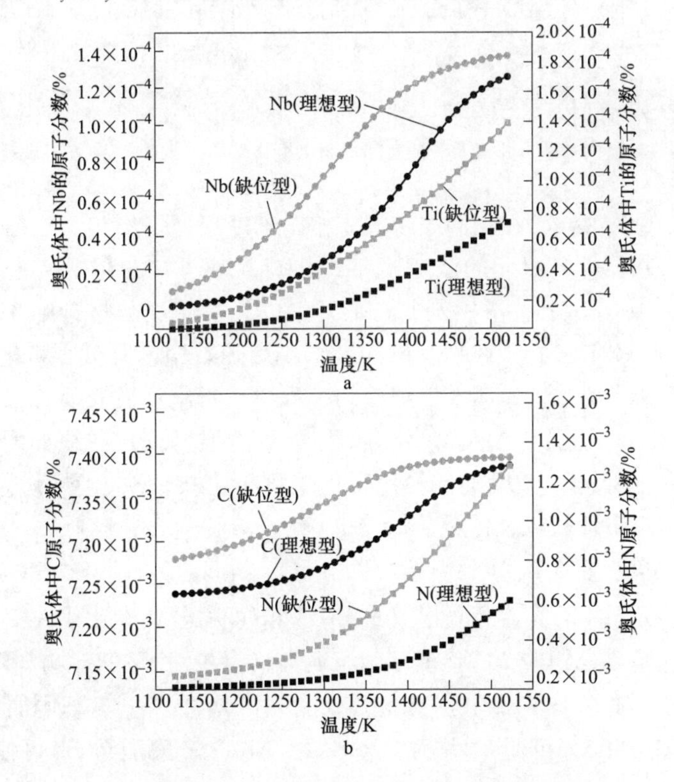

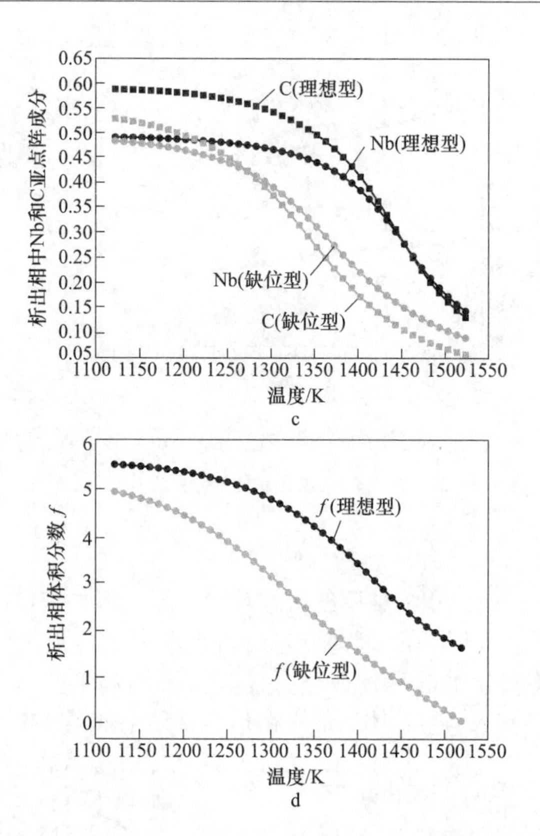

图 4-3　不同温度下 $(Nb_xTi_{1-x})(C_yN_{1-y})$ 及 $(Nb_xTi_{1-x})(C_yN_{1-y})_{0.87}$ 与基体间的热力学平衡信息

a—基体中 Nb 及 Ti 浓度；b—基体中 C 及 N 浓度；c—析出相中 Nb 和 C 的亚点阵成分；d—析出相体积分数

由图 4-3a、b 可知，在相同温度下，相比于理想型析出相，缺位型析出相的溶解度较大，基体中各组元的浓度较高。由图 4-3c 可知，在析出初始阶段，Nb 和 C 在析出相亚点阵中占位比例非常低，第二相初始成分接近纯 $TiN_{0.87}$，缘于 $TiN_{0.87}$的溶解度较 $TiC_{0.87}$、$NbN_{0.87}$和 $NbC_{0.87}$小。随着温度降低，析出相中 Nb 和 C 占位比例逐渐增加，这表明在连续冷却过程中，析出相成分从心部到表层逐渐变化，内层富 Ti，外层富 Nb。析出相体积分数随温度变化曲线如图 4-3d 所示，体积分数随温度降低单调增加。相比于理想型析出相，缺位型第二相溶解度较大，其相应的析出量较少，体积分数较小。

C　全固溶温度（T_{ab}）的计算

只需将多元系中合金组元的名义成分及固溶度积公式参数代入模型中的热力学公式即可计算复合相的全固溶温度。组元名义含量对 T_{ab}的影响如图 4-4 所示。由图 4-4 可知，随着 Ti、Nb 和 N 组元名义含量的增加，T_{ab}显著增加。Ti 的含量从 0.01%增加至 0.2%可使 T_{ab}增加近 600℃，Nb 含量增加 0.2%可使 T_{ab}增加约

30℃，N 含量增加 0.01%可使 T_{ab}升高 400℃，而 V 和 C 对全固溶温度影响较小。由此可知，各组元对全固溶温度的影响程度依次为：N>Ti>Nb>V>C。

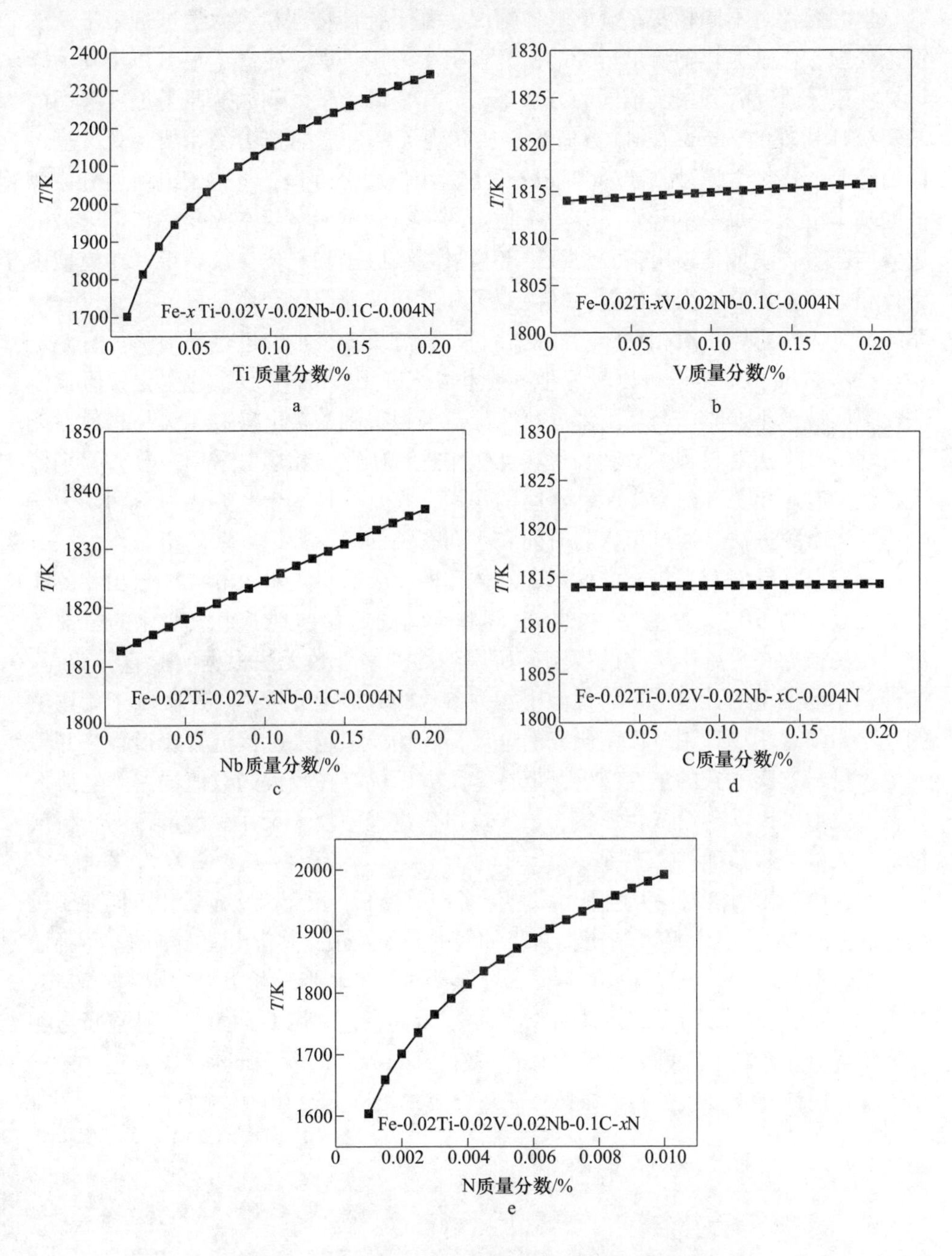

图 4-4 不同溶质含量对复合相全固溶温度的影响

a—Ti；b—V；c—Nb；d—C；e—N

4.1.2　析出动力学计算

学者们针对不同相变系统的具体情况，基于统计物理和热力学进行半唯象的理论处理，对碳氮化物析出行为的研究取得了一定进展，建立了很多析出动力学计算模型。研究者利用了不同的方法来研究相变动力学，例如从原子尺度考虑的基于统计物理的 Monte Carlo 数值法、从介观尺度考虑的相场法和从微观尺度考虑的经典形核长大模型。Monte Carlo 法不运用偏微分方程，将初始组织划分成离散的基本单元，每个单元格具有一个指定的形态，单元格状态改变时每个区域的边界均会被自动地描绘出来。组织转变通过置换原子和空位交换获得，在模拟中空位和近邻置换原子交换位置，间隙原子和近邻间隙原子交换位置，在此过程中系统能量为所有原子对相互作用能的总和，总能量随模拟的进行逐渐降低直至最小。虽然 Monte Carlo 法可以较好地模拟析出相析出过程中形貌的变化，但该方法模拟区域极小，难以与实际情况相匹配，模拟得到的析出参数无法与材料性能相关联，且无法对长程扩散和长程相互作用进行研究。相场法采用微分方程来体现扩散、有序化势和热力学驱动之间的作用，它是一种基于经典热力学和动力学理论的半唯象方法。通过引入与时间和空间有关的序参数把复杂的组织作为一个整体研究，如针对存在析出的体系，基体相的序参数可表示为 $\eta=0$，析出相的序参数可表示为 $\eta=1$，这些序参数随时间和空间的变化体现了组织变化的全部信息。相场模型是一种半唯象的模型，所用到的许多参数无法根据实验直接获得。此外，相场模型的计算结果对模型中相关参数的数值十分敏感，这限制了相场法的发展。随着相场理论及模型研究的进展，相场模拟越来越接近真实过程，并得到了大量与实验一致的定性结果，但在定量方面仍存在较大的数值误差。经典形核长大模型可以实现第二相形核、长大及粗化过程中粒子尺寸、数量密度、析出量等参数的全程预测。

复合第二相形核与长大过程由多种原子扩散控制，由于无法定量化不同原子扩散对析出的影响，计算该类析出相 PTT 曲线的模型及预测其析出动力学的模型都还未建立。本节采用平均扩散速率表征合金原子对第二相形核长大过程影响的思想，利用 Adrian 模型[11]计算析出相与基体间的平衡信息，利用 L-J 模型[12]计算析出相的体积自由能，基于经典形核长大理论[13]和 Johnson-Mehl-Avrami[14~16]方程，建立了计算第二相 PTT 曲线的模型以及预测复合第二相析出动力学的模型。

4.1.2.1　析出-时间-温度（PTT）曲线计算

A　模型的建立

a　热力学计算

合金组元 Ti、V 和 Nb 均为强碳氮化物形成元素，极易与钢中 C 和 N 组元结合生成 TiC、TiN、VC、VN、NbC 和 NbN。这些二元化合物均为 NaCl 型面心立方结构，且晶格常数较接近，可以无限互溶形成复合碳氮化物。不同温度下复合相与基体间的平衡信息可以采用上节热力学模型计算得到。

b 临界形核功和临界半径

形核是在一定的相变驱动力下母相中溶质原子聚集产生成分起伏并进一步聚集形成可稳定存在的最小集合体（临界核心）的过程。析出相变多为扩散相变，通过形核过程可完成晶体结构和各相成分的改变。影响形核的主要因素包括温度、溶质的过饱和度、临界形核功、析出相与母相基体间的比界面能等。临界形核功对析出相形核有重要的影响作用，精确地计算临界形核功数值是保证模型预测精度的前提。在铁素体相变热力学计算中可根据自由能-成分关系曲线（面）采用切线（面）法来确定铁素体的临界形核功，但是该方法计算过程复杂，工作量大。有时为了简化计算过程，直接将形变储能定为常数，虽然该方法在铁素体相变驱动力计算中效果较好，但其不适用于碳化物析出动力学的计算。很多学者针对析出相形核提出了简单的自由能表达式，对于均匀形核，自由能变化包括化学自由能、界面能和畸变能等；对于非均匀形核自由能变化还包括位错核心提供的能量。随着析出相粒子尺寸增加，析出引起的自由能变化量先增加后减小。尺寸大于 R_c 的粒子可稳定存在并持续长大，小于 R_c 的粒子不稳定将会逐渐溶解。

假定第二相在基体中均匀析出，呈球形，则其析出时引起的能量变化为：

$$\Delta G = \Delta G_{chem} + \Delta G_{int} \tag{4-44}$$

式中 ΔG_{chem}——化学自由能变化；

ΔG_{int}——界面能变化。

$$\Delta G_{chem} = \frac{4}{3}\pi R^3 \Delta G_v \tag{4-45}$$

$$\Delta G_{int} = 4\pi R^2 \gamma \tag{4-46}$$

式中 R——析出相的半径；

γ——析出相界面能；

ΔG_v——析出相的体积自由能。

$$\Delta G_v = -\frac{R_g T}{V_m}\left(\ln\frac{[M^1]_0}{[M^1]} + \ln\frac{[M^2]_0}{[M^2]} + \ln\frac{[M^3]_0}{[M^3]} + \ln\frac{[C]_0}{[C]} + \ln\frac{[N]_0}{[N]}\right) \tag{4-47}$$

式中 V_m——析出相的摩尔体积；

$[M^1]_0$，$[M^2]_0$，$[M^3]_0$，$[C]_0$，$[N]_0$——析出开始前相应组元在基体中的固溶量。

由式（4-44）对 R 的导数为 0 得到临界形核半径 R_C 为：

$$R_C = -\frac{2\gamma}{\Delta G_v} \tag{4-48}$$

将 R_C 代入式（4-44）得到临界形核功为：

$$\Delta G_C = \frac{16\pi\gamma^3}{3\Delta G_v^2} \tag{4-49}$$

c　形核率

由于合金原子扩散比间隙原子慢得多，假定析出相形核过程由合金原子扩散控制，依据经典形核理论，第二相的稳态形核率[12]为：

$$I = N_n Z\beta \exp\left(-\frac{\Delta G_C}{k_B T}\right) \tag{4-50}$$

式中　Z——Zeldovich 因子（≈0.05）；

N_n——有效形核位置点（$=1/a^3$）[10]；

k_B——Boltzmann 常数；

β——临界核心吸收溶质原子的频率。

$$\beta = \frac{4\pi R_C^2 D_{ev} X_0}{a^4} \tag{4-51}$$

采用平均体扩散率表征各成核原子对复合相形核和长大过程的影响[17]。

$$D_{ev} = xD_{M^1} + vD_{M^2} + (1 - x - v)D_{M^3} \tag{4-52}$$

$$D_{M^i} = D_{M^i0}\exp\left(-\frac{Q_i}{R_g T}\right) \tag{4-53}$$

$$X_0 = x[M^1]_0 + v[M^2]_0 + (1 - x - v)[M^3]_0 \tag{4-54}$$

式中　D_{ev}——合金原子平均体扩散率；

D_{M^i}——i 组元的体扩散数；

D_{M^i0}——i 组元的体扩散系数；

Q_i——i 组元的体扩散激活能；

X_0——基体中合金原子的平均浓度；

a——基体晶格常数。

晶核形成后其附近微区内的溶质过饱和度及体积自由能将迅速降低，导致临界形核功大量增加，形核率将迅速下降并衰减到 0，故实际形核率为：

$$I_t = I\exp\left(-\frac{t}{\tau_e}\right) \tag{4-55}$$

式中　τ_e——有效形核时间。

t 时间内形成的全部核心数为：

$$N_S = \int_0^\infty I_t \mathrm{d}t = I\tau_e \tag{4-56}$$

d　析出相的长大

假定析出相的长大由合金原子体扩散控制，且周围基体中的合金原子向析出相核心径向扩散为稳态扩散，根据 Zener 长大方程[18]，析出粒子长大速率为：

$$v = \frac{dR}{dt} = \frac{D_{ev}}{R}\frac{X_0 - X_i}{X_p - X_i} \tag{4-57}$$

式中 X_i，X_p——界面处和第二相中合金原子的平均浓度。

由式（4-57）积分得到析出相的半径与长大时间 t 之间的关系式为：

$$R^2 = 2D_{ev}\frac{X_0 - X_i}{X_p - X_i}t \tag{4-58}$$

e 析出曲线

第二相的析出分数随时间的变化可以用 Johnson-Mehl-Avrami 方程定量描述，该方程由 Johnson 和 Mehl 在研究结晶动力学时首次提出，经 Avrami 发展和完善后，被广泛应用于研究扩散型固态相变动力学。假定第二相的平衡析出总量为 f，令 $\lambda^2 = 2(X_0 - X_i)/(X_p - X_i)$，$f$ 可以表述为：

$$f = 1 - \exp(-Wt^n) \tag{4-59}$$

其中 n 为 Avrami 指数，与形核机制和长大机制有关，将析出相的总体积 $\frac{4}{3}\pi R^3 I\tau_e$ 代入式（4-59），得到：

$$f = 1 - \exp\left(-\frac{4}{3}\pi I\tau_e\lambda^3 D_{ev}^{\frac{3}{2}}t^{\frac{3}{2}}\right) \tag{4-60}$$

对比式（4-59）和式（4-60），得到 n 值为 1.5，$W = \frac{4}{3}\pi I\tau_e\lambda^3 D_{ev}^{\frac{3}{2}}$。计算 PTT 曲线时，通常选择析出总量达到 5% f 作为析出开始点（$t_{0.05}$），95% f 作为结束点（$t_{0.95}$）。受到某些难以精确计算参数的限制，第二相开始形核的绝对起始点 t_0 无法确定，开始点和结束点也无法准确确定。为了便于研究第二相的析出行为，采用析出时间的相对值。当析出量为 5%，即 f=0.05 时，对 f 的表达式取双对数得到：

$$\lg t_{0.05} = \frac{1}{1.5}\left[1 - 1.28994 - \lg\left(\frac{4\pi^2\tau_e\lambda^3 N_n}{15a^4}\right) - \lg X_0 - \frac{5}{2}\lg D_{ev} - 2\lg R_C + \frac{1}{\ln 10}\frac{\Delta G_C}{k_B T}\right] \tag{4-61}$$

忽略温度对 λ 的影响，则式（4-61）中 $\lg\frac{4\pi^2\tau_e\lambda^3 N_n}{15a^4}$ 与温度无关。终冷温度不同，析出相成分不同。随着析出相成分的改变，平均浓度值会稍有改变，但其值对温度的变化不敏感。忽略温度对 $\lg X_0$ 数值的影响，令 $\lg t_0 = -\frac{1}{1.5}\left(\lg\frac{4\pi^2\tau_e\lambda^3 N_n}{15a^4} + \lg X_0\right)$。式（4-61）变形得到相对值：

$$\lg\frac{t_{0.05}}{t_0} = \frac{1}{1.5}\left(-1.28994 - \frac{5}{4}\lg D_{ev} - 2\lg R_C + \frac{1}{\ln 10}\frac{\Delta G_C}{k_B T}\right) \tag{4-62}$$

$$\lg \frac{t_{0.95}}{t_{0.05}} = \frac{1}{1.5}\lg\left(\frac{\ln 0.05}{\ln 0.95}\right) \tag{4-63}$$

B　计算结果与讨论

针对文献中[19]的实验进行模拟计算，验证模型的可靠性。实验材料成分为（质量分数,%）：C 0.09，Mn 1.05，Si 0.25，N 0.0037，Ti 0.011，V 0.03，Nb 0.025。样品在 K010 箱式电阻炉中于 1200℃保温 72h 后淬火至室温，切取相应的试样在 MMS-300 热力模拟试验机上进行测试实验。具体的热处理及加工工艺：以 10℃/s 加热速率将试样加热到 1200℃保温 3min，然后以 10℃/s 冷却速率冷却到 900℃后施以 60%的变形，再以 80℃/s 冷却速率分别冷却到 540℃、580℃、620℃、660℃之后以 0.1℃/s 冷却速率缓慢冷却至室温。

a　全固溶温度的计算

合金组元全固溶温度的准确计算不仅对热处理工艺的制定有很大的指导作用，对平衡析出相的计算也非常重要。将合金的名义成分代入热力学模型即可得到全固溶温度及第二相开始析出时的原子占位比，将这些值作为其他温度下析出热力学计算的迭代初值，可避免迭代初值选择的盲目性，使计算过程更加高效。实际计算可知，实验材料中合金元素的全固溶温度为 1706K。

b　平衡固溶量的计算

固溶处理温度下溶质原子的实际固溶量对低温区第二相析出动力学有很大的影响。通过对全固溶温度的计算可知，钢在 1200℃保温并不能使碳氮化物完全溶解，且保温 72h 会使第二相达到平衡析出，该温度下试样中各合金组元的实际固溶量的计算结果如图 4-5 所示。可以看出，在固溶处理温度下，以 Ti、N 原子析出为主，Nb 和 V 几乎不析出，析出相中 Ti 原子占位比高达 80%以上。

c　终轧结束时实际固溶量的计算

1200℃保温 3min 后将钢以 10℃/s 冷却速率冷却到 900℃，再施加 60%的变形，在此过程中会有一定量的第二相析出。由于时间较短，假定实际析出第二相的量仅为平衡析出量的 20%，则 900℃下的实际固溶量为 1200℃下平衡固溶量减去 900℃下平衡析出量的 20%。

d　复合相在铁素体中的析出行为

复合析出相（$Ti_xV_vNb_{1-x-v}$）（C_yN_{1-y}）可看作由各二元化合物互溶形成，其摩尔体积随各组元含量的变化而变化，可采用线性内插法求复合析出相的摩尔体积。第二相与基体间的界面能对析出相的临界半径和临界形核功起着决定作用，准确计算出界面能值是准确计算 PTT 曲线的前提。界面能随各组元含量及温度的变化而变化，采用线性内插法求复合析出相与基体间的界面能。采用本模型计算的第二相临界晶核半径，临界形核功及相对沉淀析出时间随温度变化曲线如图 4-6 所示。由图 4-6a、b 可知，临界晶核尺寸与临界形核功均随温度降低单调减

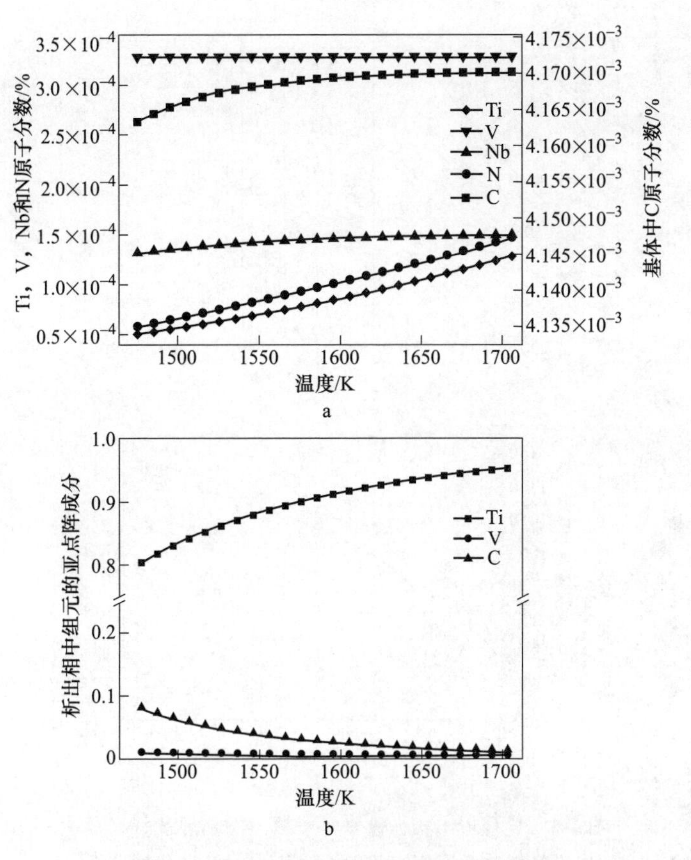

图 4-5 不同温度下析出的热力学平衡信息

a—基体成分；b—析出相成分

小，温度越低，其值越小。在温度低于 950K 时，临界晶核尺寸已不足 0.5nm。

第二相析出受到析出驱动力和成核原子扩散率的共同影响，温度越高，溶质原子扩散越快；温度越低，溶质过饱和度越大，析出驱动力越大。在两者共同作用下，存在一个最快析出温度；在该温度等温可以获得数量最多、分布最弥散的第二相颗粒，这对于探究析出强化有着非常重要的意义。

实验结果表明[19]，第二相在 620℃ 析出最快，在 660℃ 比在 580℃ 析出快。由于实验中采用的温度点较分散，无法确定理论最快析出温度就是 620℃，可以确定的是最快析出温度一定在 620～660℃ 之间，且非常靠近 620℃。采用式(4-62)和式（4-63）计算得到的复杂析出相在铁素体区析出的 PTT 曲线如图 4-6c 所示。曲线呈典型的“C”形[20]，且最快析出温度为 901K，即 628℃，这与实验结果吻合。应用式（4-47）计算析出相体积自由能变化，无需求取不同温度下析出相的溶解度公式，计算效率高。此外，本模型具有较好的适用性，适用于铁

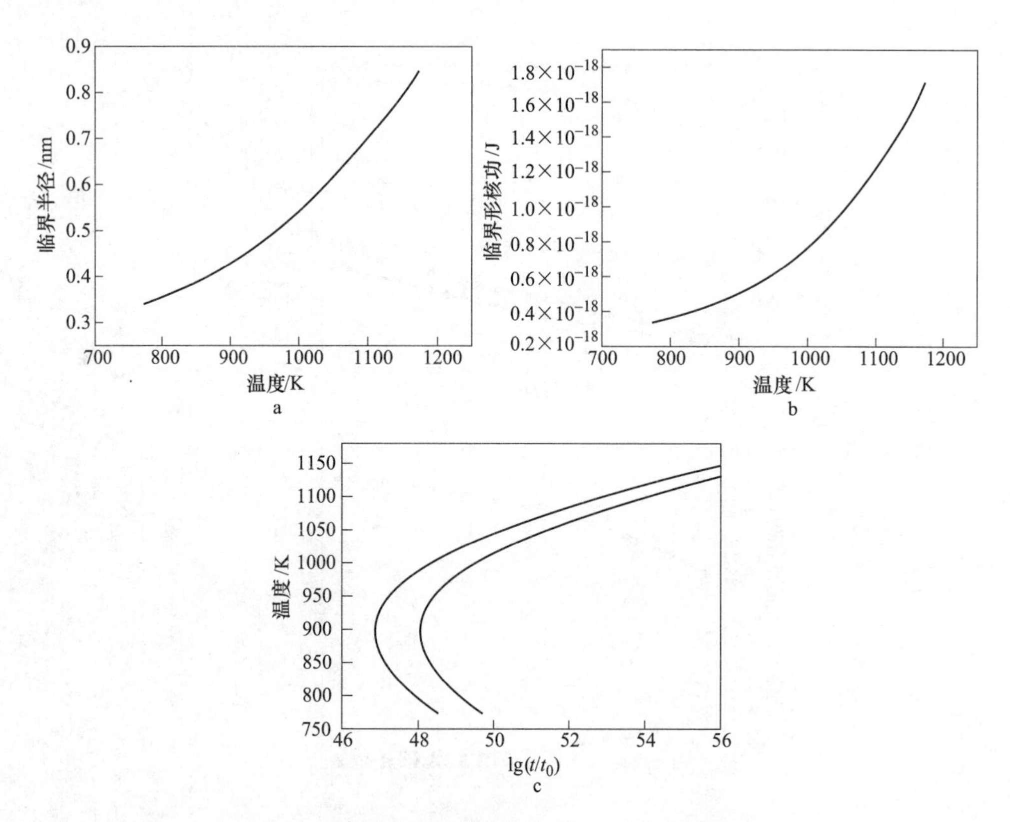

图 4-6　复合析出相在铁素体中析出的临界晶核半径、临界形核功及温度随相对沉淀析出时间变化的曲线

a—临界晶核半径；b—临界形核功；c—PTT 曲线

素体或奥氏体中简单析出相 PTT 曲线的计算，也适用于复合析出相 PTT 曲线的计算。

e　铁素体中不同体系 PTT 曲线计算

假定固溶处理温度为 1200℃，固溶处理温度下 N 原子全部析出，铁素体中的析出相为（$Ti_xV_vNb_{1-x-v}$）C，基体相为规则溶体，复合析出相为 TiC、VC 和 NbC 的理想溶体。

（1）不同 Ti 含量条件下 Fe-0.1C-xTi-0.01V-0.01Nb-0.004N（质量分数,%）系铁素体区 PTT 曲线如图 4-7 所示。所有曲线均呈现“C”形，随 Ti 含量增加，鼻点温度升高。当 Ti 含量从 0.01%增加到 0.05%时，鼻点温度从 755K 升高到 945K，增量为 190K；但 Ti 含量从 0.05%增加到 0.1%时，鼻点温度仅仅增加 50K，这表明鼻点温度随 Ti 含量增加先快速增加后缓慢增加，也表明在相同温度下随着 Ti 含量增加，过饱和度差异越来越小。

如图 4-8a 所示，随温度降低过饱和度曲线单调增加。过饱和度单调增加使

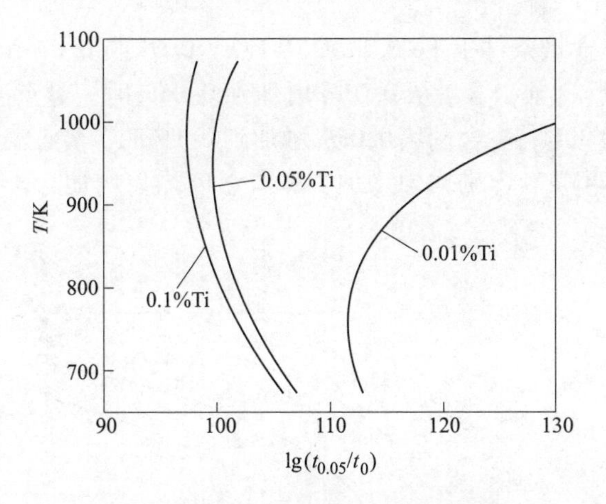

图 4-7 不同 Ti 含量对 PTT 曲线的影响

相变驱动力（绝对值）单调增加（见图 4-8b），使临界形核功（见图 4-8c）单调减小，进而使临界形核功在与平均扩散率竞争过程中仅仅出现一个平衡点，从而使 PTT 曲线只存在一个鼻点。

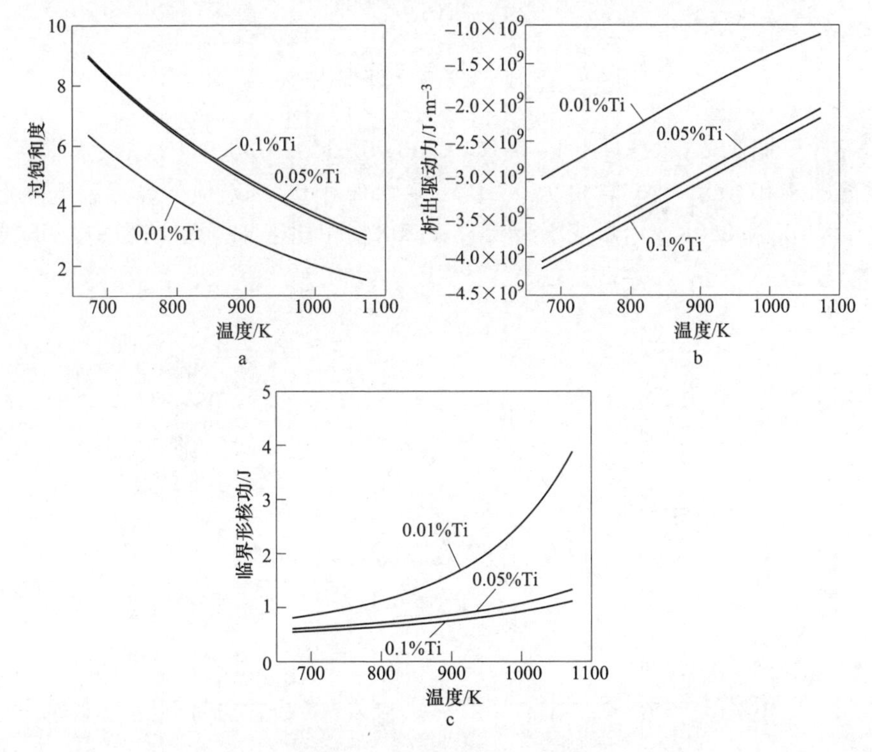

图 4-8 Ti 含量对析出参数的影响

a—过饱和度；b—析出驱动力；c—临界形核功

（2）不同 V 含量条件下 Fe-0. 1C-0. 01Ti-xV-0. 01Nb-0. 004N 系铁素体区 PTT 曲线如图 4-9 所示。当 V 含量从 0. 01%增加到 0. 05%时，鼻点温度从 755K 升高到 785K，增量为 30K；V 含量从 0. 05%增加到 0. 1%时，鼻点温度升至 825K，增量为 50K，这表明随 V 含量均匀增加，鼻点温度均匀增加，这与 Ti 含量对 PTT 曲线的影响不同。

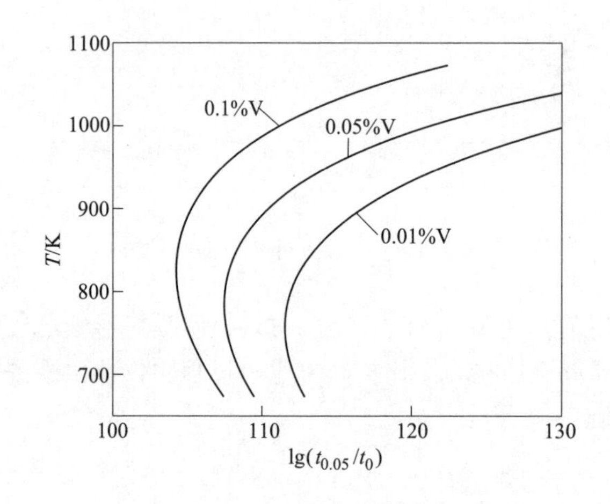

图 4-9　不同 V 含量对 PTT 曲线的影响

（3）不同 Nb 含量条件下 Fe-0. 1C-0. 01Ti-0. 01V-xNb-0. 004N 系铁素体区 PTT 曲线如图 4-10 所示。Nb 含量为 0. 01%、0. 05%和 0. 1%对应的鼻点温度分别为 755K、840K 和 860K，增量依次为 85K 和 20K。相比于 Ti 含量的影响，Nb 含量的影响较弱。

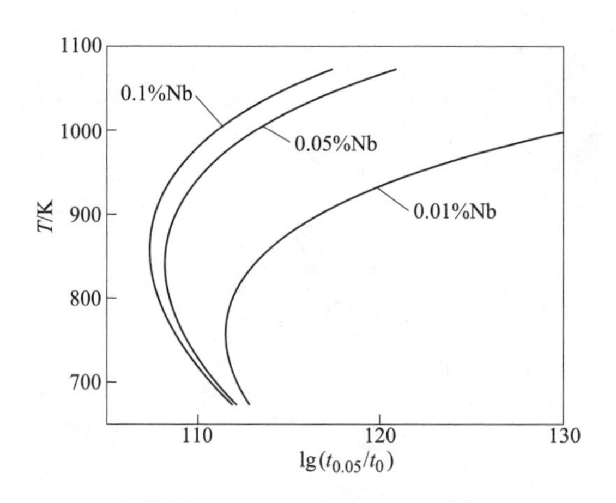

图 4-10　不同 Nb 含量对 PTT 曲线的影响

4.1.2.2 微合金碳氮化物析出行为预测

A 模型建立

a 形核自由能变化

位错线处具有较大的能量起伏和结构起伏，是第二相优先形核的位置。假定析出相为球形，第二相形核引起的能量变化为：

$$\Delta G = \Delta G_{\text{chem}} + \Delta G_{\text{int}} + \Delta G_{\text{dis}} \tag{4-64}$$

式中 ΔG_{chem}，ΔG_{int}——化学能及界面能变化；

ΔG_{dis}——位错为第二相形核提供的能量。

$$\Delta G_{\text{dis}} = -0.4\mu b^2 R \tag{4-65}$$

式中 R——所有粒子的平均半径；

μ——基体的剪切模量；

b——伯格斯矢量。

临界形核功可表示为：

$$\Delta G_{\text{C}} = \frac{16}{3}\pi \frac{\gamma^3}{\Delta G_v^2} + 0.8\mu b^2 \frac{\gamma}{\Delta G_v} \tag{4-66}$$

b 形核率

通常，位错节点为第二相形核优选位置，形核率为：

$$\left.\frac{\mathrm{d}N}{\mathrm{d}t}\right|_{\text{nucl}} = N_{\text{p}} Z\beta \exp\left(-\frac{\Delta G_{\text{C}}}{kT}\right) \exp\left(-\frac{\tau}{t}\right) \tag{4-67}$$

式中 Z——Zeldovich 非平衡因子，取值 0.05；

β——临界核心接收原子的速率；

N_{p}——单位体积内形核位置数；

τ——孕育期；

k——Boltzmann 常数。

式（4-67）各参数相关表达式为：

$$N_{\text{p}} = 0.5\rho^{1.5} \tag{4-68}$$

$$\beta = \frac{4\pi R_{\text{C}}^2 D_{\text{av}}^{\text{bulk}} X}{a^4} \tag{4-69}$$

$$\tau = \frac{1}{2\pi\beta} \tag{4-70}$$

式中 ρ——位错密度；

X——合金原子即时浓度的均值，见式（4-54）；

$D_{\text{av}}^{\text{bulk}}$——合金原子体扩散率加权平均值，见式（4-52）；

a——基体晶格常数。

c　长大率

假定溶质原子在基体与第二相间的扩散为稳态扩散，根据 Zener 长大方程及 Gibbs-Thomson 效应，第二相长大速度为：

$$\left.\frac{\mathrm{d}R}{\mathrm{d}t}\right|_{\mathrm{growth}}=\frac{D_{\mathrm{av}}^{\mathrm{bulk}}}{R}\frac{X-X_{\mathrm{eq}}[R_0/(X_{\mathrm{p}}R)]}{X_{\mathrm{p}}-X_{\mathrm{eq}}[R_0/(X_{\mathrm{p}}R)]}+\frac{1}{N}\frac{\mathrm{d}N}{\mathrm{d}t}(\alpha R_{\mathrm{C}}-R) \tag{4-71}$$

式中　X_{eq}——T 温度下基体中合金原子的平衡浓度的加权均值；

R_0——热力学参数。

式（4-71）右边第一项为已有粒子的平均长大速率，第二项为新形核粒子对所有粒子平均半径的贡献。

$$R_0=\frac{2\gamma V_{\mathrm{m}}}{R_{\mathrm{g}}T} \tag{4-72}$$

d　粗化率

随着析出粒子的长大，基体中溶质成分会逐渐降低，导致过饱和度和形核驱动力降低，从而使形核率降低到零。在此阶段，析出行为可看作是纯长大模式。当溶质成分降低至接近平衡成分时，粒子的临界半径会急剧增加，达到体系中已析出粒子的平均半径，粒子进入粗化阶段。尺寸较大的粒子周围溶质成分低于基体中溶质的平衡成分，而尺寸较小的粒子周围溶质成分高于基体中溶质的平衡成分。由于成分差的存在，小粒子附近的溶质会在毛细效应的作用下向大粒子扩散，从而为大粒子提供粗化所需的溶质，使得大粒子和小粒子的尺寸差越来越大。粒子尺寸差越大，粒子附近基体中溶质成分差越大，进一步促进了小粒子的溶解及大粒子的粗化。

粗化过程中粒子数变化率及粒子半径变化率可分别表示为：

$$\left.\frac{\mathrm{d}N}{\mathrm{d}t}\right|_{\mathrm{coars}}=\frac{4}{27}\frac{D_{\mathrm{eff}}R_0}{R^3}\frac{X_{\mathrm{eq}}[R_0/(X_{\mathrm{p}}R)]}{X_{\mathrm{p}}-X_{\mathrm{eq}}[R_0/(X_{\mathrm{p}}R)]}\left[\frac{R_0X_{\mathrm{eq}}\frac{R_0}{X_{\mathrm{p}}R}}{R\left(X_{\mathrm{p}}-X_{\mathrm{eq}}\frac{R_0}{X_{\mathrm{p}}R}\right)}\left(\frac{3}{4\pi R^3}-N\right)-3N\right] \tag{4-73}$$

$$\left.\frac{\mathrm{d}R}{\mathrm{d}t}\right|_{\mathrm{coars}}=\frac{4}{27}\frac{D_{\mathrm{eff}}R_0}{R^2}\frac{X_{\mathrm{eq}}[R_0/(X_{\mathrm{p}}R)]}{X_{\mathrm{p}}-X_{\mathrm{eq}}[R_0/(X_{\mathrm{p}}R)]} \tag{4-74}$$

为了使析出由长大阶段向粗化阶段稳定过渡，Deschamps 和 Brechet[20] 采用粗化因子 f_{coars} 将 $\left.\frac{\mathrm{d}R}{\mathrm{d}t}\right|_{\mathrm{growth}}$ 和 $\left.\frac{\mathrm{d}R}{\mathrm{d}t}\right|_{\mathrm{coars}}$ 进行连接：

$$\frac{\mathrm{d}R}{\mathrm{d}t}=\left.\frac{\mathrm{d}R}{\mathrm{d}t}\right|_{\mathrm{coars}}\cdot f_{\mathrm{coars}}+\left.\frac{\mathrm{d}R}{\mathrm{d}t}\right|_{\mathrm{growth}}(1-f_{\mathrm{coars}}) \tag{4-75}$$

$$f_{\mathrm{coars}}=1-1000\left(\frac{R}{R_{\mathrm{C}}-1}\right)^2,\ 0.99R_{\mathrm{C}}<R<1.01R_{\mathrm{C}} \tag{4-76}$$

若$-\left.\frac{dN}{dt}\right|_{coars}<\left.\frac{dN}{dt}\right|_{nucl}$，则$\frac{dN}{dt}=\left.\frac{dN}{dt}\right|_{nucl}$；

若$-\left.\frac{dN}{dt}\right|_{coars}>\left.\frac{dN}{dt}\right|_{nucl}$，则$\frac{dN}{dt}=\left.\frac{dN}{dt}\right|_{coars}\cdot f_{coars}$。

B　结果与讨论

a　铁素体中复合相析出行为

图 4-11 显示了 Fe-0.09C-0.025Nb-0.03V-0.011Ti-1.05Mn-0.25Si-0.0037N（质量分数,%）钢的 Nb 和 V 在基体及复合相中成分随温度的变化情况。随温度降低，析出相中 Nb 原子比例逐渐降低，V 原子比例增加。基体中 Nb 和 V 原子平衡固溶量均随温度降低而降低。

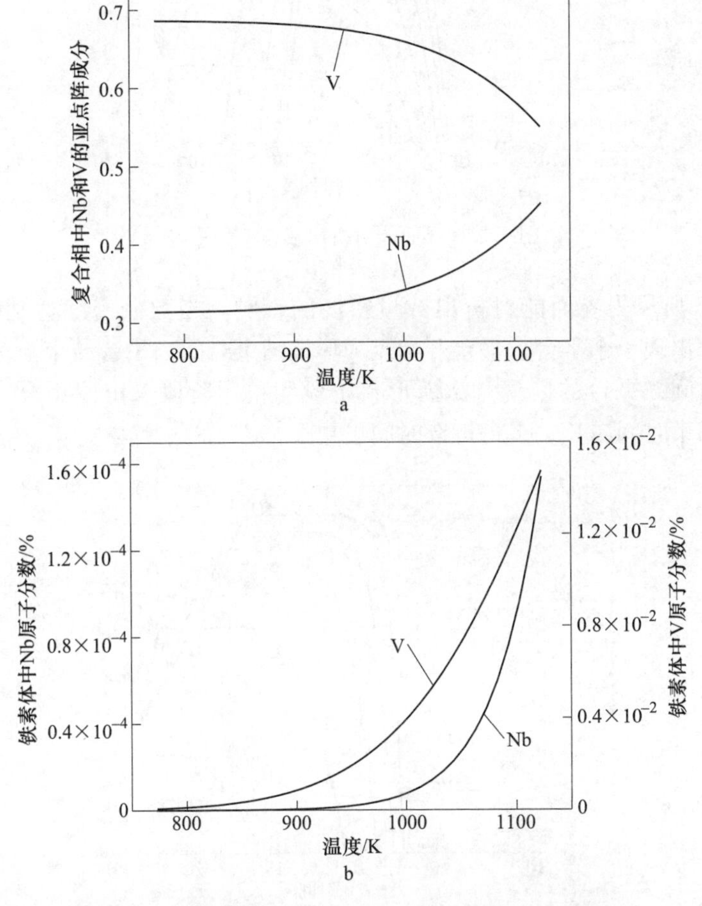

图 4-11　基体成分及复合相亚点阵成分随温度变化情况

a—析出相中 Nb 和 V 的点阵成分；b—基体中 Nb 和 V 的浓度

析出相与基体间的界面能对析出过程有很大的影响。随着析出粒子尺寸的变化，界面能逐渐增大，但其值难以准确确定。通常，在模拟析出动力学过程中，将界面能看做一个拟合常数。650℃下不同界面能值对析出动力学影响如图4-12所示。据图4-12可知，界面能从0.55J/m^{2}降到0.5J/m^2，第二相形核率从15个数量级增加到22个数量级，形核时间从10000s降低到不足100s，这表明界面能越大，析出形核越困难。

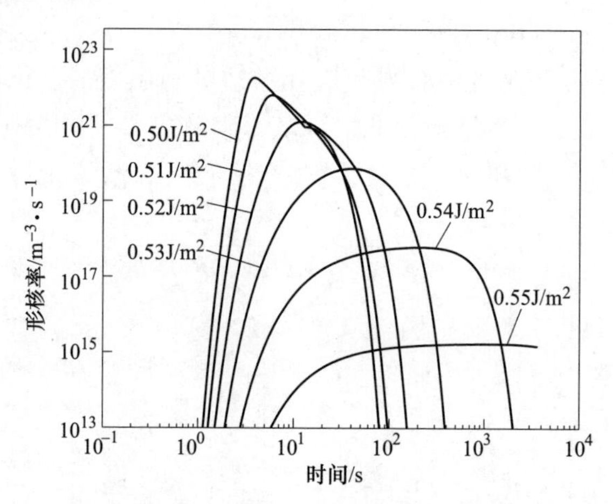

图4-12　界面能对析出形核率的影响

图4-13所示为界面能对析出数量密度的影响。当数量密度达到最大值时，每条曲线都出现一个平台。平台开始点为形核结束时间，平台结束点为粒子粗化阶段开始时间，平台的出现意味着形核阶段和粗化阶段未出现交合。界面能越大，形核结束时间越长，平台持续时间也越长。

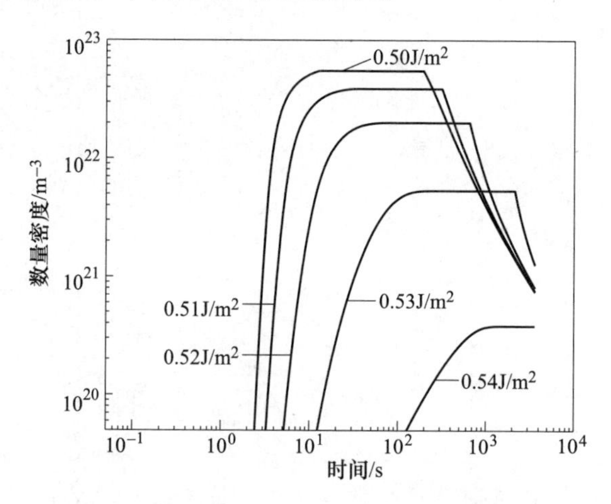

图4-13　界面能对析出数量密度的影响

当界面能取值 0.52J/m^2 时，计算得到的 650℃ 下 Fe-0.09C-0.025Nb-0.03V-0.011Ti-1.05Mn-0.25Si（质量分数,%）钢中第二相粒子平均直径随时间变化曲线如图 4-14 所示。由图 4-14 可知，计算结果与实验测定结果比较吻合，尤其是时间较长时。

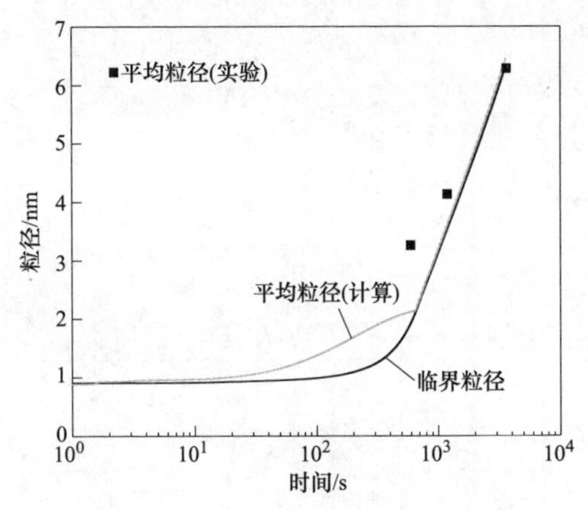

图 4-14 平均粒子直径随时间的变化

更多的动力学信息如图 4-15 所示。由图 4-15a 可知，形核孕育期不足 4s，此后出现爆发式形核，形核率迅速增加。大约在 70s 时形核结束，此时析出相的数量密度达到最大。在 700s 时粒子开始粗化，数量密度快速降低。基体中溶质原子浓度随时间变化如图 4-15b 所示，大致可分为 4 个区域：（1）区为孕育期，在此期间溶质浓度几乎不变；（2）区为形核阶段，溶质浓度略有降低；（3）区为粒子长大阶段，随着溶质原子的消耗，基体中溶质浓度快速降低，并消耗殆尽；（4）区为粒子粗化阶段，在此期间溶质浓度较低且几乎不变。当基体中溶质浓度很低时，析出相形核驱动力迅速降低，临界形核功急剧增加，如图 4-15c 所示。

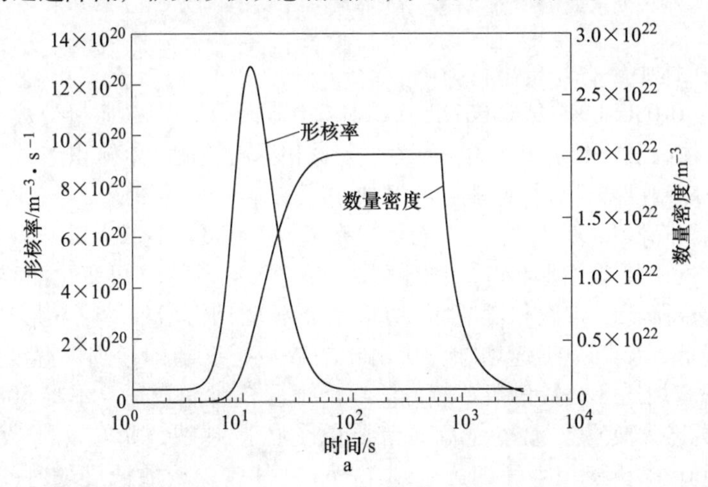

a

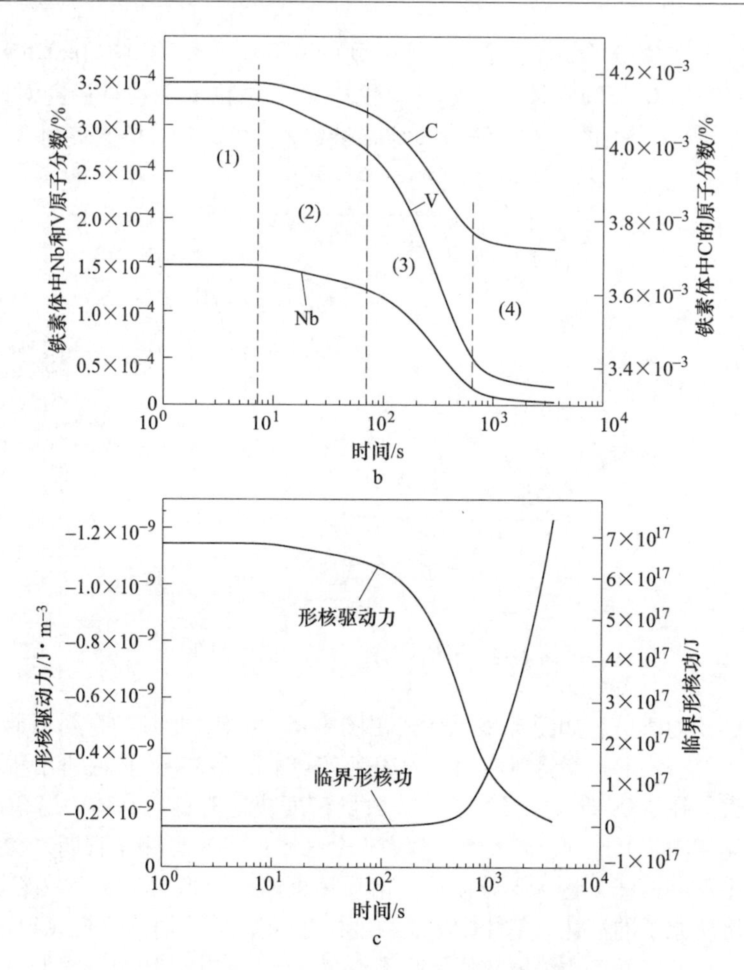

图 4-15　650℃下复合相析出动力学行为

a—形核率与数量密度；b—基体浓度；c—形核驱动力及临界形核功

b　奥氏体中复合相析出行为

针对 Fe-0.08C-1.85Mn-0.067Nb-0.02Ti-0.056V-0.0034N（质量分数,%）体系，计算了奥氏体区复合相析出动力学行为。复合相界面能及摩尔体积随温度变化如图 4-16 所示，随温度降低，界面能逐渐增加，摩尔体积逐渐降低。当温度降低 100K 时，界面能约降低 0.05J/m^2，这会对形核率和数量密度产生较大影响。

不同温度下复合相形核率、数量密度和平均半径随时间变化曲线如图 4-17 所示。随温度降低，过饱和度增加，析出相形核驱动力增加，临界形核半径及临界形核功降低，形核率迅速增加，析出相的数量密度随即增加。温度降低 100K 可使形核率增加约 8 个数量级。应力诱导析出形核时间较短，不足 50s，约在 2s 时即可出现长大现象。温度越高，溶质原子扩散越快，析出相长大越快，在 1000℃下 100s 时析出相半径即可达到 7.5nm。基体中溶质浓度随时间变化情况

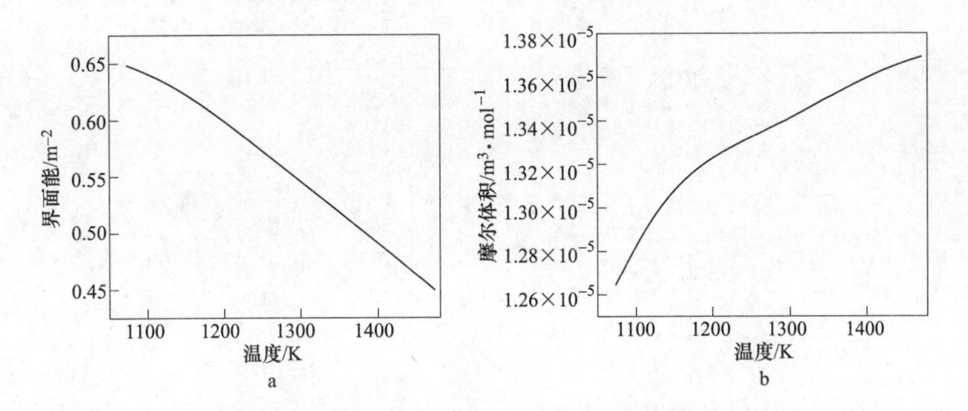

图 4-16 复合相的界面能和摩尔体积随温度变化情况
a—界面能；b—摩尔体积

如图 4-18 所示。Ti、Nb、C 浓度在 950℃时下降最早最快，这表明该温度是最快析出温度，这与实验结果相吻合。

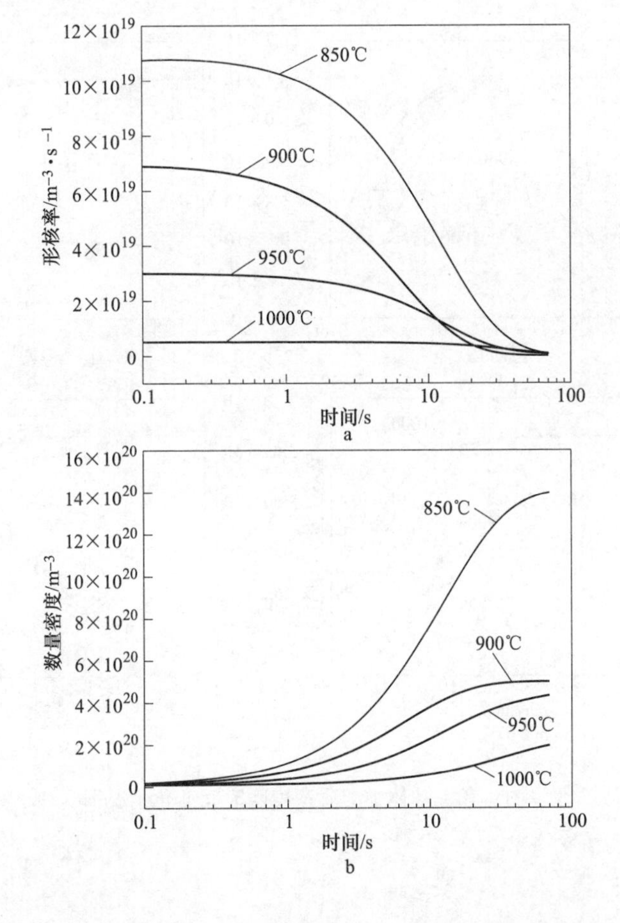

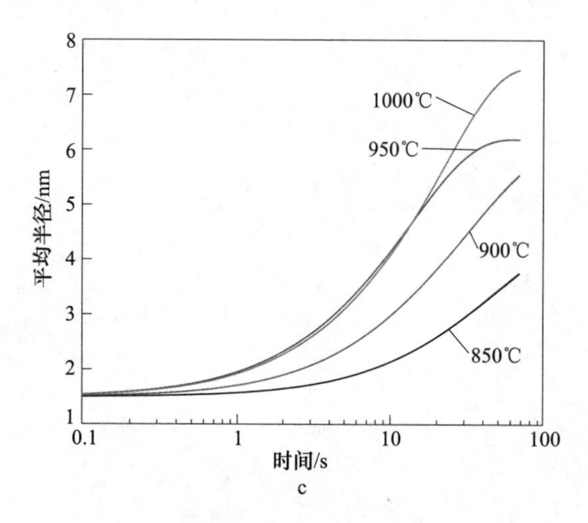

图 4-17　不同温度下析出相参数随时间变化

a—形核率；b—数量密度；c—平均半径

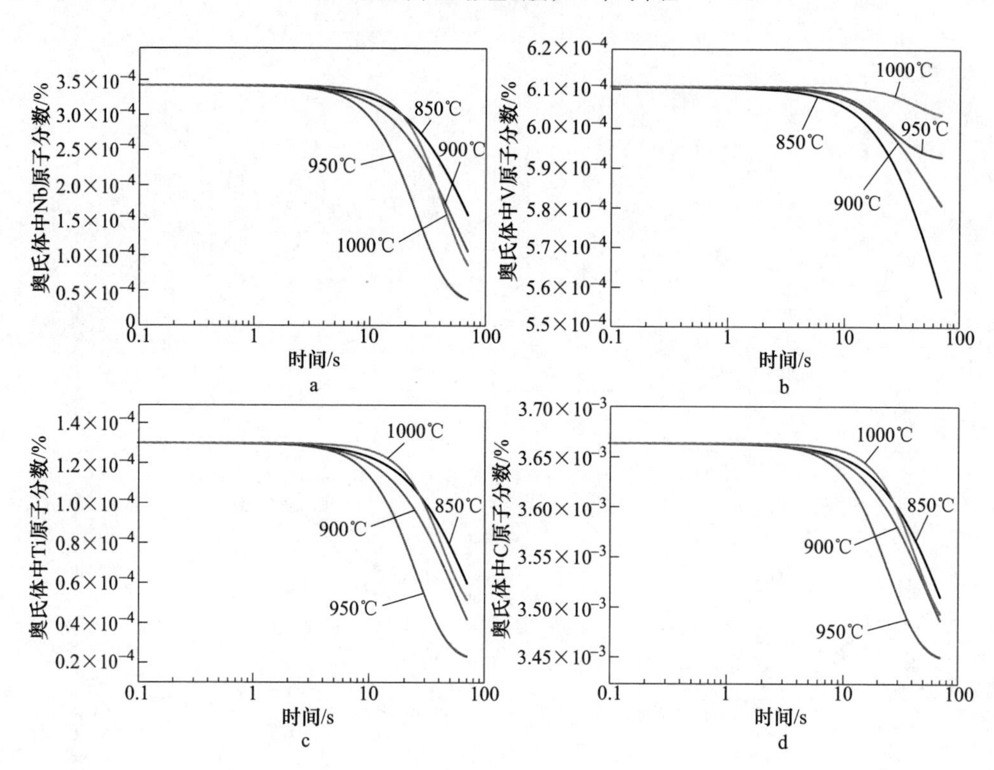

图 4-18　基体中溶质浓度随时间变化情况

a—Nb；b—V；c—Ti；d—C

4.2 超快速冷却条件下纳米渗碳体析出的热力学解析

20世纪以Fe-C合金为基础的钢铁材料的主流开放手段是通过添加Nb、V、Ti等微量合金元素并控制相变进行强化[21~24]。然而，随着近年来不断出现的环境和资源问题，为了满足减量化、低成本的发展要求，奥氏体相变过程中发生的渗碳体析出现象逐渐引起了广泛的关注。这是由于渗碳体是钢铁中最为经济和重要的第二相，中高碳钢中渗碳体的体积分数可以达到10%的数量级而无需增大生产成本，若能有效地使渗碳体细化到数十纳米的尺寸，将可以产生非常强烈的第二相强化效果，起到微合金碳化物一样的强化作用[25]。

但是，与微合金钢不同，Nb、V、Ti等合金碳化物是在近平衡条件下析出的稳定相，而亚共析钢的渗碳体在近平衡条件下通常形成片层的珠光体结构，而无法形成纳米级渗碳体颗粒的析出。颗粒状渗碳体是在较大过冷度条件下形成的亚稳相，因此可以增加冷速通过非平衡析出的方式改变渗碳体的析出形式。

本节将利用经典的KRC、LFG和MD模型对在超快速冷却条件下过冷奥氏体的相变动力进行计算，并在热力学模型计算提供理论依据的基础上，分析亚共析钢中形成纳米级渗碳体颗粒的可能性和规律性，从热力学的角度解释在超快速冷却条件下铁碳合金中纳米级渗碳体析出的实验现象。

4.2.1 热力学分析和计算模型

图4-19为Fe-C合金在过冷到A_1以下温度T时各相自由焓的变化[26]。实验用含碳量为c的亚共析钢奥氏体在超快速冷却的条件下快速通过两相区时，没有足够的时间析出先共析铁素体F，而是直接过冷到T温度，因此奥氏体和铁素体两相区被延伸到A_1以下的亚稳区域。在亚稳区的上部，靠近A_1的较高温度区间，将进行先共析铁素体转变和共析分解反应，生成片层状的渗碳体组织。在中温区，如T温度下，初始组织生成b点的铁素体与d点的奥氏体处于亚稳平衡，其自由焓的大小由γ和α的自由焓曲线的公切线决定。生成铁素体+渗碳体两相的自由焓由公切线aE与cc线的交点决定（ΔG_2），铁素体+渗碳体的相组成的自由焓较低，而由b点的铁素体+过冷残余奥氏体的相组成的自由焓较高，较为不稳定，残余奥氏体倾向于分解为铁素体+渗碳体，形成能量更低的组织。

奥氏体的分解转变Fe-C合金中是最基本的相变过程，也是工业应用上最重要的相变反应。早在1962年Kaufman、Radcliffe和Cohen就共同创建了KRC热力学模型[27]，对奥氏体相变驱动力进行计算。但该模型并未计算形核驱动力，也未与相变机制相联系。针对Fe-C合金的驱动力计算模型，还有一些其他的理论模型，如Lacher[28]、Fowler和Guggenheim[29]提出的LFG模型，McLellaln和Dunn提出的MD模型[30]。

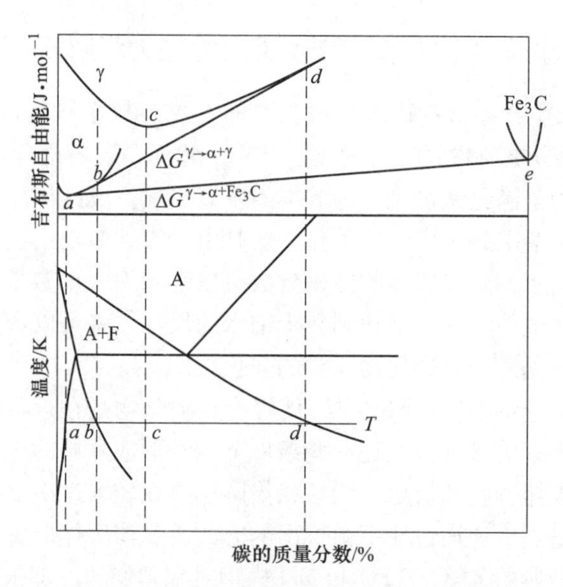

图 4-19　铁碳合金中过冷奥氏体的自由能变化

按照三种可能的相变机制进行相变驱动力计算，一是先共析转变，即由奥氏体中析出先共析铁素体，余下的是残余奥氏体，反应式为：$\gamma \rightarrow \alpha + \gamma_1$；二是退化珠光体型转变，奥氏体分解为平衡浓度的渗碳体和铁素体，反应式为：$\gamma \rightarrow \alpha + Fe_3C$；三是奥氏体以马氏体相变方式转变为同成分的铁素体，然后，在过饱和的铁素体中析出渗碳体，自身成为过饱和碳含量较低的铁素体，反应式为：$\gamma \rightarrow \alpha' \rightarrow \alpha'' + Fe_3C$。三种机制中，相变驱动力最大者就是从热力学角度最可能发生的相变过程。若过冷奥氏体组织发生退化珠光体转变，分解生成平衡浓度的渗碳体和铁素体，那么在超快速冷却的条件下，碳原子的扩散将受到抑制，在短时间内渗碳体将很有可能无法充分长大成片层结构而直接形成弥散分布的纳米级颗粒，而弥散分布的渗碳体颗粒增大的表面能可由增大过冷度所得到的化学自由能来提供[31,32]。

热力学理论在相变研究中一项重要应用就是计算相变驱动力，从而判断相变过程能否进行。而相变热力学是基于统计热力学基础理论而发展起来的，其最基本原理是相变驱动力等于两相自由能之差（ΔG）。间隙固溶体的自由能与熵（S）、焓（H）及温度（T）直接相关，$\Delta G = \Delta H - T\Delta S$。进一步，通过统计热力学计算，考虑所有间隙位置数目、间隙原子填充的位置数及空的位置数，将熵与间隙原子的原子百分数联系起来，这样，Fe-C 合金相变的驱动力就可以通过相变的温度及碳和铁的活度确定。因此，要计算相变的驱动力，必须首先计算碳和铁的活度，而活度计算又涉及碳原子交互作用能（w）、偏摩尔焓（$\Delta\overline{H}$）和偏摩尔熵（$\Delta\overline{S}$）这三个基本参数。

由于 KRC、LFG 和 MD 三种模型均列出了供计算的复杂的数学式，本研究将简要介绍三个常用模型对活度和驱动力计算的处理，而略去这些方程的详细推导过程，直接使用这些公式进行计算。

4.2.2 铁碳合金中碳和铁的活度计算

在理想合金中，两组分混合时，混合焓（$\Delta H_{混合}$）为零，自由能变化仅仅来源于熵的变化，可直接用浓度来计算相变驱动力。对于实际合金成分而言，混合过程不是放热反应就是吸热反应，混合焓（$\Delta H_{混合}$）不为零。为了保持理想合金的化学位（μ，即偏摩尔自由能）与成分之间的简单公式关系，引入活度概念，$\mu=\mu^0+RT\ln a$。与浓度不同，组元活度是描述合金中组元状态的另一种方法，实际上是原子离开合金趋势的量度。活度和浓度之间关系在真实合金中比较复杂，受合金成分和温度变化的影响[33]。要计算过冷奥氏体分解的驱动力，首先要求得碳和铁原子在奥氏体和铁素体中的活度。

4.2.2.1 KRC 模型

原始的 KRC 模型应用统计热力学理论对间隙固溶体的自由能和配置熵进行了计算。在此基础上，Machlin[34] 和 Aaronson[35] 认为不被允许的充填位置 Z 应因温度而改变，因此修正了 KRC 方法，将碳在奥氏体中活度 a_C^γ 表示为：

$$\ln a_C^\gamma = \ln \frac{x_\gamma}{1 - z_\gamma x_\gamma} + \frac{\Delta \overline{H}_\gamma - \Delta \overline{S}_\gamma^{xs} T}{RT} \tag{4-77}$$

式中 z_γ——间隙配位数，$z_\gamma = 14 - 12\exp(-w_\gamma/RT)$；

w_γ——奥氏体中相邻一对碳原子的交互作用能；

x_γ——碳在奥氏体中的摩尔分数；

$\Delta \overline{H}_\gamma$，$\Delta \overline{S}_\gamma^{xs}$——碳在奥氏体中的偏摩尔焓和偏摩尔非配置熵；

R——理想气体常数，取 8.31J/(mol · K)；

T——绝对温度。

Shiflet、Bradley 和 Aaronson （SBA）[36] 得到 w_γ 的平均值为 8054J/mol，$\Delta \overline{H}_\gamma$ 为 38573J/mol，$\Delta \overline{S}_\gamma^{xs}$ 为 13.48J/(mol · K)。

碳在铁素体中的活度 a_C^α 表示为：

$$\ln a_C^\alpha = \ln \frac{x_\alpha}{3 - z_\alpha x_\alpha} + \frac{\Delta \overline{H}_\alpha - \Delta \overline{S}_\alpha^{xs} T}{RT} \tag{4-78}$$

式中 z_α——间隙位置的配位数，可表示为 $z_\alpha = 12-8\exp(-w_\alpha/RT)$；

x_α——碳在铁素体中的摩尔分数；

w_α，$\Delta \overline{H}_\alpha$，$\Delta \overline{S}_\alpha^{xs}$——碳在铁素体中的交互作用能、偏摩尔焓和偏摩尔非配置熵。

SBA 得出 w_α 为-8373J/mol，$\Delta\overline{H}_\alpha$ 为 112206J/mol，$\Delta\overline{S}_\alpha^{xs}$ 为 51.46J/(mol·K)。

考虑到在奥氏体中，铁和碳的化学位应当满足 Gibbs-Duhem 方程（$x_1\mathrm{dln}a_1+x_2\mathrm{dln}a_2=0$），所以铁在奥氏体中活度 $\alpha_{\mathrm{Fe}}^\gamma$ 可以利用对式（4-77）积分求得。

$$\ln a_{\mathrm{Fe}}^\gamma=-\int_0^{x_\gamma}\frac{x_\gamma}{1-x_\gamma}\mathrm{d}(\ln a_{\mathrm{C}}^\gamma)=\frac{1}{z_\gamma-1}\ln\left(\frac{1-z_\gamma x_\gamma}{1-x_\gamma}\right) \tag{4-79}$$

采用类似方法，在铁素体中，由 Gibbs-Duhem 方程定积分可得 a_{Fe}^α 表达式：

$$\ln a_{\mathrm{Fe}}^\alpha=-\int_0^{x_\alpha}\frac{x_\alpha}{1-x_\alpha}\mathrm{d}(\ln a_{\mathrm{C}}^\alpha)=\frac{3}{z_\alpha-3}\ln\left[\frac{3-z_\alpha x_\alpha}{3(1-x_\alpha)}\right] \tag{4-80}$$

4.2.2.2 LFG 模型

LFG 模型考虑到碳原子交互作用层重叠，将碳在奥氏体中活度 a_{C}^γ 表示为：

$$\ln a_{\mathrm{C}}^\gamma=5\ln\frac{1-2x_\gamma}{x_\gamma}+\frac{6w_\gamma}{RT}+6\ln\frac{\delta_\gamma-1+3x_\gamma}{\delta_\gamma+1-3x_\gamma}+\frac{\Delta\overline{H}_\gamma-\Delta\overline{S}_\gamma^{xs}T}{RT} \tag{4-81}$$

式中，$\delta_\gamma=[1-2(1+2J_\gamma)x_\gamma+(1+8J_\gamma)x_\gamma^2]^{1/2}$，$J_\gamma=1-\exp(-w_\gamma/RT)$。

碳在铁素体中活度 a_{C}^α 表示为：

$$\ln a_{\mathrm{C}}^\alpha=3\ln\frac{3-4x_\alpha}{x_\alpha}+\frac{4w_\alpha}{RT}+4\ln\frac{\delta_\alpha-3+5x_\alpha}{\delta_\alpha+3-5x_\alpha}+\frac{\Delta\overline{H}_\alpha-\Delta\overline{S}_\alpha^{xs}T}{RT} \tag{4-82}$$

式中，$\delta_\alpha=[9-6(3+2J_\alpha)x_\alpha+(9+16J_\alpha)x_\alpha^2]^{1/2}$，$J_\alpha=1-\exp(-w_\alpha/RT)$。

同样，应用 Gibbs-Duhem 方程定积分得到铁在奥氏体中活度 a_{Fe}^γ 和铁在铁素体中活度 a_{Fe}^α 表达式：

$$\ln a_{\mathrm{Fe}}^\gamma=5\ln\frac{1-x_\gamma}{1-2x_\gamma}+6\ln\frac{1-2J_\gamma+(4J_\gamma-1)x_\gamma-\delta_\gamma}{2J_\gamma(2x_\gamma-1)} \tag{4-83}$$

$$\ln a_{\mathrm{Fe}}^\alpha=9\ln\frac{3(1-x_\alpha)}{3-4x_\alpha}+12\ln\frac{3(1-2J_\alpha)+8(J_\alpha-3)x_\alpha-\delta_\alpha}{2J_\alpha(4x_\alpha-3)} \tag{4-84}$$

式中，δ_γ，J_γ，δ_α 和 J_α 的值同上。

4.2.2.3 MD 模型

LFG 模型并未考虑到碳原子周围最近邻的间隙位置不能完全被充填，MD 模型对此进行了纠正。采用准化学近似，并假设混合焓仅由邻近原子键能引起，提出 fcc 中取 $z_\gamma=12$，得到 MD 模型中碳原子在奥氏体中的活度 a_{C}^γ 表达式：

$$\ln a_{\mathrm{C}}^\gamma=11\ln\frac{1-2x_\gamma}{x_\gamma}+\frac{6w_\gamma}{RT}+6\ln\frac{\delta_\gamma-1+(1+2J_\gamma)x_\gamma}{\delta_\gamma-1+2J_\gamma+(1-4J_\gamma)x_\gamma}+\frac{\Delta\overline{H}_\gamma-\Delta\overline{S}_\gamma^{xs}T}{RT} \tag{4-85}$$

MD 模型以 $z_\alpha=8$，将 a_C^α 表示为：

$$\ln a_C^\alpha = 7\ln\frac{3-4x_\alpha}{x_\alpha}+\frac{4w_\alpha}{RT}+4\ln\frac{\delta_\alpha-3+(3+2J_\alpha)x_\alpha}{\delta_\alpha-3+6J_\alpha+(3-8J_\alpha)x_\alpha}+\frac{\Delta\overline{H}_\alpha-\Delta\overline{S}_\alpha^{xs}T}{RT} \tag{4-86}$$

MD 模型与 LFG 模型中铁在奥氏体和铁素体中的活度表达式相同。

4.2.3 铁碳合金中相变驱动力的计算公式

在活度计算的基础上，就可以进行过冷奥氏体相变驱动力的计算。本节上述已经介绍了过冷奥氏体存在着三种可能的相变机制，即先共析铁素体转变、退化珠光体转变和马氏体切变方式转变。这三种机制中，相变驱动力最大者，就是从热力学角度最有可能方式的相变过程。下面分别介绍这三种机制的相变驱动力计算方法。

4.2.3.1 先共析型转变的驱动力

根据脱溶驱动力的计算[37]，可将先共析铁素体析出的驱动力 $\Delta G^{\gamma\to\alpha+\gamma_1}$为：

$$\Delta G^{\gamma\to\alpha+\gamma_1}=(1-x_\gamma)(\overline{G}_{Fe}^{\gamma/\alpha}-\overline{G}_{Fe}^{\gamma})+x_\gamma(\overline{G}_C^{\gamma/\alpha}-\overline{G}_C^{\gamma}) \tag{4-87}$$

式中 $\overline{G}_{Fe}^{\gamma/\alpha}$，$\overline{G}_C^{\gamma/\alpha}$——α/γ 相界上铁和碳在奥氏体内的偏摩尔自由能；

$\overline{G}_{Fe}^{\gamma}$，$\overline{G}_C^{\gamma}$——未转变前母相基体中铁和碳的偏摩尔自由能。

$$\Delta G^{\gamma\to\alpha+\gamma_1}=RT\left[x_\gamma\ln\frac{a_C^{\gamma/\alpha}}{a_C^{\gamma}}+(1-x_\gamma)\ln\frac{a_{Fe}^{\gamma/\alpha}}{a_{Fe}^{\gamma}}\right] \tag{4-88}$$

式中 $a_{Fe}^{\gamma/\alpha}$，$a_C^{\gamma/\alpha}$——α/γ 相界上铁和碳在奥氏体中的活度；

a_{Fe}^{γ}，a_C^{γ}——未转变前母相基体中铁和碳的活度。

将 KRC 模型的活度表达式（4-77）和式（4-79）代入式（4-88），可得 KRC 模型的 $\Delta G^{\gamma\to\alpha+\gamma_1}$表达式：

$$\Delta G^{\gamma\to\alpha+\gamma_1}=RT\left\{x_\gamma\ln\left[\frac{(1-e^{\varphi})(1-z_\gamma x_\gamma)}{(z_\gamma-1)x_\gamma e^{\varphi}}\right]+\frac{1-x_\gamma}{z_\gamma-1}\ln\left[\frac{(1-x_\gamma)e^{\varphi}}{1-z_\gamma x_\gamma}\right]\right\} \tag{4-89}$$

其中，$\varphi=\dfrac{(z_\gamma-1)\Delta G_{Fe}^{\gamma\to\alpha}}{RT}$，$\Delta G_{Fe}^{\gamma\to\alpha}$表示纯铁发生 γ→α 相变偏摩尔自由能，是随温度变化的复杂函数，Kaufman、Mogutnov 和 Orr 等[38~40]都给出了适当的计算值，如图 4-20 所示。

将 LFG 模型的活度表达式（4-81）和式（4-83）代入式（4-88），可得 LFG 模型的 $\Delta G^{\gamma\to\alpha+\gamma_1}$表达式：

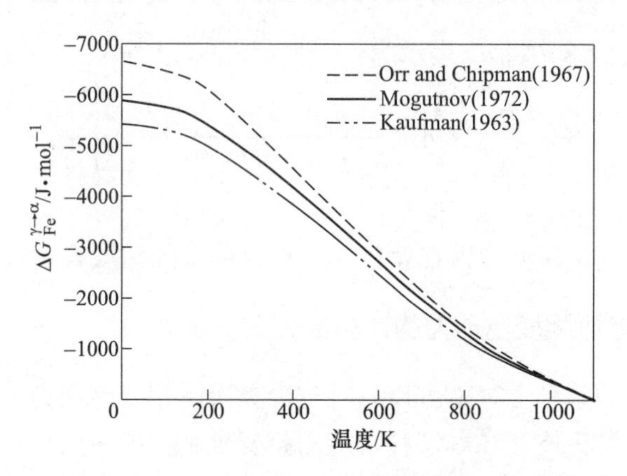

图 4-20　$\Delta G_{\mathrm{Fe}}^{\gamma\to\alpha}$随温度变化曲线

$$\Delta G^{\gamma\to\alpha+\gamma_1} = RTx_\gamma\left[5\ln\frac{(1-2x_\gamma^{\gamma/\alpha})x_\gamma}{(1-2x_\gamma)x_\gamma^{\gamma/\alpha}} + 6\ln\frac{(\delta_\gamma^{\gamma/\alpha}-1+3x_\gamma^{\gamma/\alpha})(\delta_\gamma+1-3x_\gamma)}{(\delta_\gamma^{\gamma/\alpha}+1-3x_\gamma^{\gamma/\alpha})(\delta_\gamma-1+3x_\gamma)}\right] + RT(1-x_\gamma)\left\{5\ln\frac{(1-x_\gamma^{\gamma/\alpha})(1-2x_\gamma)}{(1-2x_\gamma^{\gamma/\alpha})(1-x_\gamma)} + 6\ln\frac{[1-2J_\gamma+(4J_\gamma-1)x_\gamma^{\gamma/\alpha}-\delta_\gamma^{\gamma/\alpha}](2x_\gamma-1)}{[1-2J_\gamma+(4J_\gamma-1)x_\gamma-\delta_\gamma](2x_\gamma^{\gamma/\alpha}-1)}\right\} \tag{4-90}$$

其中，$\delta_\gamma^{\gamma/\alpha}=[1-2(1+2J_\gamma)x_\gamma^{\gamma/\alpha}+(1+8J_\gamma)(x_\gamma^{\gamma/\alpha})^2]^{1/2}$；$x_\gamma^{\gamma/\alpha}$为$\alpha/\gamma$相界上碳在奥氏体中的摩尔分数，后文计算中将给出具体的计算公式。

4.2.3.2　退化珠光体型转变的驱动力

过冷奥氏体分解温度下，平衡铁素体的含碳量很低。为计算简便，铁素体自由能可近似地用纯铁的自由能代替，此时平衡分解的相变驱动力为：

$$\Delta G^{\gamma\to\alpha+\mathrm{Fe_3C}} = (1-x_\gamma)G_{\mathrm{Fe}}^{\alpha} + x_\gamma G_{\mathrm{C}}^{\mathrm{G}} + x_\gamma\Delta G^{\mathrm{Fe_3C}} - G^\gamma \tag{4-91}$$

式中　$\Delta G^{\mathrm{Fe_3C}}$——渗碳体的生成自由能变化，$\Delta G^{\mathrm{Fe_3C}}=G^{\mathrm{Fe_3C}}-3G_{\mathrm{Fe}}^{\alpha}-G_{\mathrm{C}}^{\mathrm{G}}$，可由Darken 和 Gurry 数据得出，见表 4-1；

$G^{\mathrm{Fe_3C}}$，G_{Fe}^{α}，$G_{\mathrm{C}}^{\mathrm{G}}$，$G^\gamma$——渗碳体、纯铁、石墨和奥氏体的自由能。

表 4-1　不同温度下的 $\Delta G^{\mathrm{Fe_3C}}$ 值

温度/K	400	500	600	700	800	900	1000	1100	1200
$\Delta G^{\mathrm{Fe_3C}}$/J · mol^{-1}	17832	15217	12201	9138	6184	3464	1142	−967	−1799

G^γ 可以表示为：

$$G^\gamma = (1-x_\gamma)\overline{G}_{\mathrm{Fe}}^{\gamma} + x_\gamma\overline{G}_{\mathrm{C}}^{\gamma} = (1-x_\gamma)(G_{\mathrm{Fe}}^{\gamma}+RT\ln a_{\mathrm{Fe}}^{\gamma}) + x_\gamma(G_{\mathrm{C}}^{\mathrm{G}}+RT\ln a_{\mathrm{C}}^{\gamma}) \tag{4-92}$$

用 KRC 模型的活度式（4-77）和式（4-79）代入式（4-92）可确定 G^γ，并

进一步代入式（4-91），求得：

$$\Delta G^{\gamma\to\alpha+\mathrm{Fe_3C}} = (1-x_\gamma)\Delta G_{\mathrm{Fe}}^{\gamma\to\alpha} + x_\gamma(\Delta G^{\mathrm{Fe_3C}} - \Delta\bar{H}_\gamma + \Delta\bar{S}_\gamma^{\mathrm{xs}}T) - \frac{RT}{z_\gamma - 1}[(1-z_\gamma x_\gamma)\ln(1-z_\gamma x_\gamma)] - (1-x_\gamma)\ln(1-x_\gamma) + x_\gamma(z_\gamma - 1)\ln x_\gamma] \tag{4-93}$$

同理，用 LFG 模型的活度式（4-81）和式（4-83）代入式（4-92）可确定 G^γ，并进一步代入式（4-91），可得：

$$\Delta G^{\gamma\to\alpha+\mathrm{Fe_3C}} = (1-x_\gamma)\Delta G_{\mathrm{Fe}}^{\gamma\to\alpha} + x_\gamma(\Delta G^{\mathrm{Fe_3C}} - 6w_\gamma - \Delta\bar{H}_\gamma + \Delta\bar{S}_\gamma^{\mathrm{xs}}T) - 5RT[(1-x_\gamma)\ln(1-x_\gamma) - (1-2x_\gamma)\ln(1-2x_\gamma) - x_\gamma\ln x_\gamma] - 6RT\left[x_\gamma\ln\frac{\delta_\gamma - 1 + 3x_\gamma}{\delta_\gamma + 1 - 3x_\gamma} + (1-x_\gamma)\ln\frac{1-2J_\gamma + (4J_\gamma - 1)x_\gamma - \delta_\gamma}{2J_\gamma(2x_\gamma - 1)}\right] \tag{4-94}$$

4.2.3.3 马氏体型转变的驱动力

计算奥氏体转变为同成分铁素体的相变驱动力 $\Delta G^{\gamma\to\alpha}$ 表达式为：

$$\Delta G^{\gamma\to\alpha} = (1-x_\gamma)\Delta G_{\mathrm{Fe}}^{\gamma\to\alpha} + RT\left[x_\gamma\ln\frac{a_{\mathrm{C}}^{\alpha}}{a_{\mathrm{C}}^{\gamma}} + (1-x_\gamma)\ln\frac{a_{\mathrm{Fe}}^{\alpha}}{a_{\mathrm{Fe}}^{\gamma}}\right] \tag{4-95}$$

将活度表达式（4-77）~式（4-80）同时代入式（4-95），得到 KRC 模型的马氏体型转变驱动力为：

$$\Delta G^{\gamma\to\alpha} = \frac{RT}{(z_\alpha - 3)(z_\gamma - 1)}[(z_\gamma - 1)(3 - z_\alpha x_\gamma)\ln(3 - z_\alpha x_\gamma) - (z_\alpha - 3)(1 - z_\gamma x_\gamma)\ln(1 - z_\gamma x_\gamma) + (z_\alpha - 3z_\gamma)(1-x_\gamma)\ln(1-x_\gamma) - 3(z_\gamma - 1)(1-x_\gamma)\ln 3] + (1-x_\gamma)\Delta G_{\mathrm{Fe}}^{\gamma\to\alpha} + x_\gamma[\Delta\bar{H}_\alpha - \Delta\bar{H}_\gamma - (\Delta\bar{S}_\alpha^{\mathrm{xs}} - \Delta\bar{S}_\gamma^{\mathrm{xs}})T] \tag{4-96}$$

将活度表达式（4-82）~式（4-85）同时代入式（4-96），得到 LFG 模型的马氏体型转变驱动力为：

$$\Delta G^{\gamma\to\alpha} = RT\left[2x_\gamma\ln x_\gamma + 4(1-x_\gamma)\ln(1-x_\gamma) + 5(1-2x_\gamma)\ln(1-2x_\gamma) - 3(3-4x_\gamma)\ln(3-4x_\gamma) + 9(1-x_\gamma)\ln 3 + 4x_\gamma\ln\frac{\delta_\alpha - 3 + 5x_\gamma}{\delta_\alpha + 3 - 5x_\gamma} + 12(1-x_\gamma)\ln\frac{3(1-2J_\alpha) + (8J_\alpha - 3)x_\gamma - \delta_\alpha}{2J_\alpha(4x_\gamma - 3)} - 6x_\gamma\ln\frac{\delta_\gamma - 1 + 3x_\gamma}{\delta_\gamma + 1 - 3x_\gamma} - 6(1-x_\gamma)\ln\frac{1-2J_\gamma + (4J_\gamma - 1)x_\gamma - \delta_\gamma}{2J_\gamma(2x_\gamma - 1)}\right] + (1-x_\gamma)\Delta G_{\mathrm{Fe}}^{\gamma\to\alpha} + x_\gamma[\Delta\bar{H}_\alpha - \Delta\bar{H}_\gamma - (\Delta\bar{S}_\alpha^{\mathrm{xs}} - \Delta\bar{S}_\gamma^{\mathrm{xs}})T + 4w_\alpha - 6w_\gamma] \tag{4-97}$$

此后，渗碳体从过饱和铁素体脱溶的自由能变化可分两种情况计算：

（1）过饱和铁素体脱溶转变为平衡铁素体和渗碳体（$\alpha' \to \alpha + Fe_3C$）。与公式（4-15）相似，用纯 α-Fe 自由能近似地代替含平衡碳量铁素体的自由能，得到：

$$\Delta G^{\alpha' \to \alpha + Fe_3C} = (1 - x_{\alpha'}) G_{Fe}^{\alpha} + x_{\alpha'} G_C^G + x_{\alpha'} \Delta G^{Fe_3C} - G^{\alpha'} \tag{4-98}$$

式中 $x_{\alpha'}$——碳在过饱和铁素体 α′中的摩尔分数；

$G^{\alpha'}$——α′的自由能。

对于完全过饱和的情况，$x_{\alpha'} = x_{\gamma} = x_{\alpha}$，从式（4-98）中减去式（4-91），得到：

$$\Delta G^{\alpha' \to \alpha + Fe_3C} = \Delta G^{\gamma \to \alpha + Fe_3C} - \Delta C^{\gamma \to \alpha} \tag{4-99}$$

（2）过饱和铁素体转变为较低饱和浓度的铁素体 α″和渗碳体（$\alpha' \to \alpha'' + Fe_3C$）。渗碳体从过饱和铁素体中脱溶的自由能变化可表示为

$$\Delta G^{\alpha' \to \alpha'' + Fe_3C} = RT\left[x_{\alpha'} \ln \frac{a_C^{\alpha''}}{a_C^{\alpha'}} + (1 - x_{\alpha'}) \ln \frac{a_{Fe}^{\alpha''}}{a_{Fe}^{\alpha'}}\right] \tag{4-100}$$

将活度表达式（4-77）~式（4-80）同时代入式（4-100），得到 KRC 模型中渗碳体从过饱和铁素体中脱溶的自由能变化为：

$$\Delta G^{\alpha' \to \alpha'' + Fe_3C} = RT\left[x_{\alpha'} \ln \frac{(3 - z_{\alpha} x_{\alpha'}) x_{\alpha''}}{(3 - z_{\alpha} x_{\alpha''}) x_{\alpha'}} + \frac{3(1 - x_{\alpha'})}{z_{\alpha} - 3} \ln \frac{(3 - z_{\alpha} x_{\alpha''})(1 - x_{\alpha'})}{(3 - z_{\alpha} x_{\alpha'})(1 - x_{\alpha''})}\right] \tag{4-101}$$

将活度表达式（4-81）~式（4-84）同时代入式（4-100），得到 LFG 模型中渗碳体从过饱和铁素体中脱溶的自由能变化为：

$$\begin{aligned}\Delta G^{\alpha' \to \alpha'' + Fe_3C} = RT\Big\{ & x_{\alpha'}\left[3\ln \frac{(3 - 4x_{\alpha''}) x_{\alpha'}}{(3 - 4x_{\alpha'}) x_{\alpha''}} + 4\ln \frac{(\delta_{\alpha''} - 3 + 5x_{\alpha''})(\delta_{\alpha'} + 3 - 5x_{\alpha'})}{(\delta_{\alpha''} + 3 - 5x_{\alpha''})(\delta_{\alpha'} - 3 + 5x_{\alpha'})}\right] + \\ & (1 - x_{\alpha'})\left[9\ln \frac{(1 - x_{\alpha''})(3 - 4_{\alpha'})}{(1 - x_{\alpha'})(3 - 4x_{\alpha''})} + \right. \\ & \left. 12\ln \frac{[3(1 - 2J_{\alpha}) + (8J_{\alpha} - 3) x_{\alpha''} - \delta_{\alpha''}](4x_{\alpha'} - 3)}{[3(1 - 2J_{\alpha}) + (8J_{\alpha} - 3) x_{\alpha'} - \delta_{\alpha'}](4x_{\alpha''} - 3)}\right]\Big\}\end{aligned} \tag{4-102}$$

4.2.4 过冷奥氏体的相变驱动力的计算与分析

根据相变驱动力的计算公式，对 Fe-C 合金的过冷奥氏体相变的三种可能相变机制的驱动力进行计算。计算的成分分别为本研究所用实验钢的成分（质量分数）Fe-0.04%C、Fe-0.17%C、Fe-0.33%C 和 Fe-0.5%C。计算时，以上四种实验钢成分采用的碳原子摩尔分数 x_{γ} 分别为 0.0019、0.0079、0.0152 和 0.0229。

4.2.4.1 先共析铁素体转变

采用Kaufman和Mogutnov的值，应用公式（4-89）和式（4-90）求得先共析铁素体析出的驱动力，如图4-21~图4-23所示。这里应当指出的是，碳原子交互作用能 w_γ 的测量数据不完全一致。Darken得到的 w_γ 约为6285J/mol，SBA由LFG/MD模型以 CO/CO_2 数据求得的 w_γ 约为8054J/mol，以 CH_4/H_2 数据求得的 w_γ 约为1739J/mol。徐祖耀等人利用活度与温度的关系，将不同温度的实验数据换算成同温度的数据，以回归方法求得KRC模型的 w_γ 约为1250J/mol，LFG模型的 w_γ 约为1380J/mol。为了对比说明，这里分别采用各个数据中的最大值和最小值进行计算。

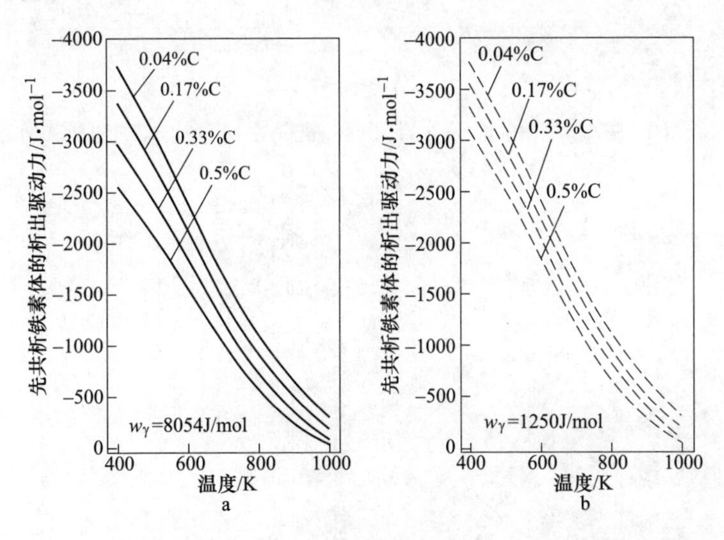

图4-21 由KRC模型（a）和Kaufman（b）的 $\Delta G_{Fe}^{\gamma\to\alpha}$ 值计算的 $\Delta G^{\gamma\to\alpha+\gamma_1}$

如图4-21所示，采用 $w_\gamma=1250$J/mol计算得到的先共析铁素体析出驱动力要略高于采用 $w_\gamma=8054$J/mol的计算值，但影响不大，本研究其他驱动力的计算过程中统一采用 $w_\gamma=8054$J/mol这一数值。如图4-22和图4-23所示，在采用相同值的情况下，KRC模型和LFG模型采用Mogutnov的值计算的先共析铁素体析出驱动力要高于采用Kaufman的值得到的驱动力。

4.2.4.2 退化珠光体型转变

退化珠光体型转变时，奥氏体分解为平衡浓度的渗碳体和铁素体。利用Kaufman和Mogutnov的 $\Delta G_{Fe}^{\gamma\to\alpha}$ 值，应用KRC模型的公式（4-93）求得退化珠光体转变的驱动力如图4-24所示。

从图4-24中可以看出，四种实验钢的退化珠光体型转变驱动力随着温度的

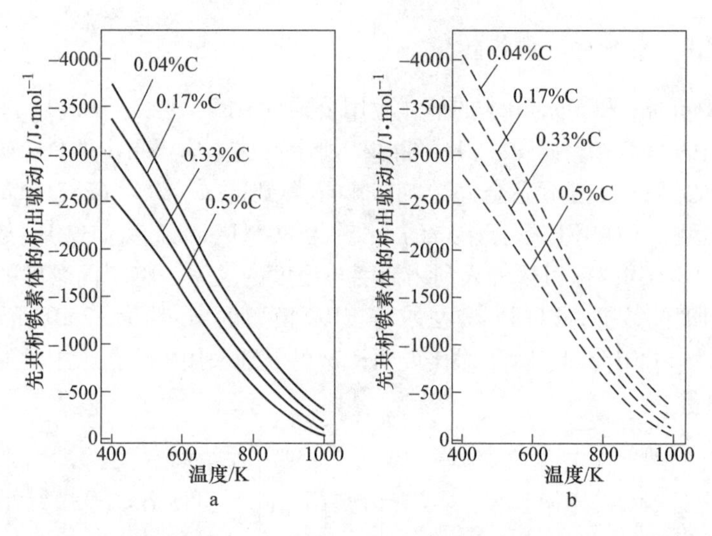

图 4-22　由 KRC 模型应用 Kaufman（a）和 Mogutnov（b）的 $\Delta G_{Fe}^{\gamma\to\alpha}$ 值计算的 $\Delta G^{\gamma\to\alpha+\gamma_1}$

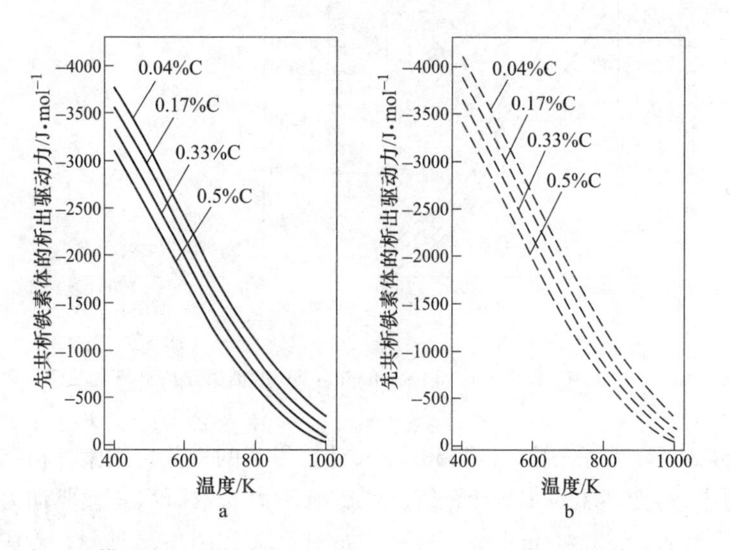

图 4-23　由 LFG 模型应用 Kaufman（a）和 Mogutnov（b）的 $\Delta G_{Fe}^{\gamma\to\alpha}$ 值计算的 $\Delta G^{\gamma\to\alpha+\gamma_1}$

下降而升高，随着碳含量升高而降低，但幅度下降并不明显，只是在高温区略有差别。采用 Mogutnov 的 $\Delta G_{Fe}^{\gamma\to\alpha}$ 值求得的 $\Delta G^{\gamma\to\alpha+Fe_3C}$ 数值更高一下，但基本趋势相同。

采用 LFG 模型公式（4-94）计算奥氏体分解铁素体和渗碳体驱动力 $\Delta G^{\gamma\to\alpha+Fe_3C}$ 的数值与采用 KRC 模型计算所得数值基本一致，这里就不再重复画出。

图 4-25 列出了 LFG 模应用 Kaufman 的 $\Delta G_{Fe}^{\gamma\to\alpha}$ 值计算不同碳摩尔分数的奥氏体在不同温度下分解为铁素体和渗碳体驱动力的 $\Delta G^{\gamma\to\alpha+Fe_3C}$。可以看出，在同一

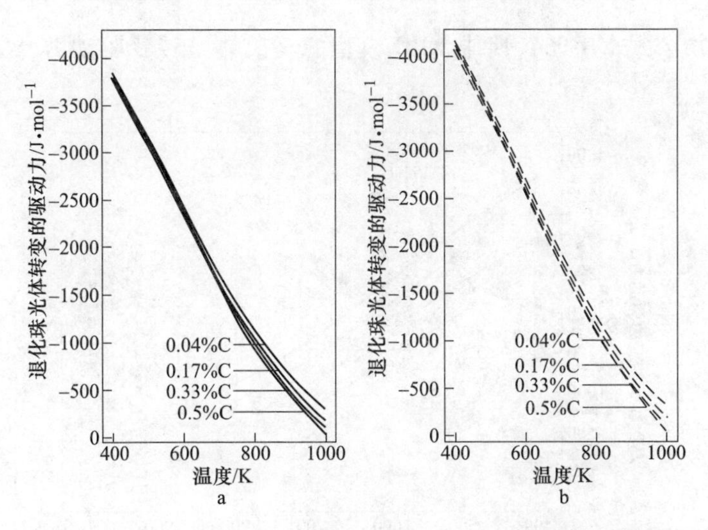

图 4-24 由 KRC 模型应用 Kaufman（a）和 Mogutnov（b）的 $\Delta G_{Fe}^{\gamma\to\alpha}$ 值计算的 $\Delta G^{\gamma\to\alpha+Fe_3C}$

温度下，不同碳含量的 $\Delta G^{\gamma\to\alpha+Fe_3C}$ 值相差不大，但总体的趋势是先随着碳浓度的升高减小，大约在碳原子摩尔分数大于 0.025 时，又随着碳浓度的升高而增大。这说明，同一温度下，不同碳含量的碳钢中，在碳原子摩尔分数为 0.025（质量分数为 0.55%）附近的碳钢发生退化珠光体转变的驱动力最小；比较而言，碳含量越小或者越高的碳钢更容易发生退化珠光体转变。

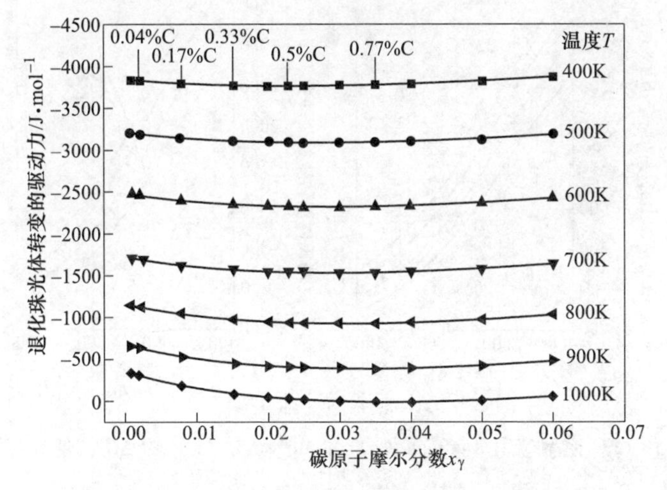

图 4-25 由 LFG 模型应用 Kaufman 的 $\Delta G_{Fe}^{\gamma\to\alpha}$ 计算不同碳含量的 $\Delta G^{\gamma\to\alpha+Fe_3C}$

4.2.4.3 马氏体型转变

马氏体型转变是过冷奥氏体转变为同成分的铁素体。利用 Kaufman 给出的

$\Delta G_{Fe}^{\gamma\to\alpha}$值，由公式（4-96）所求 KRC 模型的马氏体型转变驱动力 $\Delta G^{\gamma\to\alpha}$，如图 4-26 所示。

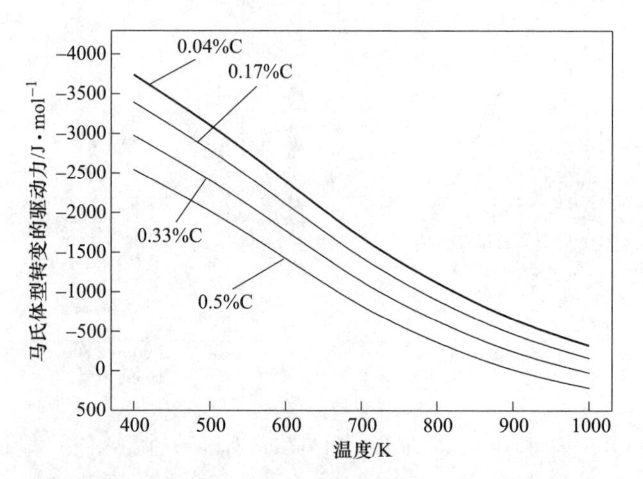

图 4-26　由 KRC 模型应用 Kaufman 的 $\Delta G_{Fe}^{\gamma\to\alpha}$值计算的 $\Delta G^{\gamma\to\alpha}$

应用公式（4-97）利用 Kaufman 和 Mogutnov 的 $\Delta G_{Fe}^{\gamma\to\alpha}$值求得 LFG 模型的马氏体型转变驱动力，如图 4-27 所示。

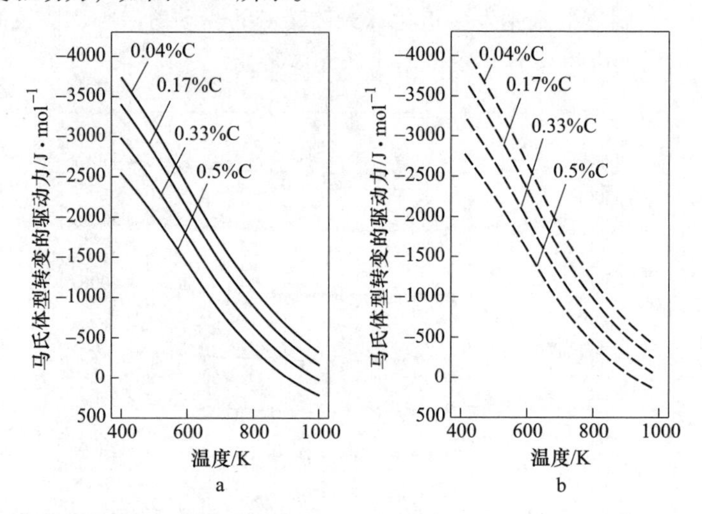

图 4-27　由 LFG 模型应用 Kaufman（a）和 Mogutnov（b）的 $\Delta G_{Fe}^{\gamma\to\alpha}$值计算的 $\Delta G^{\gamma\to\alpha}$

比较图 4-26 和图 4-27 可以看出，$\Delta G_{Fe}^{\gamma\to\alpha}$值相同的情况下，KRC 和 LFG 模型计算的马氏体型转变驱动力 $\Delta G^{\gamma\to\alpha}$相差不大。应用不同的 $\Delta G_{Fe}^{\gamma\to\alpha}$值，计算结果相差较大一些，使用 Mogutnov 的数值得到的驱动力负值更大一些。

两个模型得到的马氏体型转变驱动力总体的趋势基本相同，都是随着温度的下降逐渐升高，并且马氏体型转变驱动力随碳含量的增加有比较明显的下降；即在相同温度下，碳含量较高的碳钢发生马氏体型转变的驱动力较小。高碳钢的马氏体型转变驱动力数值较低，在高温区内已经开始出现了正值。

4.2.5 超快速冷却条件下奥氏体相变行为的热力学分析

在热力学模型计算提供理论依据的基础上，对 C 含量（质量分数）分别为 0.04%，0.17%，0.33%和 0.5%的四种亚共析钢材的过冷奥氏体的三种可能相变机制的驱动力 $\Delta G^{\gamma\to\alpha+\gamma_1}$、$\Delta G^{\gamma\to\alpha+Fe_3C}$和 $\Delta G^{\gamma\to\alpha}$进行计算和比较，并对超快速冷却条件下的相变行为进行热力学分析。四种实验钢其他的化学成分为 0.2%Si，0.7%Mn，0.004%P，0.001%S，0.002%N，Fe 余量，无微合金元素添加。其中 Si 为非碳化物形成元素，Mn 为弱碳化物形成元素，两者的添加对渗碳体析出影响不大，而且添加量较少，几乎完全溶解于铁素体和奥氏体中，主要起到细化晶粒和固溶强化的作用。其他元素则是炼钢时的残余元素。

图 4-28 是由 KRC 模型和 LFG 模型计算 0.04%C 钢的相变驱动力。可以看出，0.04%C 钢的三种可能相变机制的驱动力曲线基本重合在一起，说明三种机制对该钢的影响相差不大，效果基本相同，退化珠光体相变的驱动力并没有明显优势，因此很难生成弥散析出的纳米渗碳体。

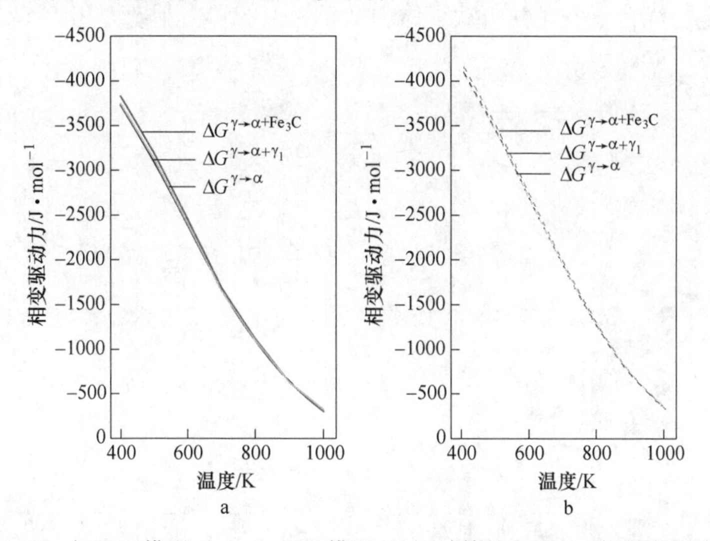

图 4-28 由 KRC 模型（a）和 LFG 模型（b）计算的 0.04%C 钢相变驱动力

在实际热轧实验过程中，0.04%C 钢在超快速冷却条件的室温组织中，绝大部分为块状的先共析铁素体；由于先共析铁素体碳含量很低，因此内部非常纯净，无碳化物析出，如图 4-29a 所示。由于 0.04%C 钢成分中碳含量很低，因此只有少量组织发生退化珠光体相变，并且主要集中在晶界处如图 4-29b 所示。

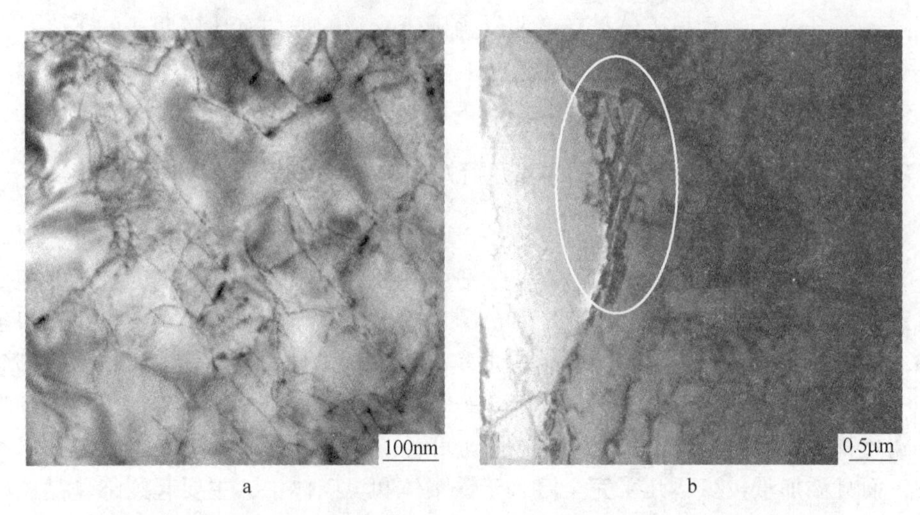

图 4-29　0.04%C 钢在超快速冷却终冷温度为 600℃条件下的透射组织

图 4-30 是由 KRC 模型和 LFG 模型计算 0.17%C 钢的相变驱动力。通过与图 4-28 的比较发现，随着碳含量的增加，$\Delta G^{\gamma\to\alpha+Fe_3C}$ 数值变化不大，而 $\Delta G^{\gamma\to\alpha+\gamma_1}$ 和 $\Delta G^{\gamma\to\alpha}$ 的数值则有明显的下降；三条曲线逐渐分开，0.17%C 钢的退化珠光体相变存在一定的优势，但先共析铁素体和马氏体型的转变驱动力相差不大，因此三种转变很有可能发生。

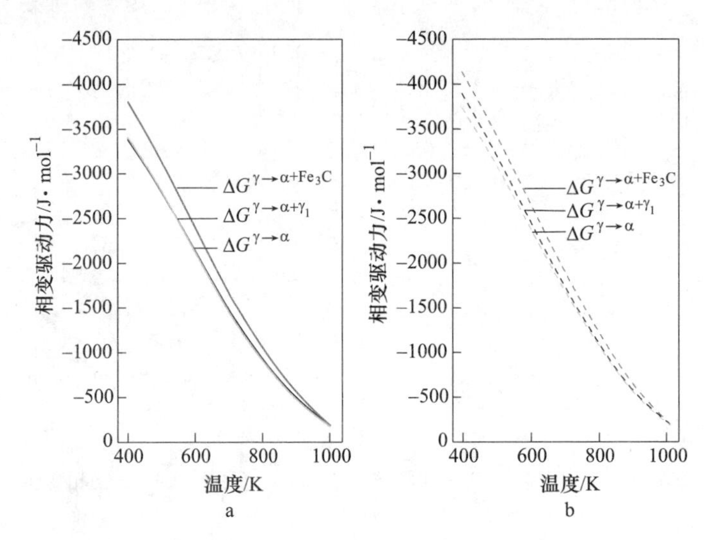

图 4-30　由 KRC 模型（a）和 LFG 模型（b）计算的 0.17%C 钢相变驱动力

考虑到亚共析钢三种相变驱动力的差异并不大，而且实际热轧组织内部冷却条件存在差异性，因此三种相变的组织在超快冷条件下均有可能出现，组织相变呈现多样性。图4-31a、b为0.17%C钢在超快速冷却条件下发生退化珠光体相变后生成的有大量纳米级渗碳体弥散分布的区域，并且渗碳体的纳米析出区域存在不均匀性。图4-31c为0.17%C钢热轧后组织内部的先共析铁素体组织，内部非常纯净，无碳化物析出。图4-31d为0.17%C钢中板条状的组织，由于组织内部冷却条件不一致，导致部分冷却过快的区域，通过马氏体型转变的切变形式形成板条组织，在板条间发现有渗碳体析出。

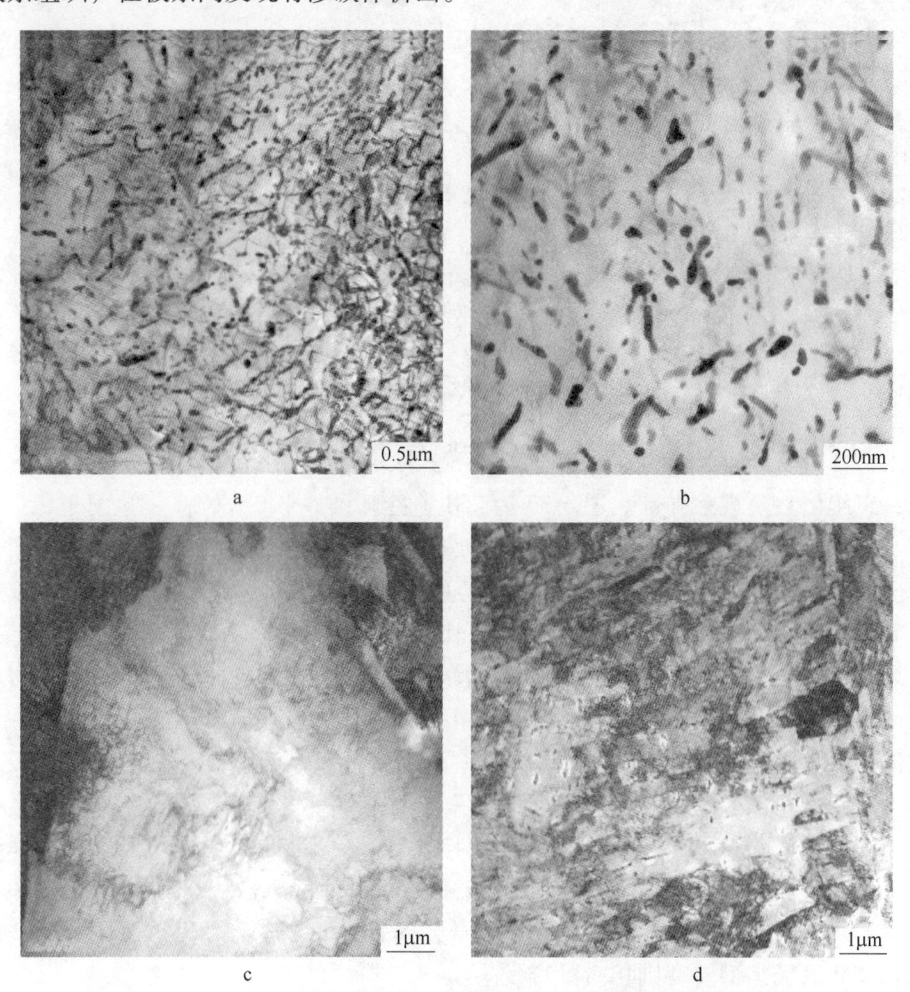

图4-31 0.17%C钢在超快速冷却终冷温度为600℃条件下的透射组织

图4-32是由KRC模型和LFG模型计算0.33%C的相变驱动力。随着碳含量进一步的增加，三条曲线更加明显的分开，0.33%C钢的退化珠光体相变存在比较明显的优势，特别在低温区。但温度在900K以上时，$\Delta G^{\gamma\to\alpha+\gamma_1}$和$\Delta G^{\gamma\to\alpha+Fe_3C}$的驱动力相差不大，容易发生先共析铁素体相变和退化珠光体转变；温度低于

700K 附近，$\Delta G^{\gamma\to\alpha}$的数值已经和$\Delta G^{\gamma\to\alpha+\gamma_1}$相当，马氏体型转变也更加容易进行。

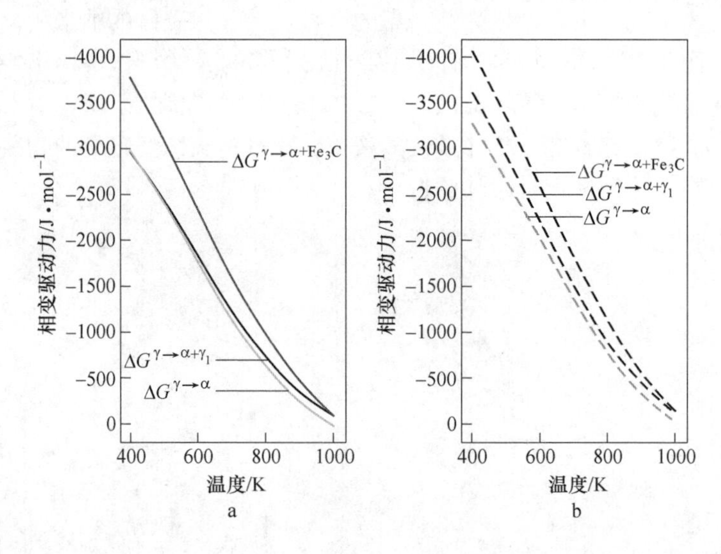

图 4-32 由 KRC 模型（a）和 LFG 模型（b）计算的 0.33%C 钢相变驱动力

与 0.17%C 钢类似，在超快冷条件下三种相变的组织在 0.33%C 钢中均有发现，组织依然呈现多样性。图 4-33 为超快速冷却条件下 0.33%C 钢透射组织。

图 4-33a、b 为 0.33%C 钢发生退化珠光体相变后生成的纳米级渗碳体析出区域。渗碳体的纳米析出区域同样存在不均匀性，但是由于 0.33%C 钢中的碳含量更高，因此组织中发生退化珠光体的比例要远高于 0.17%C 钢。图 4-33c 为 0.33%C 钢热轧后组织内部的先共析铁素体组织，内部非常纯净，无碳化物析出。图 4-33d 为 0.33%C 钢中的板条状组织，由于组织内部冷却条件不一致，导致部分冷却过快的区域而形成板条组织，在板条间发现有渗碳体析出，并与板条呈现一定夹角，多为 50°~60°。

图 4-34 是由 KRC 模型和 LFG 模型计算 0.5%C 钢的相变驱动力。从计算的结果可以看出，三条曲线已经明显的分开，0.5%C 钢的退化珠光体相变存在非常大的优势，比较三种转变形式，退化珠光体转变非常容易发生，而先共析铁素体相变和马氏体型转变则相对更难发生。

在热轧实验中，0.5%C 实验钢在超快冷条件下先共析铁素体相变受到抑制，组织比例非常小，如图 4-35a 所示，黑色区域为先共析铁素体区域，白色区域为珠光体区。由于 0.5%C 实验钢含碳量较大，更接近共析转变成分，而且相变对碳的扩散需求不大，易于长大形成连续的碳化物组织，因此相变时很容易生成片层状的伪共析组织，而不是以纳米颗粒的形式析出。图 4-35b 为 0.5%C 钢在超快速冷却条件下形成的伪共析组织，渗碳体呈片层状生长。

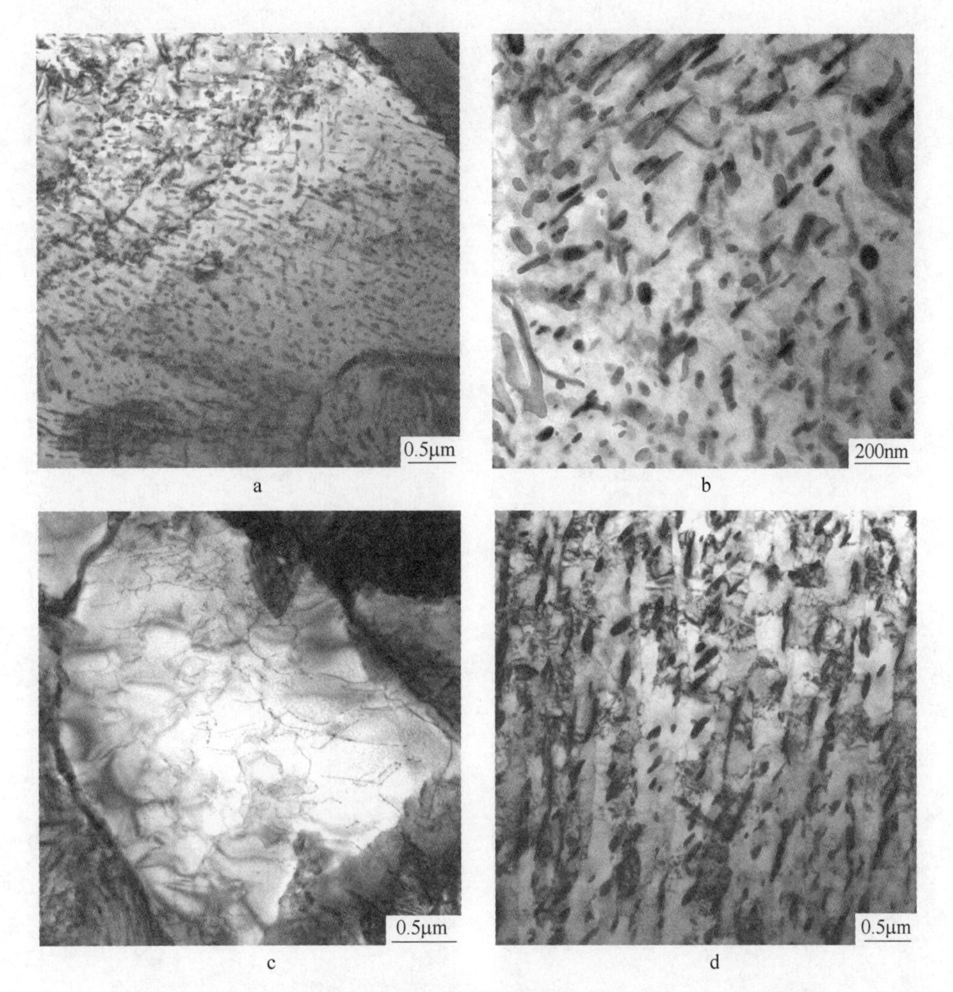

图 4-33 0.33%C 钢在超快速冷却终冷温度为 600℃ 条件下的透射组织

对于实际的热轧过程，终冷温度一般在 500℃左右，从上述计算结果中已经可以看出，在温度高于 700K 的时候，过冷奥氏体以退化珠光体方式转变（$\gamma \rightarrow \alpha + Fe_3C$）的驱动力最大（负中最多），以先共析铁素体方式转变 $\gamma \rightarrow \alpha + \gamma_1$ 的驱动力次之，以马氏体型相变方式转变（$\gamma \rightarrow \alpha'$）的驱动力最小。这表明，从热力学的角度分析，过冷奥氏体分解为铁素体及渗碳体的可能性最大。

4.2.6 铁碳合金中碳和铁的相界成分计算

对于亚共析钢而言，如果局部组织发生了先共析铁素体转变，碳会发生上坡扩散，导致 α/γ 相界上碳在奥氏体中的平衡浓度升高，使部分奥氏体中的碳浓度高于初始的组织浓度，而热力学在相变领域的另一个重要应用就是可以计算相图

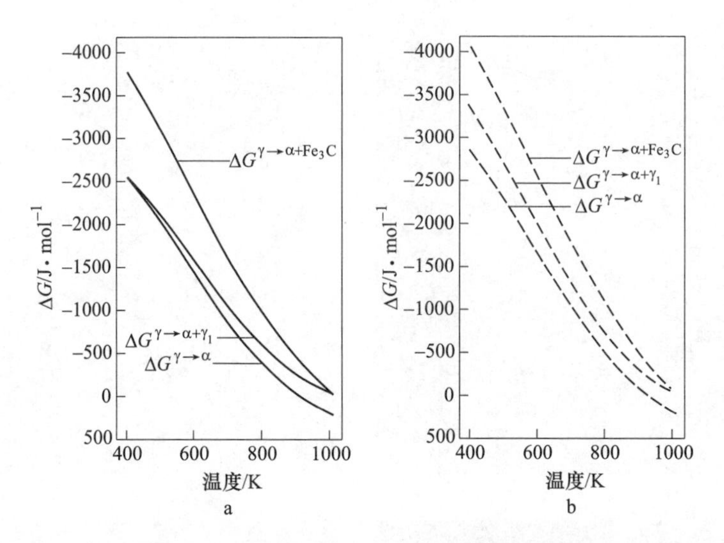

图 4-34 由 KRC 模型（a）和 LFG 模型（b）计算的 0.5%C 钢相变驱动力

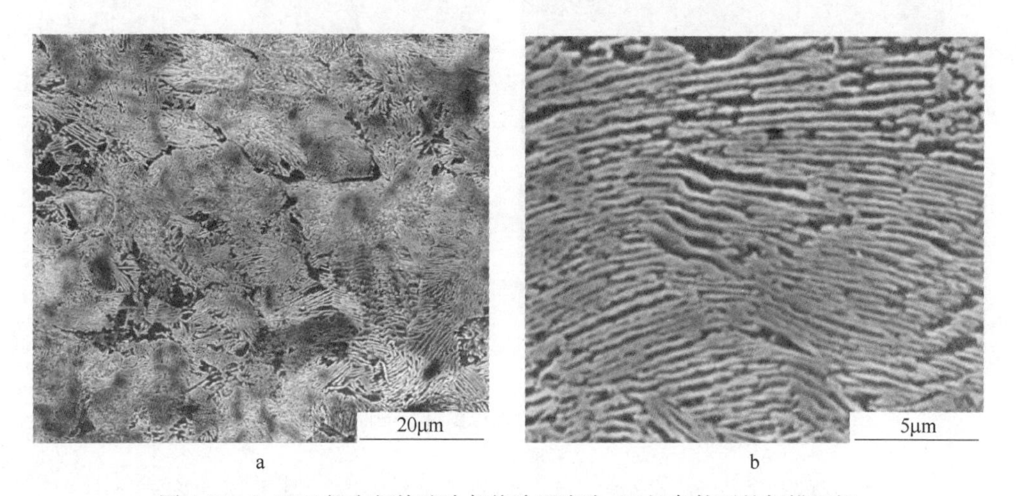

图 4-35 0.5%C 钢在超快速冷却终冷温度为 600℃条件下的扫描组织

中相界成分。在 α/γ 相界成分处，铁（或碳）在奥氏体中的偏摩尔自由能应等于铁（或碳）在铁素体中的偏摩尔自由能，才能保持两相平衡。

4.2.6.1 KRC 模型

根据两相平衡时，得出：

$$\overline{G}_{Fe}^{\alpha/\gamma} = \overline{G}_{Fe}^{\gamma/\alpha} \tag{4-103}$$

$$G_{Fe}^{\alpha} + RT\ln a_{Fe}^{\alpha/\gamma} = G_{Fe}^{\gamma} + RT\ln a_{Fe}^{\gamma/\alpha} \tag{4-104}$$

式中 G_{Fe}^{α}，G_{Fe}^{γ}——纯 Fe 在铁素体和奥氏体中的自由能；

$a_{Fe}^{\alpha/\gamma}$——α/γ 相界上铁在铁素体内的活度；

$a_{Fe}^{\gamma/\alpha}$——α/γ 相界上铁在奥氏体内的活度。

由于铁素体中铁的浓度非常大，$a_{Fe}^{\gamma/\alpha}$值接近于 1，因此得出：

$$G_{Fe}^{\alpha} - G_{Fe}^{\gamma} = RT\ln a_{Fe}^{\gamma/\alpha} \tag{4-105}$$

$$\Delta G_{Fe}^{\gamma\to\alpha} = RT\ln a_{Fe}^{\gamma/\alpha} \tag{4-106}$$

式中 $\Delta G_{Fe}^{\gamma\to\alpha}$——纯铁 γ→α 相变自由能。

根据式（4-79）得：

$$a_{Fe}^{\gamma/\alpha} = \frac{1}{z_{\gamma} - 1}\ln\left(\frac{1 - z_{\gamma}x_{\gamma}^{\gamma/\alpha}}{1 - x_{\gamma}^{\gamma/\alpha}}\right) \tag{4-107}$$

式中 $x_{\gamma}^{\gamma/\alpha}$——α/γ 相界上碳在奥氏体中的摩尔分数。

将式（4-107）代入式（4-106）中，得：

$$x_{\gamma}^{\gamma/\alpha} = \frac{1 - e^{\varphi}}{z_{\gamma} - e^{\varphi}} \tag{4-108}$$

利用碳在 α/γ 相界上的平衡，得：

$$\overline{G}_{C}^{\alpha/\gamma} = \overline{G}_{C}^{\gamma/\alpha} \tag{4-109}$$

取石墨为标准态，可得：

$$\ln a_{C}^{\alpha/\gamma} = \ln a_{C}^{\gamma/\alpha} \tag{4-110}$$

式中 $a_{C}^{\alpha/\gamma}$——α/γ 相界上碳在铁素体内的活度；

$a_{C}^{\gamma/\alpha}$——α/γ 相界上铁在奥氏体内的活度。

将式（4-77）和式（4-78）代入式（4-110），可以导出 α/γ 相界上碳在铁素体中的摩尔分数 $x_{\alpha}^{\alpha/\gamma}$。

$$x_{\alpha}^{\alpha/\gamma} = \frac{3\tau}{1 + z_{\alpha}\tau} \tag{4-111}$$

其中，$\tau = \frac{1 - e^{\varphi}}{(z_{\gamma} - 1)e^{\varphi}} \times \exp\left[\frac{(\Delta\overline{H}_{\gamma} - \Delta\overline{H}_{\alpha}) - (\Delta\overline{S}_{\gamma}^{xs} - \Delta\overline{S}_{\alpha}^{xs})T}{RT}\right]$。

4.2.6.2 LFG 模型

由于 LFG 模型与 KRC 模型活度表达式有所不同，故推导出计算相界成分的公式也不相同。

按照 LFG 模型，ADP 得到 α/γ 界面上的相界成分 $x_{\gamma}^{\gamma/\alpha}$ 可由以下公式求出：

$$\Delta G_{Fe}^{\gamma\to\alpha} = RT\left[5\ln\frac{1 - x_{\gamma}^{\gamma/\alpha}}{1 - 2x_{\gamma}^{\gamma/\alpha}} + 6\ln\frac{1 - 2J_{\gamma} + (4J_{\gamma} - 1)x_{\gamma}^{\gamma/\alpha} - \delta_{\gamma}^{\gamma/\alpha}}{2J_{\gamma}(2x_{\gamma}^{\gamma/\alpha} - 1)}\right] \tag{4-112}$$

其中，$\delta_{\gamma}^{\gamma/\alpha} = [1 - 2(1 + 2J_{\gamma})x_{\gamma}^{\gamma/\alpha} + (1 + 8J_{\gamma})(x_{\gamma}^{\gamma/\alpha})^{2}]^{1/2}$，$x_{\gamma}^{\gamma/\alpha}$ 可以通过式（4-112）用试探法求出。

根据相界平衡条件，α/γ 相界上碳在铁素体中的相界成分 $x_\alpha^{\alpha/\gamma}$ 应满足：

$$3\ln\frac{3-4x_\alpha^{\alpha/\gamma}}{x_\alpha^{\alpha/\gamma}}+4\ln\frac{\delta_\alpha^{\alpha/\gamma}-3+5x_\alpha^{\alpha/\gamma}}{\delta_\alpha^{\alpha/\gamma}+3-5x_\alpha^{\alpha/\gamma}}=5\ln\frac{1-2x_\gamma^{\gamma/\alpha}}{x_\gamma^{\gamma/\alpha}}+6\ln\frac{\delta_\gamma^{\gamma/\alpha}-1+3x_\gamma^{\gamma/\alpha}}{\delta_\gamma^{\gamma/\alpha}+1-3x_\gamma^{\gamma/\alpha}}+$$
$$[(\Delta\overline{H}_\gamma-\Delta\overline{H}_\alpha)-(\Delta\overline{S}_\gamma^{xs}-\Delta\overline{S}_\alpha^{xs})T+6w_\gamma-4w_\alpha]/RT \tag{4-113}$$

其中，$\delta_\alpha^{\alpha/\gamma}=[9-6(3+2J_\alpha)x_\alpha^{\alpha/\gamma}+(9+16J_\alpha)(x_\alpha^{\alpha/\gamma})^2]^{1/2}$，可将式（4-112）求得的 $x_\gamma^{\gamma/\alpha}$ 代入式（4-113），由试探法求解 $x_\alpha^{\alpha/\gamma}$。

4.2.6.3　MD 模型

MD 模型计算 α/γ 界面上碳在奥氏体中的相界成分 $x_\gamma^{\gamma/\alpha}$ 表达式与 LFG 模型相同。MD 模型中 α/γ 相界上碳在铁素体中的相界成分 $x_\alpha^{\alpha/\gamma}$ 可由下式计算得到：

$$7\ln\frac{3-4x_\alpha^{\alpha/\gamma}}{x_\alpha^{\alpha/\gamma}}+4\ln\frac{\delta_\alpha^{\alpha/\gamma}-3+(3+2J_\alpha)x_\alpha^{\alpha/\gamma}}{\delta_\alpha^{\alpha/\gamma}-3+6J_\alpha+(3-8J_\alpha)x_\alpha^{\alpha/\gamma}}$$
$$=11\ln\frac{1-2x_\gamma^{\gamma/\alpha}}{x_\gamma^{\gamma/\alpha}}+6\ln\frac{\delta_\gamma^{\gamma/\alpha}-1+(1+2J_\gamma)x_\gamma^{\gamma/\alpha}}{\delta_\gamma^{\gamma/\alpha}-1+2J_\gamma+(1-4J_\gamma)x_\gamma^{\gamma/\alpha}}+$$
$$[(\Delta\overline{H}_\gamma-\Delta\overline{H}_\alpha)-(\Delta\overline{S}_\gamma^{xs}-\Delta\overline{S}_\alpha^{xs})T+6w_\gamma-4w_\alpha]/RT \tag{4-114}$$

4.2.6.4　相界成分的计算

应当指出的是，过冷奥氏体发生先共析铁素体相变时，为了使碳在奥氏体中的偏摩尔自由能和碳在铁素体中的偏摩尔自由能相等，碳原子会发生上坡扩散，使 α/γ 相界成分处，碳在奥氏体中的浓度升高，高于其原始的碳浓度，形成碳的平衡浓度。

应用式（4-108）和式（4-112）计算出 KRC 模型和 LFG 模型在不同温度条件下碳在奥氏体中的平衡浓度 $x_\gamma^{\gamma/\alpha}$，见表 4-2。将由 Kaufman 的 $\Delta G_{Fe}^{\gamma\to\alpha}$ 值计算的平衡浓度 $x_\gamma^{\gamma/\alpha}$ 绘成图 4-36。

表 4-2　碳在奥氏体中的平衡浓度 $x_\gamma^{\gamma/\alpha}$

$w_\gamma=8054$J/mol		温度/K						
		400	500	600	700	800	900	1000
Kaufman 的 $\Delta G_{Fe}^{\gamma\to\alpha}$ 值	KRC 模型	0.0773	0.0814	0.0857	0.0867	0.0791	0.0592	0.0360
	LFG 模型	0.2208	0.1964	0.1672	0.1323	0.0991	0.0646	0.0369
Mogutnov 的 $\Delta G_{Fe}^{\gamma\to\alpha}$ 值	KRC 模型	0.0773	0.0815	0.0859	0.0881	0.0819	0.0613	0.0373
	LFG 模型	0.2270	0.2031	0.1740	0.1414	0.1055	0.0675	0.0382

可以看出，在相界上 C 在奥氏体中的平衡浓度 $x_\gamma^{\gamma/\alpha}$ 与原始实验钢的成分无

关，只是温度的函数。如图 4-36 所示，LFG 模型中 $x_{\gamma}^{\gamma/\alpha}$ 随着温度的升高接近于线性降低，而且降低趋势很明显；KRC 模型计算的 $x_{\gamma}^{\gamma/\alpha}$，先随温度的升高而升高，大约在 680K 以上，又随温度的升高而下降。在高温时，KRC 模型和 LFG 模型的结果很接近，特别是 KRC 模型采用 Darken[41] 的 w_{γ} 值（6285J/mol）时重合度更高。但在低温时，两者变化趋势不同，离散较大。例如在 500K 时，KRC 模型得到的 $x_{\gamma}^{\gamma/\alpha}$ 约为 0.08，而由 LFG 模型得到的 $x_{\gamma}^{\gamma/\alpha}$ 则接近于 0.2，两者相差结果很大。

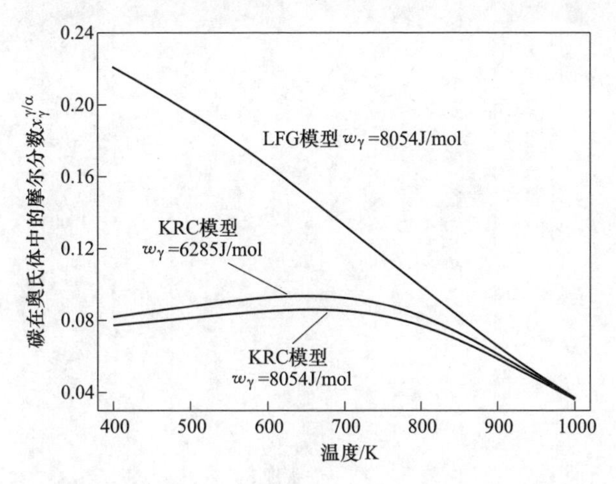

图 4-36 α/γ 相界上 C 在奥氏体中的摩尔分数 $x_{\gamma}^{\gamma/\alpha}$

然而，分别将 KRC 模型和 LFG 模型得到的 $x_{\gamma}^{\gamma/\alpha}$ 代入先共析铁素体驱动力的计算公式时，对得到驱动力计算结果进行比较，发现两者数值相差不大，如图 4-37 所示。这是因为计算 ΔG 时主要是自然对数值控制，而计算 $x_{\gamma}^{\gamma/\alpha}$ 时主要是指数值控制，因此才会出现较大的差别。

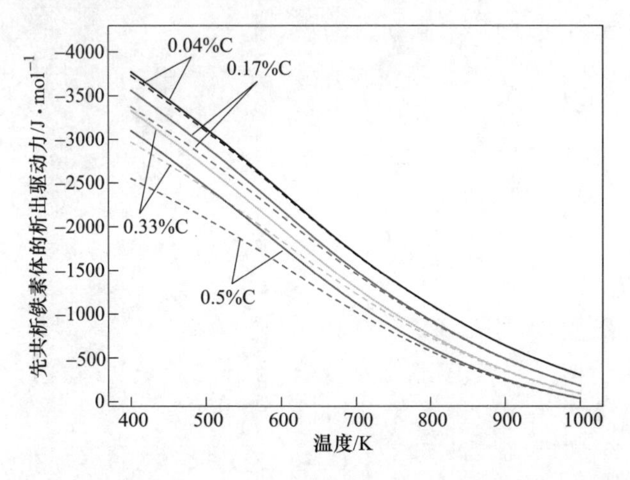

图 4-37 由 KRC（---线）和 LFG（—线）模型应用 Kaufman 的 $\Delta G_{Fe}^{\gamma\to\alpha}$值计算的 $\Delta G^{\gamma\to\alpha+\gamma}$

从上述的相界成分的计算中可以发现，对于亚共析钢而言，由于局部组织中先共析铁素体的析出，使得组织内形成了部分高浓度的过冷奥氏体。如图 4-37 所示，这部分奥氏体局部 C 的摩尔分数可达到 0.04~0.08，甚至更高，远高于初始浓度，因此需要对这部分高浓度的过冷奥氏体重新进行驱动力计算。由 LFG 模型应用 Mogutnov 的 $\Delta G_{Fe}^{\gamma\to\alpha}$ 值对相变驱动力的计算结果如图 4-38 所示。

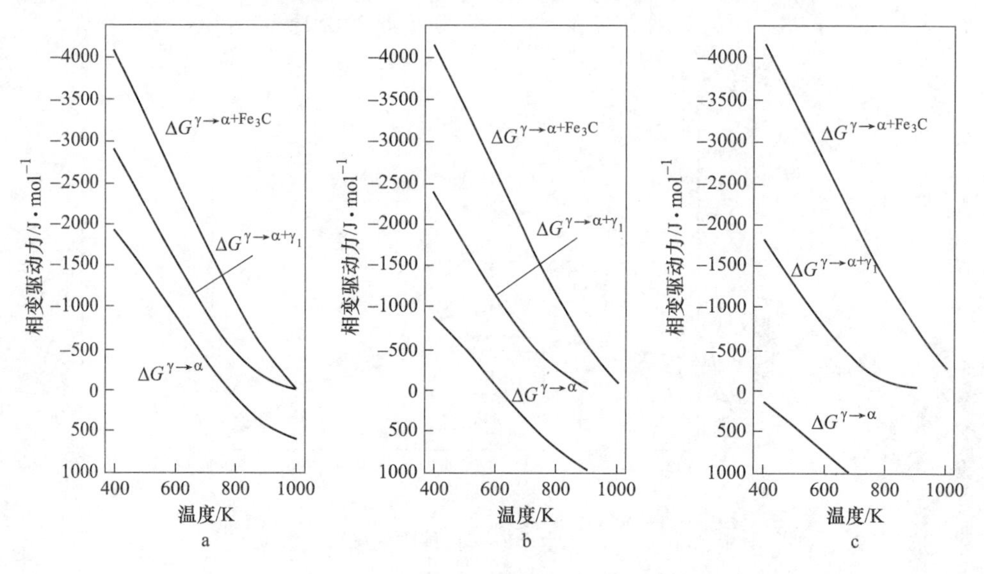

图 4-38　不同 x_γ 下由 LFG 模型计算的相变驱动力

a—x_γ = 0.04；b—x_γ = 0.06；c—x_γ = 0.08

从图 4-38 可以看出，对于高浓度的过冷奥氏体而言，三条相变曲线明显分开，三种相变机制的驱动力数值相差更大。从相变机制判别，$\Delta G^{\gamma\to\alpha}$ 驱动力远小于 $\Delta G^{\gamma\to\alpha+\gamma_1}$ 和 $\Delta G^{\gamma\to\alpha+Fe_3C}$，甚至在很大的温度区间内出现正值，说明由奥氏体转变为同成分的铁素体过程较难实现。由于 $\Delta G^{\gamma\to\alpha+Fe_3C}$ 的绝对值最大，表明这部分高浓度的奥氏体分解成较稳定的铁素体和渗碳体这一过程更易进行。

图 4-39 为 0.33%C 钢中渗碳体在晶界处分布 TEM 像。图 4-39 中左下角为纯净的先共析铁素体组织，内部无渗碳体析出，在靠近先共析铁素体晶界附近的区域内，纳米渗碳体析出的体积分数要明显高

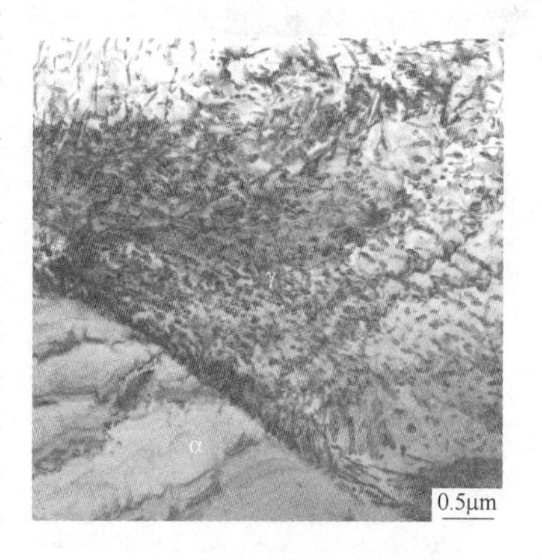

图 4-39　在 0.33%C 钢中 α/γ 晶界附近纳米渗碳体的分布情况

于原奥氏体晶粒内部的体积分数。因此在先共析铁素体区附近的高 C 浓度的奥氏体区内，更容易形成弥散析出的渗碳体，这也解释了纳米级渗碳体分布的不均匀性。

参 考 文 献

[1] Li Y J, Choi P, Borchers C, et al. Atomic-scale mechanisms of deformation-induced cementite decomposition in pearlite [J]. Acta Materialia, 2011, 59 (10): 3965~3977.

[2] 罗衍昭，张炯明，肖超，等．低碳 Nb-Ti 二元微合金钢析出过程的演变 [J]．北京科技大学学报，2012，34 (7)：775~782.

[3] Xu Y, Tang D, Song Y. Equilibrium Modeling of (Nb, Ti, V)(C, N) Precipitation in Austenite of Microalloyed Steels [J]. Steel Research International, 2013, 84 (6): 560~564.

[4] Opiela M. Thermodynamic analysis of the precipitation of carbonitrides in microalloyed steels [J]. Materiali in Tehnologije, 2015, 49 (3): 395~401.

[5] Sharma R C, Lakshmanan V K, Kirkaldy J S. Solubility of niobium carbide and niobium carbonitride in alloyed austenite and ferrite [J]. Metallurgical Transactions A, 1984, 15 (3): 545~553.

[6] Balasubramanian K, Kroupa A, Kirkaldy J S. Experimental investigation of the thermodynamics of Fe-Nb-C austenite and nonstoichiometric niobium and titanium carbides (T=1273 to 1473K) [J]. Metallurgical&Materials Transactions A, 1992, 23: 729~744.

[7] 许云波，于永梅，吴迪，等．Nb 微合金钢析出行为的热力学计算 [J]．材料研究学报，2006 (01)：106~110.

[8] 郝士明．材料热力学 [M]．北京：化学工业出版社，2004.

[9] Mori T, Tokizane M, Yamaguchi K, et al. Thermodynamic properties of niobium carbides and nitrides in steels [J]. Tetsu- to- Hagane, 1968, 54 (7): 763~776.

[10] Perez M, et al. Precipitation of niobium carbonitrides in ferrite: chemical composition measurements and thermodynamic modelling [J]. Philosophical Magazine Letters, 2007, 87 (9): 645~656.

[11] Liu W J, Jonas J J. Nucleation kinetics of Ti carbonitride in microalloyed austenite [J]. Metallurgical Transactions A, 1989, 20 (4): 689~697.

[12] Maugis F P D. Modelling the precipitation of NbC on dislocations in α-Fe [J]. Acta Materialia, 2007.

[13] Johnson W A, Mehl R F. Reaction kinetics in process of nucleation and growth [J]. Trans. AIME, 1939 (135): 396~415.

[14] Avrami M. Kinetics of phase change [J]. The Journal of Chemical Physics, 1939, 7 (12): 1103~1112.

[15] Avrami, Melvin. Kinetics of Phase Change. Ⅱ Transformation - Time Relations for Random

Distribution of Nuclei [J]. Journal of Chemical Physics, 1940, 8 (2): 212~224.

[16] Okaguchi S, Hashimoto T. Computer Model for Prediction of Carbonitride Precipitation during Hot Working in Nb-Ti Bearing HSLA Steels [J]. Isij International, 1992, 32 (3): 283~290.

[17] Zener, Clarence. Theory of Growth of Spherical Precipitates from Solid Solution [J]. Journal of Applied Physics, 1949, 20 (10): 950~953.

[18] Xiaolin L I, Zhaodong W, Xiangtao D, et al. Effect of final temperature after ultrafast cooling on microstructural evolution and precipitation behavior of Nb-V-Ti bearing low alloy steel [J]. Acta Metallurgica Sinica, 2015, 51 (7): 784~790.

[19] Quispe A, Medina S F, Gomez M, et al. Influence of austenite grain size on recrystallisation-precipitation interaction in a V-microalloyed steel [J]. Materials ence & Engineering A, 2007, 447 (1/2): 11~18.

[20] Deschamps A, Brechet Y. Influence of predeformation and ageing of an Al-Zn-Mg alloy—Ⅱ. Modeling of precipitation kinetics and yield stress [J]. Acta Materialia, 1998, 47 (1): 293~305.

[21] Freeman S, Honeycombe R W K. Strengthening of Titanium by carbide precipitation [J]. Metal Science, 1977 (11): 59~64.

[22] Kestenbach H J. Dispersion hardening by niobium carbonitride precipitation in ferrite [J]. Journal of Materials Science and Technology, 1997, 13 (9): 731~739.

[23] Ricks R A, Howell P R. The formation of discrete precipitate dispersions on mobile interphase boundaries in iron-base alloys [J]. Acta Metallurgica, 1983, 31 (6): 853~861.

[24] Charleux M, Poole W J, Militzer M, et al. Precipitation behavior and its effect on strengthening of an HSLA-Nb/Ti steel [J]. Metallurgical and Materials Transactions A, 2001, 32A (7): 1635~1647.

[25] 王斌，刘振宇，周晓光，等．超快速冷却条件下亚共析钢中纳米级渗碳体析出的相变驱动力计算 [J]. 金属学报，2013，49 (1)：26~34.

[26] 刘宗昌，袁泽喜，刘永长．固态相变 [M]. 北京：机械工业出版社，2010.

[27] Kaufman L, Radcliffe S V, Cohen M. Decomposition of Austenite by Diffusional Processes [M]. New York: Interscience, Publishers A Division of John Wiley & Sons, 1962: 313. Edited by Zackay V F, Aaronson H I.

[28] Lacher J R. The Statistics of the Hydrogen-Palladium System [J]. Mathematical Proceedings of the Cambridge Philosophical, 1937, 33 (4): 518~523.

[29] Fowler R H, Guggenheim E A. Statistical Thermodynamics [M]. New York: Cambridge University Press, 1939: 442.

[30] McLellan R B, Dunn W W. A quasi-chemical treatment of interstitial solid solutions: It application to carbon austenite [J]. Journal of Physics and Chemistry of Solids, 1969, 30 (11): 2631~2637.

[31] 徐祖耀，李麟．材料热力学 [M]. 北京：科学出版社，2001.

[32] 方鸿生，王家军，杨志刚，等．贝氏体相变 [M]. 北京：科学出版社，1999.

[33] Mou Y W, Hsu T Y. Thermodynamics of the bainitic transformation in Fe-C alloys [J]. Acta

Metallurgica. 1984, 32 (9): 1469~1481.

[34] Machlin E S. On the carbon-carbon interaction energy in iron [J]. Transactions of the Metallurgical Society of AIME 1968 (242): 1845~1848.

[35] Aaronson H I, Domain H A, Pound G M. Thermodynamics of the Austenite-Proeutectoid Ferrite Transformation. I, Fe-C Alloys [J]. Transactions of the Metallurgical Society of AIME, 1966 (236): 753~772.

[36] Shiflet G J, Bradley J R, Aaronson H I. A re-examination of the thermodynamics of the proeutectoid ferrite transformation in Fe-C alloys [J]. Metallurgical Transactions A, 1978, 9A (7): 999~1008.

[37] 徐祖耀. 相变原理 [M]. 北京: 科学出版社, 1988.

[38] Kaufman L, Clougherty E V, Weiss R J. The lattice stability of metals—Ⅲ. Iron [J]. Acta Metallurgica, 1963, 11 (5): 323~335.

[39] Mogutnov B M, Tomilin I A, Shartsman L A. Thermodynamics of Fe-C Alloys [M]. Moscow: Metallurgy Press, 1972: 109.

[40] Orr R L, Chipman J. Thermodynamic functions of iron [J]. Transactions of the Metallurgical Society of AIME, 1967 (239): 630~634.

[41] Darken L S, Gurry R W. Physical Chemistry of Metals [M]. New York: McGraw-Hill, 1953: 401.

5 新一代控轧控冷工艺下纳米碳化物析出行为及强化机制

在高强钢的生产中,微合金元素必须与NG-TMCP工艺相结合，才能最大程度发挥其强化作用。NG-TMCP以超快冷为核心，其控制要点是依照材料组织和性能的需要控制奥氏体向铁素体转变的动态终止温度。本章将设计不同的超快冷终冷温度，研究其对组织性能和析出行为的影响规律。在此基础上，利用析出物无损电解技术、SAXS和SANS对析出物进行定性定量表征。结合析出相的特征及不同的析出强化机制，对纳米碳化物析出强化进行定量研究。基于析出强化的定量计算，对各种强化机制的交互作用进行分析，阐明不同强化机制所占配额。

5.1 Nb-V微合金钢中纳米碳化物析出行为及复合析出机制

5.1.1 Nb-V微合金钢中纳米碳化物析出行为

5.1.1.1 实验方法

实验钢化学成分见表5-1。实验钢采用Nb微合金化来实现细晶强化和沉淀强化，同时加入V来降低Nb的碳化物与铁素体基体的错配度提高形核率，加入微量Ti提高奥氏体晶粒的粗化温度。实验钢采用真空熔炼炉炼制并浇铸为铸锭，切除缩孔后锻造为方坯，后续重新加热至1200℃保温2h，实现奥氏体化，在直径450mm二辊可逆热轧实验轧机上进行7道次轧制厚度至12mm，后续将钢板进行固溶处理去除轧制带状组织及未溶碳化物，然后淬火至室温。沿着轧制方向切取ϕ8mm×15mm的热模拟试样和ϕ3mm×10mm全自动相变仪试样。

表5-1　实验钢的化学成分　　　（质量分数,%）

C	Mn	Si	V	Nb	Ti	Al	N
0.09	1.05	0.25	0.03	0.025	0.011	0.02	0.0037

利用MMS-300热模拟试验机研究变形后超快冷至不同温度对实验钢组织演变及析出行为的影响，实验工艺如图5-1所示，将试样以10℃/s加热速度加热到1200℃，保温3min后以10℃/s冷却速度冷却到900℃，施加60%的变形后以80℃/s冷却速率分别冷却到540℃、580℃、620℃和660℃，再以0.1℃/s冷却速

率缓慢冷却至室温来模拟超快冷后的缓冷工艺。通过热模拟试验机测定实验钢的动态连续冷却转变（Continuous Cooling Transformation，CCT）曲线来预测不同工艺下实验钢的组织演变。动态 CCT 曲线测定工艺为将试样以 10℃/s 加热速率加热到1200℃，保温 3min 后以 10℃/s 冷却速率冷却到 900℃，再施加 60% 的变形，以 0.5℃/s、1℃/s、2℃/s、5℃/s、10℃/s、15℃/s、20℃/s、25℃/s、30℃/s 和 40℃/s 冷却速率冷至室温，利用温度膨胀量曲线结合金相组织，绘制动态 CCT 曲线，结果如图 5-2 所示。

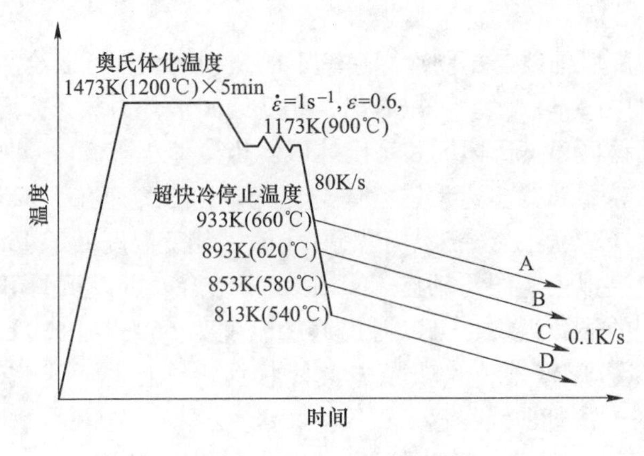

图 5-1 TMCP 工艺示意图

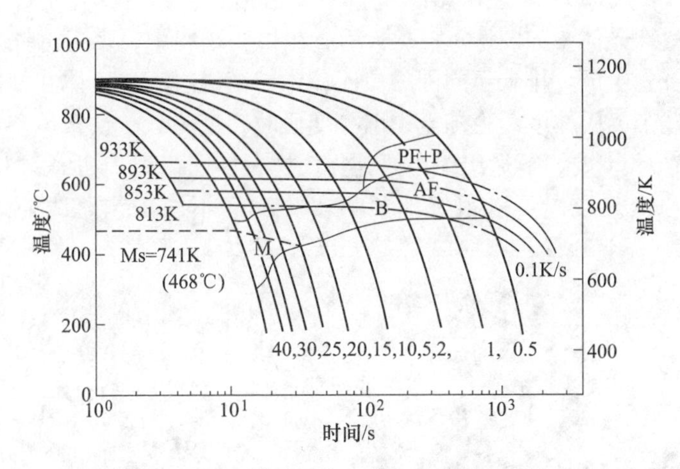

图 5-2 超快冷至不同温度后缓冷工艺曲线与动态连续冷却相变曲线

热模拟试样及热膨胀试样均于热电偶下方约 1mm 处将热模拟试样切开，经过机械研磨和抛光后采用 4%（体积分数）硝酸酒精溶液腐蚀约 15s，通过 LEICA DMIRM 光学显微镜（OM）观察其金相组织，并利用 HV-50 Vickers 显微硬度计对实验钢局部显微组织硬度进行测试，载荷为 25g，加载时间为 10s，每个试样检测 20 个点取平均值。为了观察实验钢超快冷至不同温度的析出行为，从热处理后的热模拟试样上切出厚度约为 300μm 圆片，经 SiC 砂纸机械研磨至 50μm 以下，然后采用 Tenu-Pol-5 型电解双喷减薄仪进行减薄，电解液为 9%（体积分数）的高氯酸酒精溶液，双喷电压为 30~35V，温度为-20℃，采用 FEI TECNAI G2 F20 场发射透射电子显微镜（TEM）对析出粒子的尺寸、数量、形貌及分布规律进行观察。

5.1.1.2　相变组织分析

结合热模拟膨胀曲线与不同冷却速率下的金相组织，可以绘制出实验钢的动态 CCT 曲线，如图 5-3 所示。可以看出，相变区间被分为珠光体区、多边形铁素体区、针状铁素体区、贝氏体区和马氏体区。当冷速小于 5℃/s 时，相变温度区间为 565~725℃，组织为多边形铁素体与珠光体；当冷速在 5~25℃/s 时，相变温度区间为 470~620℃；当冷速大于 25℃/s 时，相变温度低于 468℃，主要为马氏体组织。将热模拟工艺图与动态 CCT 曲线相结合，可以预测不同终冷温度缓冷至室温实验钢的显微组织，可以看出终冷温度为 660℃和 620℃时，实验钢冷却曲线经过了多边形铁素体、珠光体及针状铁素体区域，当实验钢超快冷至 580℃和 540℃时，冷却曲线经过了贝氏体相区。

图 5-3 为实验钢超快冷至不同温度的金相显微组织。从图 5-3 中可以看出，超快冷至 660℃和 620℃，显微组织主要为多边形铁素体，并伴随部分楔形针状铁素体及少量珠光体，如图 5-3a、b 所示。在相变过程中，多边形铁素体在原奥氏体晶界处首先生成，排碳至周围的奥氏体中，富碳过冷奥氏体在缓冷过程中生成珠光体，残余奥氏体继续冷却至中温相变区时转变为针状铁素体。实验钢超快冷至 580℃和 540℃时，显微组织主要为贝氏体，如图 5-3c、d 所示。因此，利用 CCT 曲线结合工艺取向可以很好地预测实验钢经不同工艺路线处理后的显微组织。

a

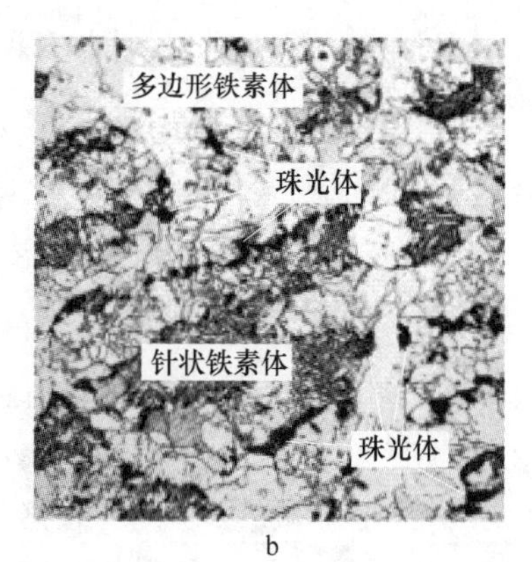

b

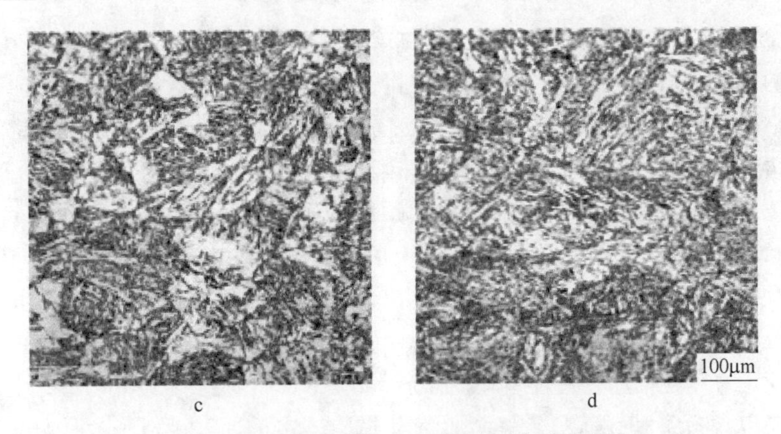

图 5-3 实验钢超快冷至不同温度时的金相组织

a—660℃；b—620℃；c—580℃；d—540℃

为了对实验钢的显微组织进行精细表征，采用 SEM 和 TEM 对其进行观察。图 5-4a 为超快冷至 660℃时实验钢的 SEM 形貌，可以看出组织中包含尺寸在

图 5-4 实验钢超快至 660℃时的 SEM 与 TEM 形貌

a—SEM 显微照片；b—P 和 PF 的 TEM 显微照片；c—AF 的 TEM 显微照片；

d—图 c 中白色矩形标记区域的放大图像

25～30μm 的多边形铁素体，6～10μm 珠光体及 1～2μm 的针状铁素体，其中针状铁素体的尺寸为其板条宽度。多边形铁素体、珠光体和针状铁素体的体积分数分比约为76%、8%和16%。图5-4b 为多边形铁素体与珠光体中的TEM 形貌，可以看出多边形铁素体及珠光体铁素体中均含较高的位错密度，且珠光体中细小的渗碳体板条存在于铁素体板条间，板条间距约为 116nm。图 5-4c、d 为针状铁素体的 TEM 形貌，可以看出针状铁素体为楔形，且含有更高密度位错相比于多边形铁素体及珠光体铁素体。对图 5-4c 进行局部放大，可以看到细小的纳米碳化物存在于位错上，如图 5-4d 所示。

图 5-5 为实验钢超快冷至 580℃的 SEM 及 TEM 形貌。从 SEM 形貌可以看出，组织主要包含板条和粒状贝氏体，且粒状贝氏体含量远大于板条贝氏体含量。图 5-5b 为板条贝氏体的典型形貌，在贝氏体铁素体板条之间存在片状碳化物。利用 SADP 可以确认其为渗碳体，如图 5-5c 所示。图 5-5d 为粒状贝氏体的典型形貌，在铁素体基体上分布着粒状马奥岛，其中马奥岛的尺寸约为 400nm。美国得克萨斯大学 Misra 教授对马奥岛的形成过程进行了研究，结果表明：在缓慢冷却过程中，过冷奥氏体会首先转变为铁素体，使得未转变奥氏体富碳，当富碳奥氏体

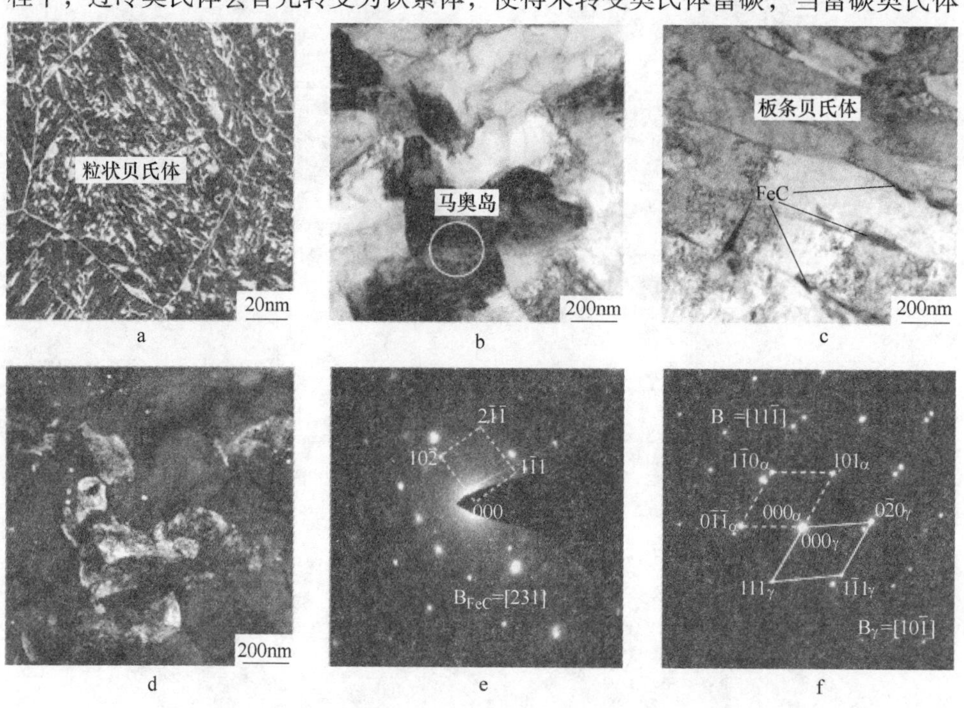

图 5-5　实验钢超快至 660℃时的 SEM 与 TEM 形貌

a—SEM 显微照片；b—GB 明场图像；c—板条贝氏体 SAED 图；
d—GB 中马奥岛中奥氏体岛暗场图像；e—片状碳化物 SAED 图；
f—GB 中 M/A 成分的指数化 SAED 图

冷却至 M_s 点以下时，会完全或者部分转变为马氏体，从而转变为马奥岛。在本节研究中，马奥岛为层状的奥氏体存在于马氏体中，如图 5-5e 所示为奥氏体暗场图像，其中暗场图像是通过圈中 SAED 电子衍射谱（见图 5-5f）中 FCC（$1\bar{1}1$）面所得。通过 SAED 谱可以看出，奥氏体与马氏体符合 KS 关系，即$[111]_\alpha$//$[101]_\gamma$,$(101)_\alpha$//$(111)_\gamma$。

5.1.1.3　析出相分析

利用 TEM 对析出物形核位置、化学成分和尺寸分布进行观察，可以得到两种类型的析出物，第一类为尺寸较大在 30~200nm 的析出粒子，包括方形 TiN 和椭球形（Ti，Nb）CN；第二类为等温过程或者缓冷过程中形成的尺寸小于 10nm 的析出物，本节主要研究第二类析出物。图 5-6 为实验钢超快冷至不同温度的析

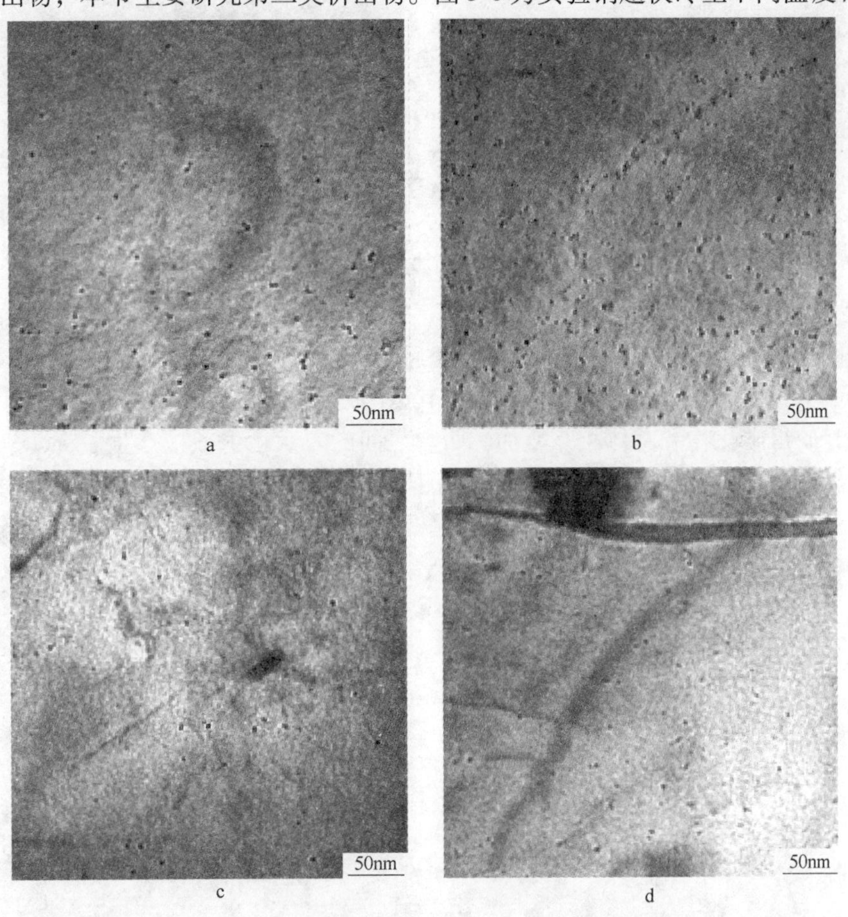

图 5-6　实验钢超快冷至不同温度下析出形貌

a，b—多边形铁素体中析出相形貌；c，d—板条贝氏体中析出碳化物

出物形貌，其中图 5-6a、b 所示为多边形铁素体区域的析出，图 5-6c、d 所示为贝氏体区域的析出，可以看出多边形铁素体中的析出物密度相比于板条贝氏体中大。

图 5-7 为实验钢超快冷至 620℃ 的明暗场对应照片，可以看出暗场中析出物与铁素体满足共同的取向关系。

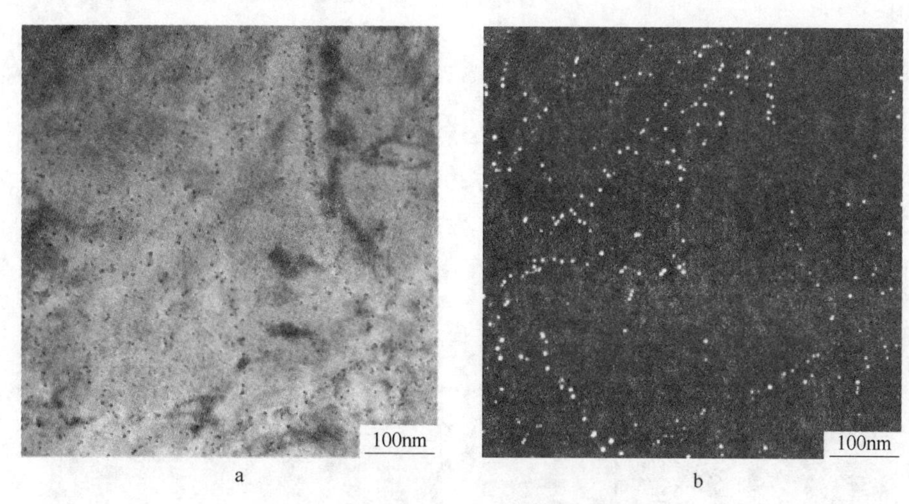

a　　　　b

图 5-7　实验钢超快冷至 620℃ 的 TEM 形貌像

a—BF 图；b—样品中纳米碳化物的 DF 图像

图 5-8 为实验钢超快冷至不同温度后纳米碳化物的 HRTEM 像。其中在图 5-8a、c 中可以看到清晰的 moiré 条纹，其原因是碳化物的大小和基体的厚度相差很大，使得碳化物和基体相互叠加，两者之间的二次衍射效应产生了 moiré 条纹衬度轮廓，通过 moiré 条纹可以准确地测出碳化物的尺寸。在图 5-8b、d 中没有

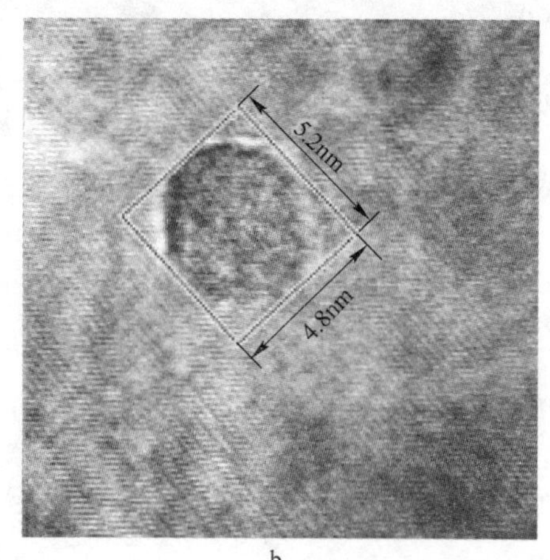

a　　　　b

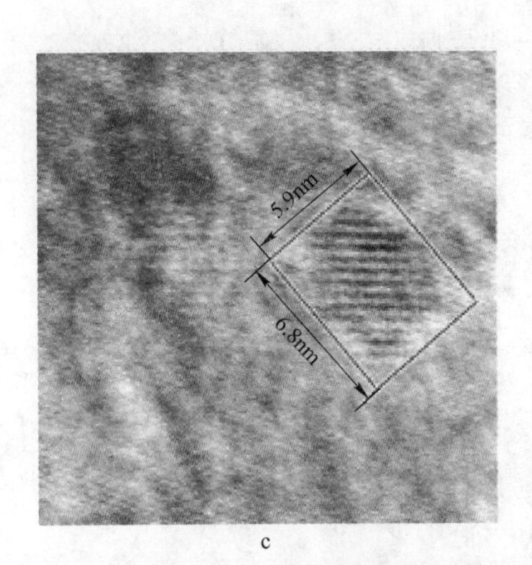

c

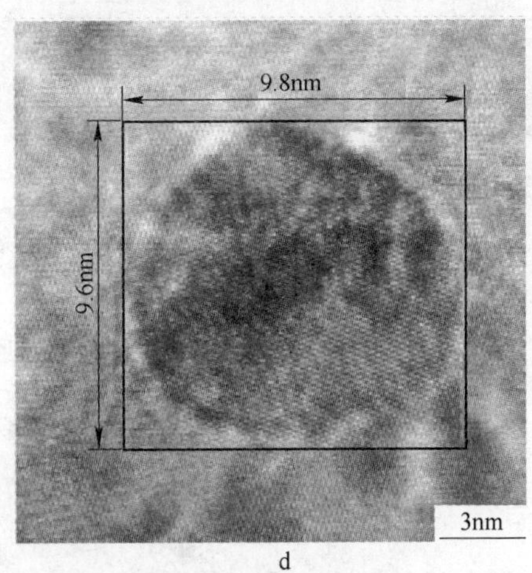

d

图 5-8 实验钢超快冷至不同温度时纳米碳化物的 HRTEM 像
a—540℃；b—580℃；c—620℃；d—660℃

观察到 moiré 条纹，因为碳化物的尺寸和所在基体的厚度相当，因此无法得到碳化物和基体之间的二次衍射效应，从而无法产生 moiré 条纹；但是由于碳化物和基体尺寸相当，使得碳化物和基体的相界面非常明锐，同样可以直接准确地测出碳化物的大小。测量方法如图 5-8 所示，其中析出物纵横长度的平均值作为碳化物直径，分别为 3. 6nm、5. 0nm、6. 4nm 和 9. 7nm。每个试样测量 30 个来自 3 个不同铁素体晶粒中的碳化物，得到其尺寸分布图，如图 5-9 所示。

由图 5-9 可知，在四个终冷温度下，析出物尺寸分布均在 2~11nm 且平均尺寸小于 8nm。文献中利用三维原子探针及中子小角散射对含 Ti 低碳微合金钢中析出物尺寸分布进行测定，得出析出物的最小尺寸约为 2nm，因此证明了利用高分辨电镜测量析出物尺寸方法的可行性。

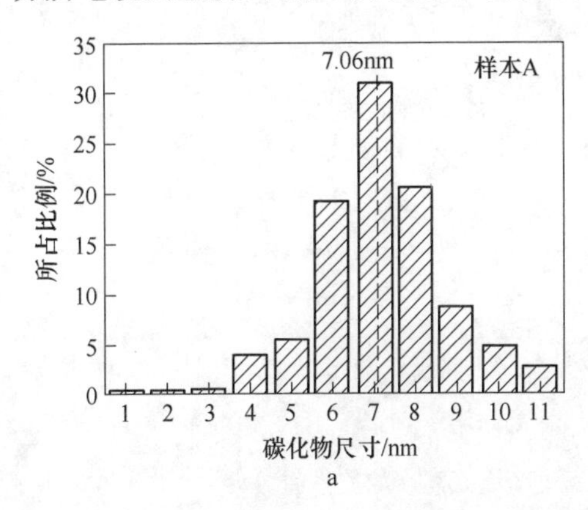

a

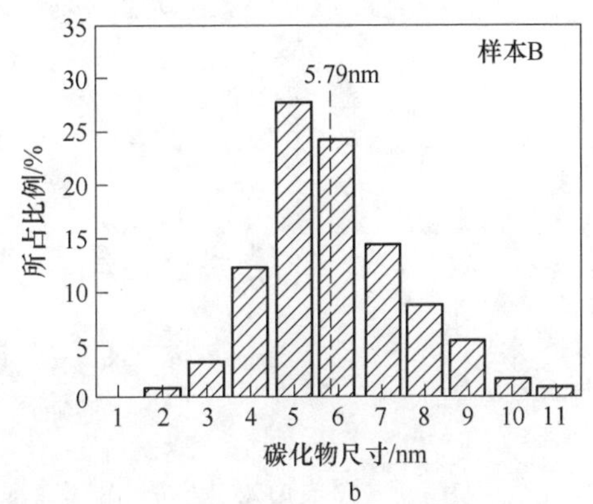

b

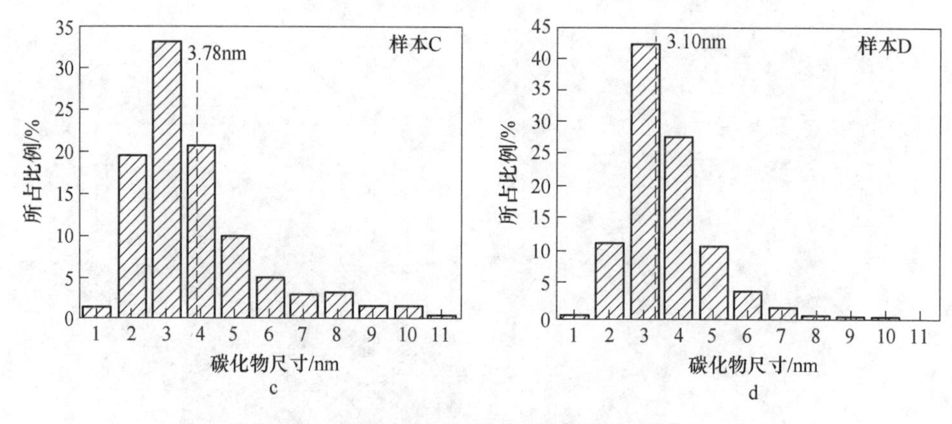

图 5-9　超快冷至不同温度下析出物尺寸分布

a—660℃；b—620℃；c—580℃；d—540℃

为了准确测得析出物在单位体积内的数量密度，需要在双束条件下测量薄膜试样周围的等厚条纹来获得样品的厚度信息，样品厚度约为 110nm。析出物的数量密度是通过 10 张 TEM 照片统计所得，其析出物平均尺寸与数量密度随超快冷终冷温度的变化曲线如图 5-10 所示。可以看出，析出物的平均尺寸随着超快冷终冷温度的降低而逐渐减小，析出物的数量密度随着温度的降低先增大后减小，且贝氏体中的析出物数量明显小于铁素体中的析出数量。因为铁素体的排碳化学驱动力比贝氏体大，因此铁素体中析出物数量较多。在贝氏体中随着超快冷终冷温度的升高析出数量呈上升趋势，而在铁素体中则相反，这是因为析出数量是由析出热力学中的形核驱动力以及析出动力学中微合金元素扩散速率共同决定的。贝氏体转变的温度相对较低，不利于微合金元素的析出，且随着终冷温度的降

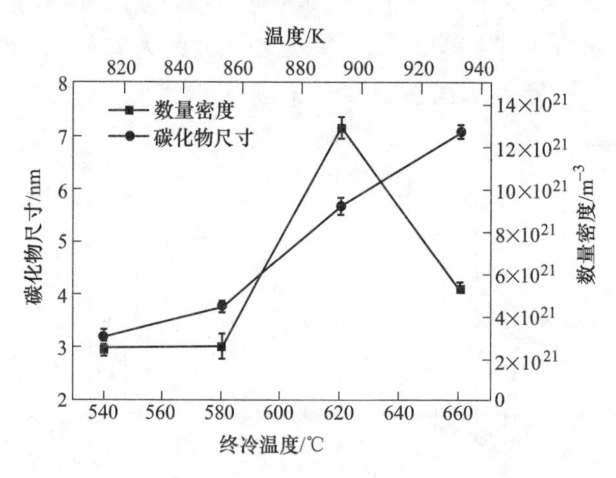

图 5-10　碳化物尺寸、数量密度与终冷温度的关系曲线

低，析出物形核驱动力的增大无法弥补微合金元素扩散速率的大幅降低对于析出物形核与长大的影响，因此贝氏体区中，终冷温度越低，析出数量越少。而在铁素体基体中，随着终冷温度的降低，析出物的形核驱动力增大可以弥补微合金元素扩散速率的略微降低对析出物形核与长大的影响。

力学性能与显微组织之间的联系可以通过强化机制来分析，其中包括细晶强化、位错强化、固溶强化及析出强化，其中超快冷温度为 660℃ 和 620℃ 屈服强度的主要差别是由析出强化导致的。文献中利用纳米压痕仪对比不同试样中析出强化的大小。相比于宏观硬度及显微硬度，纳米硬度的压头较小，可以对铁素体晶粒内部微区的硬度进行测定，而且可以获得纳米硬度随压痕深度的变化曲线。纳米硬度可以忽略晶界对硬度的影响，因此纳米压痕值可以直观地反映析出强化的作用。为了观察不同析出强化量对铁素体强度的贡献，对超快冷至 660℃ 和 620℃ 实验钢进行纳米压痕对比实验，每个试样打 5×5 的点阵。

图 5-11 为纳米压痕的典型形貌及载荷-深度曲线，经计算可知平均纳米硬度为 3.68GPa 和 3.82GPa。本节的研究中，由于在后续的冷速为 0.1℃/s，因此其 C 为平衡 C 含量，且位错密度相近。因此纳米硬度的主要差异来源于析出强化，可以看出实验钢超快冷至 620℃ 时，载荷-深度曲线分布较为集中，说明实验钢中的析出物均匀分布于基体中，且数量密度较高（见图 5-11c）。

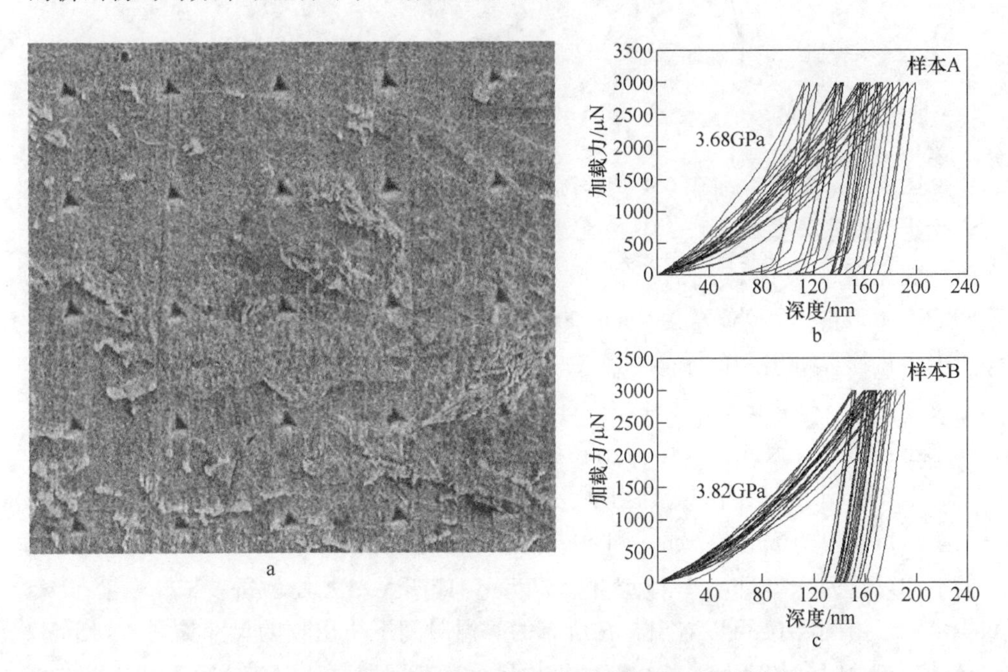

图 5-11 实验钢超快冷至不同温度下纳米压痕实验结果

a—典型压痕形态；b—660℃ 时钢的载荷-深度图；c—620℃ 时钢的载荷-深度图

5.1.2 铌钒复合析出机制

为了对复合析出机制进行研究，设计了一系列等温淬火实验来研究等温淬火温度及时间对析出行为的影响，实验利用 Formastor-FII 全自动相变仪完成，热处理工艺如图 5-12 所示。实验钢在 1200℃奥氏体化 5min，然后以 80℃/s 冷却速度冷至 600℃，650℃和 700℃等温 10min、20min 和 60min，最后用 He 气以 100℃/s 冷却速度冷却至室温。

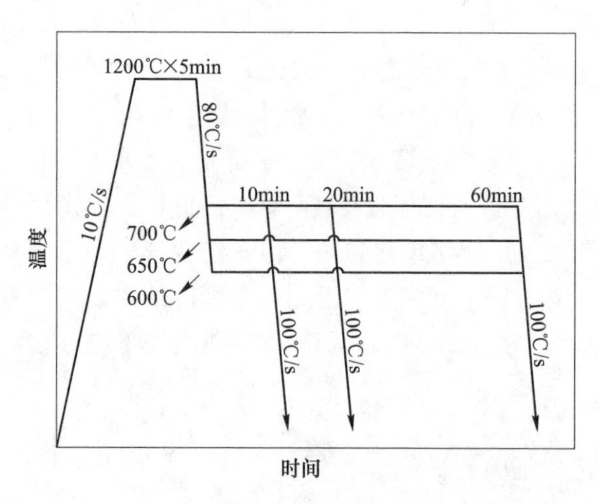

图 5-12 等温淬火工艺

图 5-13a 为实验钢在 650℃等温 10min 的金相显组织，可以看出显微组织包含无定型铁素体及马氏体，其中无定型铁素体是在等温过程中形成的，马氏体是未转变完成的奥氏体在后续的淬火过程中形成的。图 5-13a ~ d 为实验钢在 600℃、650℃和 700℃等温 10min 的显微组织析出物的形貌，仅可以观察到弥散析出碳化物。析出物的平均尺寸为 3. 58nm、3. 26nm 和 4. 12nm，且析出物的数量密度为 $5.3\times10^{21}m^{-3}$、$11.4\times10^{21}m^{-3}$ 和 $7.29\times10^{21}m^{-3}$，可以看出 650℃析出物尺寸细小且密集。因此，可以得出在 650℃时析出物最接近于 PPT 曲线的鼻子温度，在 650℃时，析出物的动力学及热力学最有利于析出物的形核。图 5-13c、e、f 是 650℃等温 10min、20min 和 60min 的析出物形貌。经高分辨照片测量析出物的平均尺寸为 3. 26nm、4. 15nm 和 6. 29nm，如图 5-14 所示。每个试样测量 30 个析出物，由图 5-14 可以看出，在所有的等温时间下析出物的尺寸均在 2 ~ 15nm，且随着等温时间的延长，析出物的平均尺寸逐渐增加。利用高分辨测量结果与中子小角散射及原子探针结果相符。

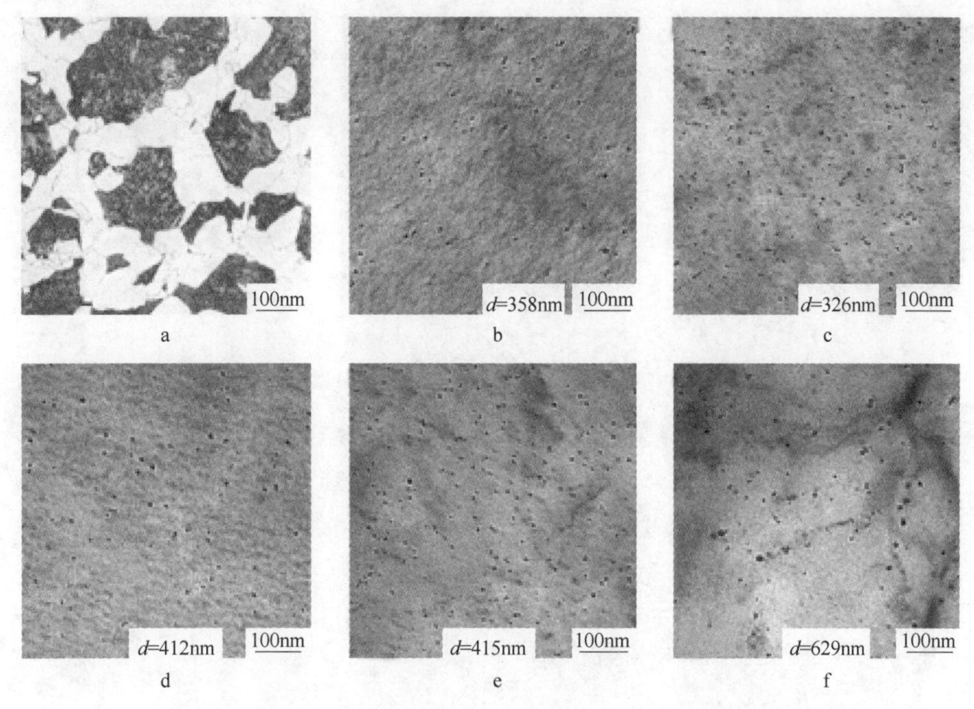

图 5-13 实验钢在不同温度等温 10min 后的显微组织及析出物形貌

a—650℃等温 10min；b～d—600℃、650℃和 700℃等温 10min；e，f—650℃等温 20min 和 60min

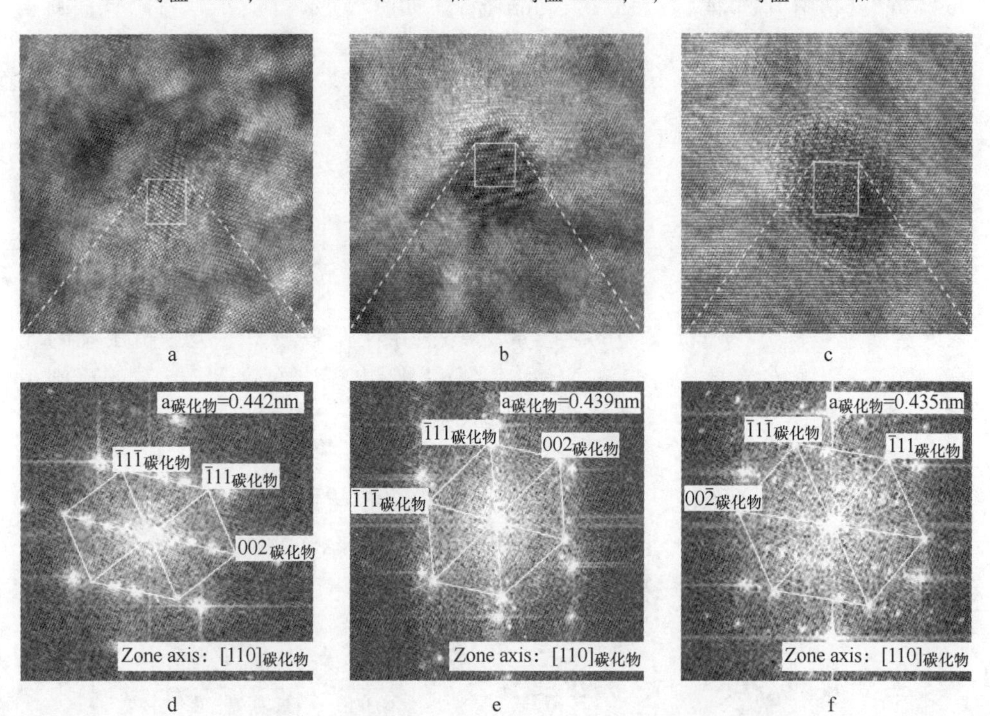

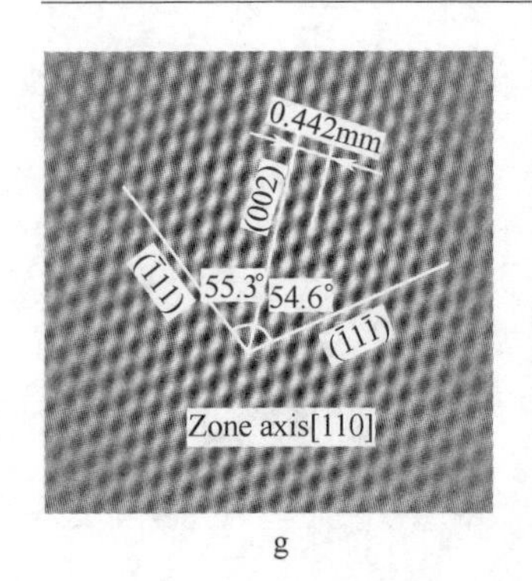

g

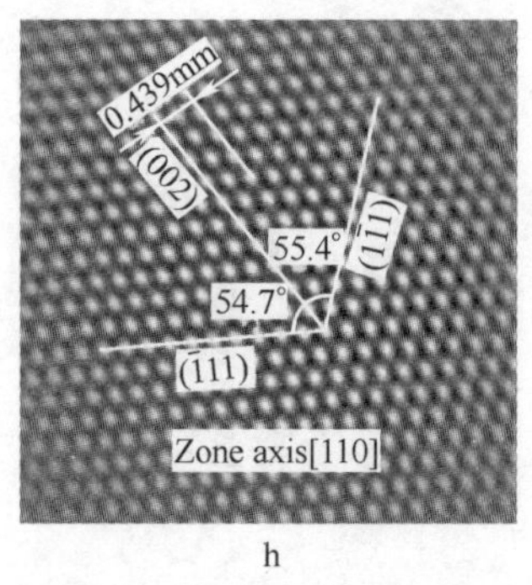

h

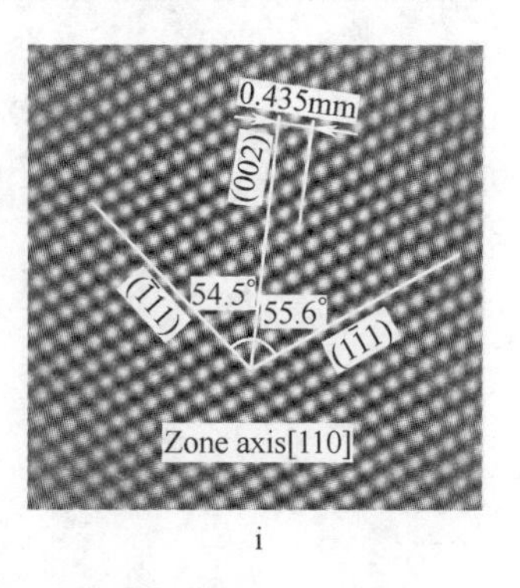

i

图 5-14　实验钢在 650℃等温不同时间 HRTEM 形貌像

a，d，g—10min；b，e，h—20min；c，f，i—60min

图 5-14a ~ c 为实验钢等温不同时间的 HRTEM 形貌，可以看出具有明显的摩尔条纹，通过 FFT 可以模拟出衍射斑；如图 5-14d ~ f 所示，可以测出析出物的 {111} 面间距，通过式（5-1）计算析出物的晶格常数[1]。

$$a_{\text{carbide}} = d_{(111)} \times \sqrt{h^2 + k^2 + l^2} = d_{(111)} \times \sqrt{3} \tag{5-1}$$

式中　a ——析出物的晶格常数；

d ——面间距。

经计算不同等温时间下析出物的晶格常数分别为 0.442nm、0.439nm 和 0.435nm。利用 IFFT 能够得到放大的晶格像，如图 5-14g ~ i 所示，可以直接测量析出物的晶格常数。结果显示，随着等温时间的延长，析出物的平均晶格常数减小。

析出物与基体的晶格错配度可以通过式（5-2）计算：

$$\delta_1 = \frac{a_{\text{carbide}} - \sqrt{2}\, a_{\text{ferrite}}}{a_{\text{carbide}}} \tag{5-2}$$

其中，铁素体的晶格常数为 0.286nm，可以得出错配度随着析出物晶格常数的减小而减小。

为研究粗化过程中析出物的化学成分，使用纳米探头 EDS 进行析出物的成分检测，析出物的主要成分包含 Nb 和 V；可以看出析出物中 Nb 与 V 的比例在各个析出物中略有不同，但是随着等温时间的延长，析出物中 V 的比例逐渐增大，在（Ti，Mo）C 及（Ti，V)C 中也得出类似规律，如图 5-15 所示。

根据半共格界面理论，可以计算出 $(Nb_xV_{1-x})C$ 与铁素体界面能随温度的变化曲线，如图 5-16a 所示，随着 V 含量的增加，界面能逐渐减小。

根据 Johnson-Mehl-Avrami 模型，可以计算析出物的 PPT 曲线，以析出量 5% 为开始曲线，时间为 $t_{0.05}$，计算公式见式（5-3）[2]：

$$\lg(t_{0.05}/t_0) = \frac{1}{n}\left(-1.28994 - 2\lg d_c + \frac{1}{\ln 10} \times \frac{\Delta G_c + 5/3Q}{kT}\right) \tag{5-3}$$

式中 d_c——位错上形核的临界半径；

ΔG_c——临界形核能；

n——时间指数。

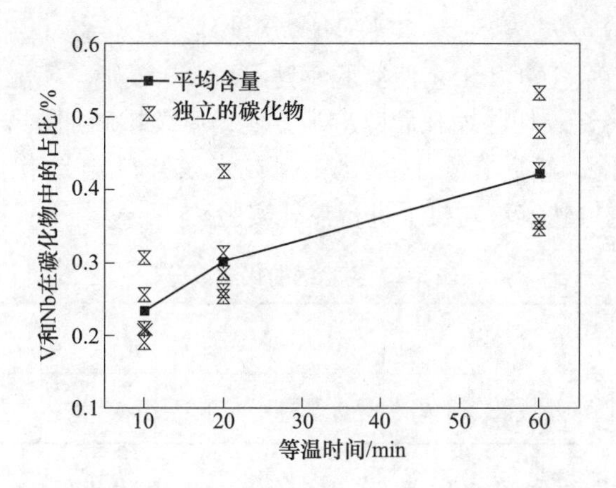

图 5-15 实验钢的析出物中 V 和 Nb 的占比与等温时间的变化曲线

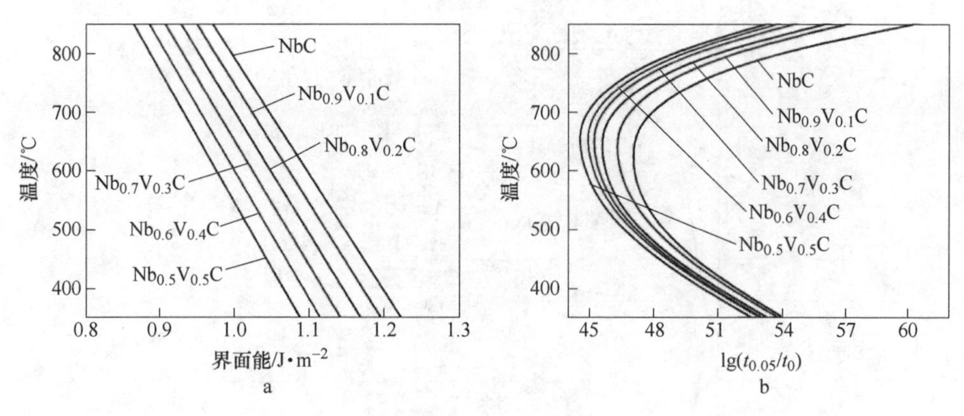

图 5-16 界面能随温度及成分的变化曲线（a）
和不同成分析出物的 PTT 曲线（b）

如图 5-16b 所示，析出鼻子温度接近于 650℃，随着 V 含量的增大，析出的鼻尖温度逐渐上移，促进析出物的形成。根据 Avrami 方程对析出物 PPT 曲线进行计算，可以得出析出物具有 C 曲线特征，且鼻尖温度约为 650℃，与实验结果取得了良好匹配。碳化物的尺寸及 V/Nb 含量均随着等温时间的延长而增加，析出物的晶格常数随等温时间的延长而减小。随着 V 取代析出物中的 Nb 减小了基体与析出物的错配度，在一定程度上促进了析出的进行。

5.2　钛微合金钢中纳米碳化物析出行为及强化机理

5.2.1　超快冷工艺的影响

实验钢化学成分见表 5-2。实验钢成分设计是在传统 Q345 的基础上添加 0.08%的 Ti，并结合 TMCP 工艺使实验钢达到 Q550 级别。实验钢采用真空熔炼炉炼制并浇铸为铸锭，切除缩孔后锻造为方坯，后续重新加热至 1250℃保温 2h，进行充分奥氏体化，然后在东北大学轧制技术及连轧自动化国家重点实验室 ϕ450mm 二辊可逆热轧实验轧机上进行热轧实验。

表 5-2　实验钢的化学成分　　（质量分数,%）

C	Mn	Si	Al	Ti	P	S	N	O
0.15	0.98	0.28	0.02	0.08	0.015	0.005	0.0027	0.0048

NG-TMCP 工艺图如图 5-17 所示，实验钢在奥氏体化后经历了 7 道次轧制，终轧温度 880℃，然后超快速冷却至 620℃、580℃ 和 540℃，在石棉中保温 20min 后空冷至室温。具体的 NG-TMCP 工艺参数见表 5-3。

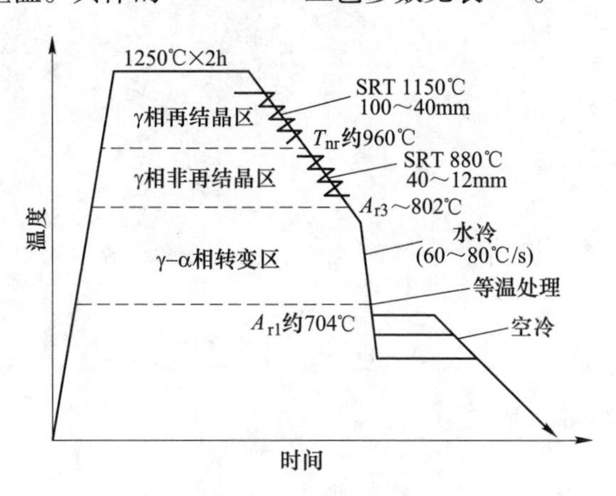

图 5-17　NG-TMCP 工艺图

表 5-3　NG-TMCP 工艺参数

FCT/℃	PT/mm	RT 区域		NRT 区域		CR/℃ · s^{-1}	冷却方法
		开始/℃	结束/℃	开始/℃	结束/℃		
620	12	1150	1120	882	874	72	20min，AC
580	12	1150	1096	889	864	64	20min，AC
540	12	1150	1116	880	874	64	20min，AC

沿轧制方向切取金相试样，经过机械研磨和抛光后采用4%（体积分数）的硝酸酒精溶液腐蚀约15s，通过LEICA DMIRM金相显微镜进行组织观察。对观察完的金相试样进行电解抛光后利用Quanta 600扫描电镜上（SEM）进行背散射电子衍射（EBSD）分析，其中电解液为650mL乙醇+100mL高氯酸+50mL蒸馏水，电解抛光电压为35V，电流约为30mA。利用线切割在板厚1/2处切取0.5mm的薄片透射试样，经机械减薄至50μm厚，冲成ϕ3mm的圆片，然后用10%的高氯酸酒精溶液进行电解双喷，其中双喷电压为35V，电流约为60mA，双喷温度为-25℃。采用Tecnai G2F20型高分辨透射电子显微镜（HRTEM）对显微组织进行观察。

中子小角散射（SANS）是通过分析中子在波长范围0.2~2nm，散射角度在2°内的散射强度来对纳米结构物质进行表征的技术。中子与X射线等电磁辐射的最主要区别在于与样品的反应机理不同，X射线由于带电，在入射的时候会与核外电子发生作用，而由于中子其本身不带电，因此主要受到原子核的散射。中子和样品反应的强度很弱，而且很难被大多数物质吸收，具有强穿透性，对于块状样品中的小颗粒分析非常有利。因此，SANS可以对块体中析出相粒子尺寸分布及体积分数进行准确测定，以弥补无损电解法中小析出粒子在过滤中流失的问题。由于中子源耗费较大，且辐射强度较弱，因此通常会与X射线结合使用。

中子小角散射标准装置如图5-18所示，包括速度选择器、准直系统、真空探测腔及探测器。其中单色器主要对电子束进行单色化得到所需要的波长，本节中采用机械速度选择器单色化的中子束，经速度选择器选择后的中子波长为0.53nm，波长分辨率$\Delta\lambda/\lambda=10\%$。单色中子束经准直系统后入射至样品，其中一部分中子被吸收，一部分被散射，在距离样品一定距离处有二维位置敏感探测器。

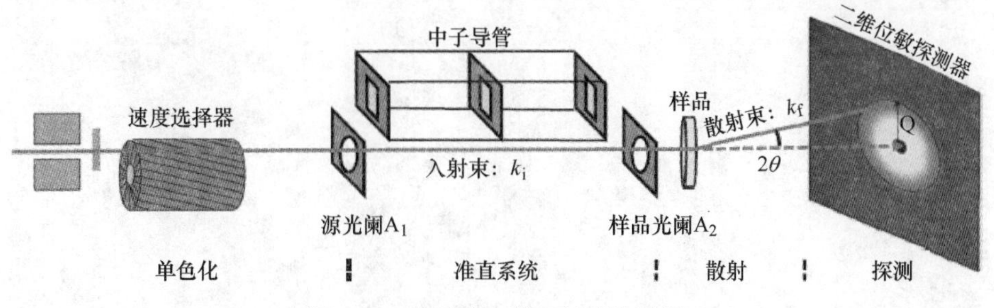

图5-18 中子小角散射标准装置图

SANS实验中样品的直径是由光栅尺寸决定的，常用的为ϕ10mm光栅，因此样品尺寸为ϕ12mm的圆片。样品厚度的选择很大程度上影响散射强度，在保证透过率$T\geqslant90\%$的条件下，样品厚度为1.0mm可以获得最大透过率。利用线切割

沿厚度方向切取 ϕ12mm×1.0mm 的圆片，经砂纸研磨使样品厚度均匀、表面平整光滑以减少由于样品表面微起伏引起的多余小角散射信号。

拉伸实验在 CMT5105-SANS 拉伸试验机上进行，应变速率为 1mm/min，测定其屈服强度、拉伸强度及断后伸长率。拉伸试样沿轧制取样，采用直径为 5mm 的圆形试样，标距长度为 25mm，平行长度为 35mm。利用 9250HV 冲击试验机在 -20℃和-40℃测量实验钢的低温 V 型缺口夏氏冲击功，测试前冲击试样在不同温度的液体冷却介质中等温约 20min。沿轧制方向切取尺寸为 10mm×10mm×55mm的冲击试样，在钢板厚度截面制缺口。拉伸平行试样和冲击平行试样均为 3 个。

Ti 微合金钢经不同控轧控冷工艺处理后的显微组织如图 5-19 所示。可以看出，轧后以 72℃/s 冷却速度冷至 620℃，实验钢显微组织主要包含多边形铁素体，如图 5-19a 所示。通过图 5-19d TEM 像中可以看出，多边形铁素体包含大量位错密度，这些高密度位错是在热轧过程中产生的，且通过超快冷工艺被保留下来。图 5-19c 为实验钢轧后超快冷至 580℃ 的金相显微组织，可以看出组织主要包含粒状贝氏体及少量黑色珠光体。图 5-19d 为粒状贝氏体的典型形貌及马奥岛

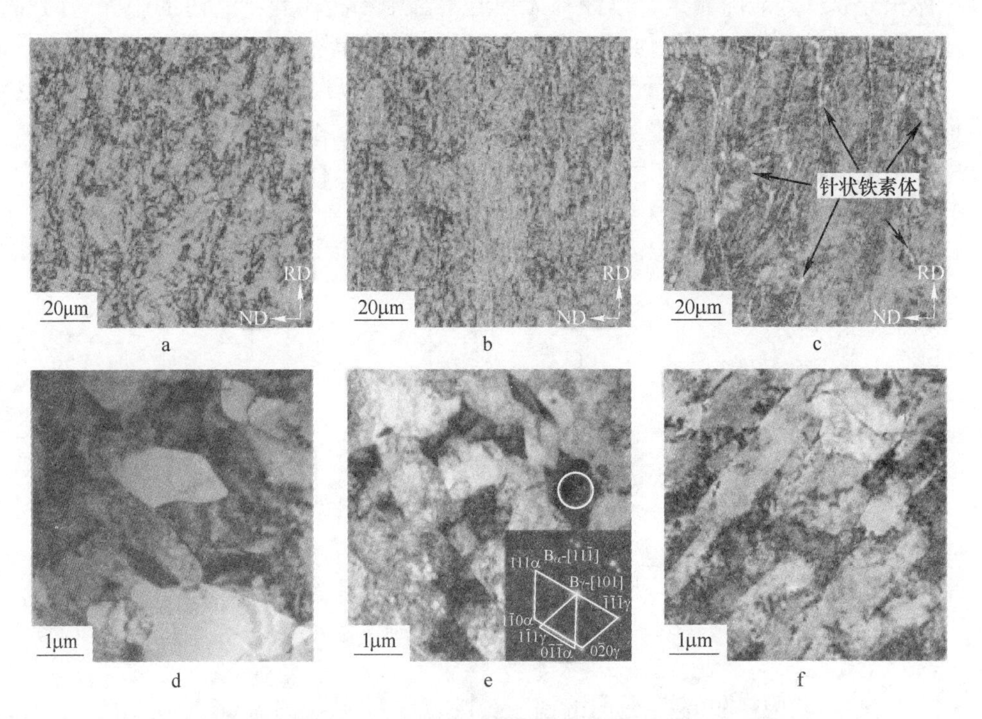

图 5-19 实验钢经超快冷至不同温度的金相组织及 TEM 形貌

a—终冷温度 620℃的金相；b—终冷温度 580℃的金相；c—终冷温度 540℃的金相；
d—终冷温度 620℃的 TEM；e—终冷温度 580℃的 TEM；f—终冷温度 540℃的 TEM

的选区电子衍射，可以看出马氏体与奥氏体符合 Kurdjumov-Sachs（KS）取向关系，即$[11\bar{1}]_{\alpha}//[10\bar{1}]_{\gamma}$和$(101)_{\alpha}//(111)_{\gamma}$。图 5-19c 为实验钢轧后超快冷到 540℃的金相组织，可以看出组织中包含大量的板条贝氏体及少量的仿晶界型铁素体。过冷奥氏体在冷却过程中会首先在原子排列紊乱高能量的晶界处形成晶界铁素体，轧制过程中的形变也会在一定程度诱导晶界铁素体的形成。图 5-19f 为板条贝氏体组织形貌，由图可知条状碳化物存在于板条之间。

图 5-20 为钛微合金钢超快冷至 620℃和 580℃的 EBSD 晶粒取向图，可以看出超快冷至 620℃时，晶粒具有明显的<101>择优取向，这种择优取向在超快冷至 580℃实验钢中是不具有的。利用等效晶界（取向差大于 15°）进行有效晶粒尺寸测量，可以得到超快冷至 620℃ 和 580℃ 有效晶粒尺寸分别为 7.5μm 和 6.9μm。

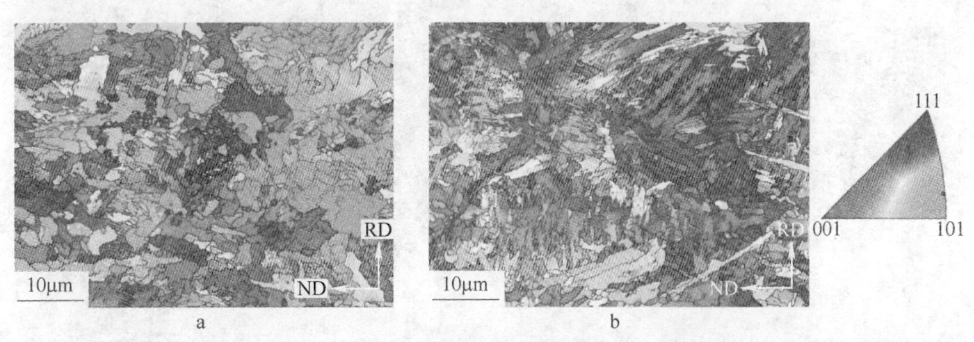

图 5-20 实验钢超快冷至 620℃和 580℃晶粒取向图

a—620℃；b—580℃

图 5-21 为钛微合金钢在不同冷却阶段析出物形成示意图，在凝固过程及再

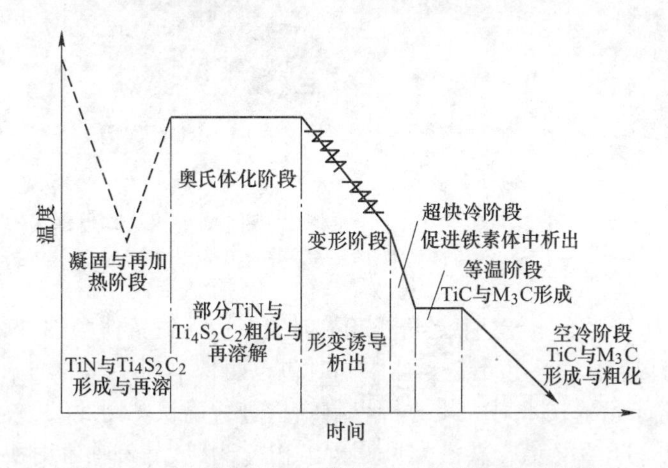

图 5-21 Ti 微合金钢在不同阶段析出物形成示意图

加热过程中，TiN 和 $Ti_4S_2C_2$ 会形成并再溶，其 SEM 形貌及典型 EDX 能谱如图 5-22a、b 所示。TiN 会形成于凝固过程及过饱和奥氏体中。尺寸较大的 TiN 在凝固过程中形成，形成温度约为 1540℃。在 1400~1200℃，TiN 和 $Ti_4C_2S_2$ 在过饱和奥氏体中形成，TiN 与 $Ti_4C_2S_2$ 均具有较高的固溶温度，可以起到钉扎晶界的作用抑制晶粒粗化。之后在奥氏体化阶段，会发生部分 TiN 与 $Ti_4C_2S_2$ 的粗化与溶解。在奥氏体变形过程中，析出物会在位错或者晶界处形成，称为形变诱导析出；在后续的超快冷阶段，其粗化会被抑制，有利于析出物在铁素体中的生成。在最后的等温及空冷过程中，会在过饱和铁素体或者奥氏体向铁素体转变过程中发生 TiC 与 M_3C 的形核与粗化，如图 5-22c、d 所示。本节的研究重点为等温阶段及后续的空冷阶段析出物的研究。

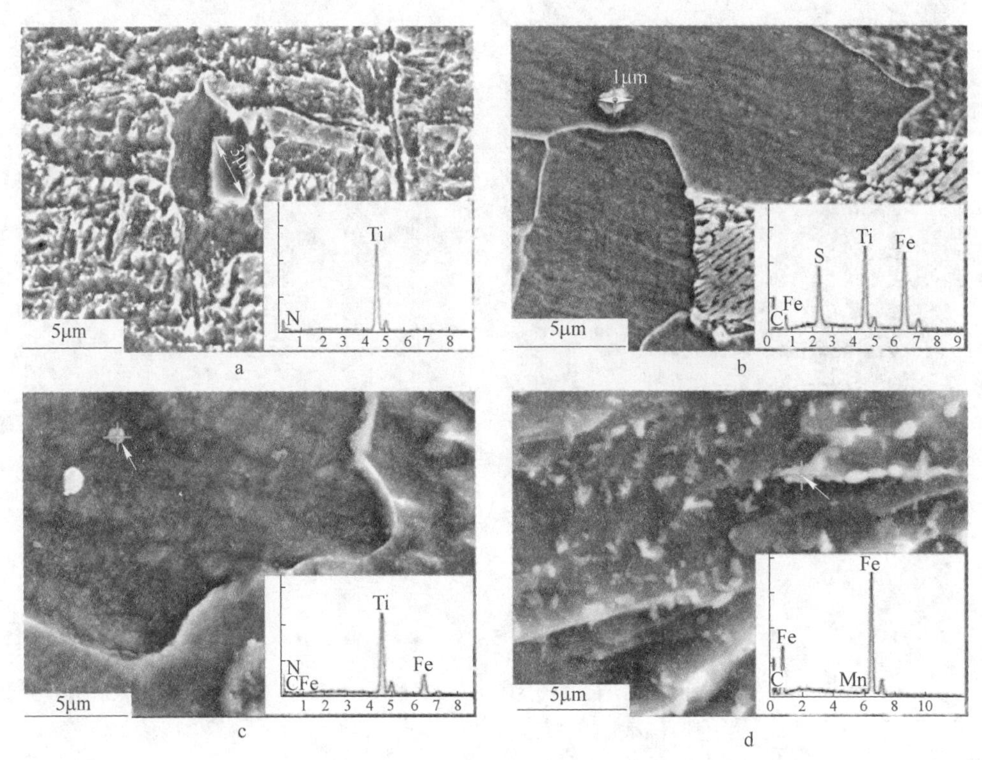

图 5-22　Ti 微合金钢在不同阶段析出物 SEM 形貌及 EDS 能谱

a，b—凝固与再加热阶段；c，d—等温及空冷阶段

图 5-23 为 Ti 微合金钢超快冷至 620℃时的多边形铁素体中纳米碳化物形貌。从图 5-23a 可以看出，多边形铁素体中同时包含两种不同尺寸的纳米析出物，因此采用选区电子衍射技术对大尺寸析出物结构进行确认。图 5-23b 为图 5-23a 中圆圈所示区域的 SADP 谱，其沿大尺寸析出物［301］晶带轴入射所得，可以看出析出物具有正交结构，且可以计算出大尺寸析出物的晶格常数分别为 0. 449nm

和 0.506nm，因此可以确认析出物为渗碳体。图 5-23c 为图 5-23a 中方框所示析出物的 HRTEM 形貌，可以看出析出物具有明显的摩尔条纹。图 5-23d 为图 5-23c 中方框所示区域的快速傅里叶变换衍射（FFT）谱，可以看出 FFT 谱为面心立方[110]带轴，计算出析出物的晶格常数 0.432nm，与 TiC 相匹配。

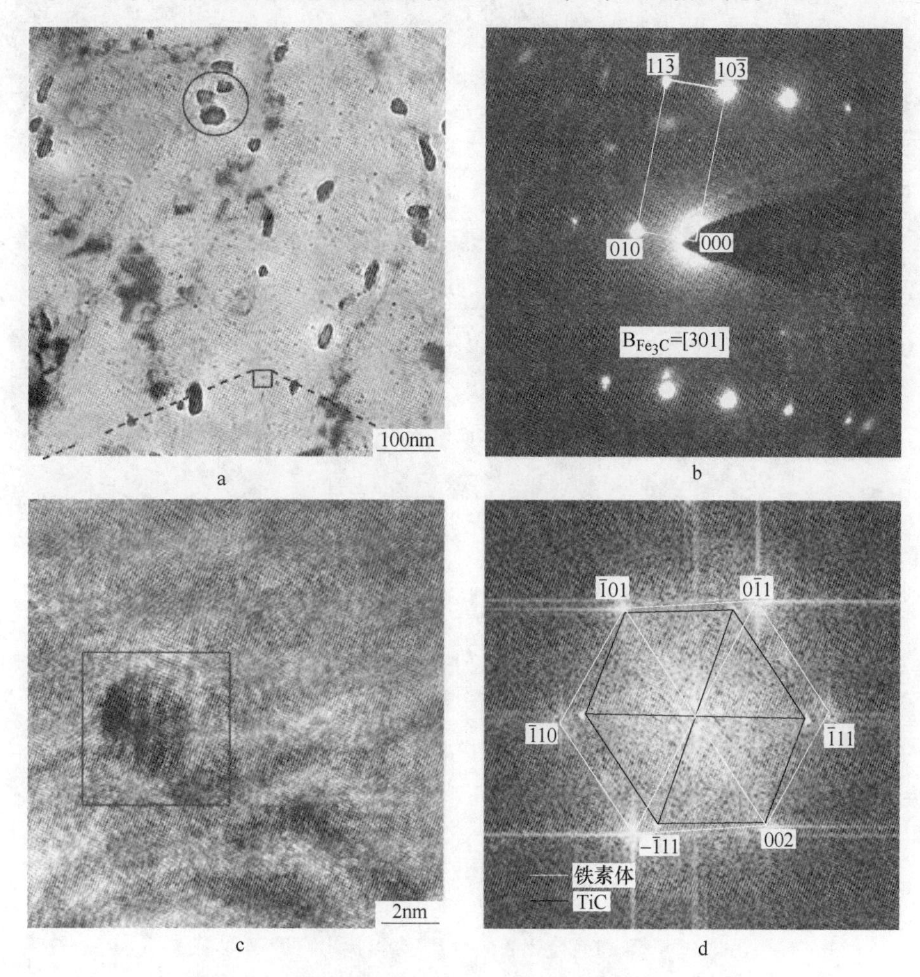

图 5-23 实验钢超快冷至 620℃时的析出物 TEM 形貌

a—析出物形貌；b—SADP 谱；c—HRTEM 形貌像；d—FFT 谱

图 5-24 为 Ti 微合金钢超快冷至 580℃时的多边形铁素体中析出物形貌。图 5-24a 中析出物呈现弥散分布，且尺寸在 2~10nm。图 5-24b 为析出物的典型 HRTEM 像，可以看出清晰的 Moirè 条纹，通过 Moirè 条纹可以对析出物的尺寸进行精确测量。经过测量可知，平行于 Moirè 条纹方向的尺寸为 5.49nm，沿垂直于 Moirè 条纹方向的尺寸为 5.26nm。通过对析出物的 FFT 衍射谱进行分析，可以得出析出物的晶格常数进而确定其为 TiC，如图 5-24c 所示。

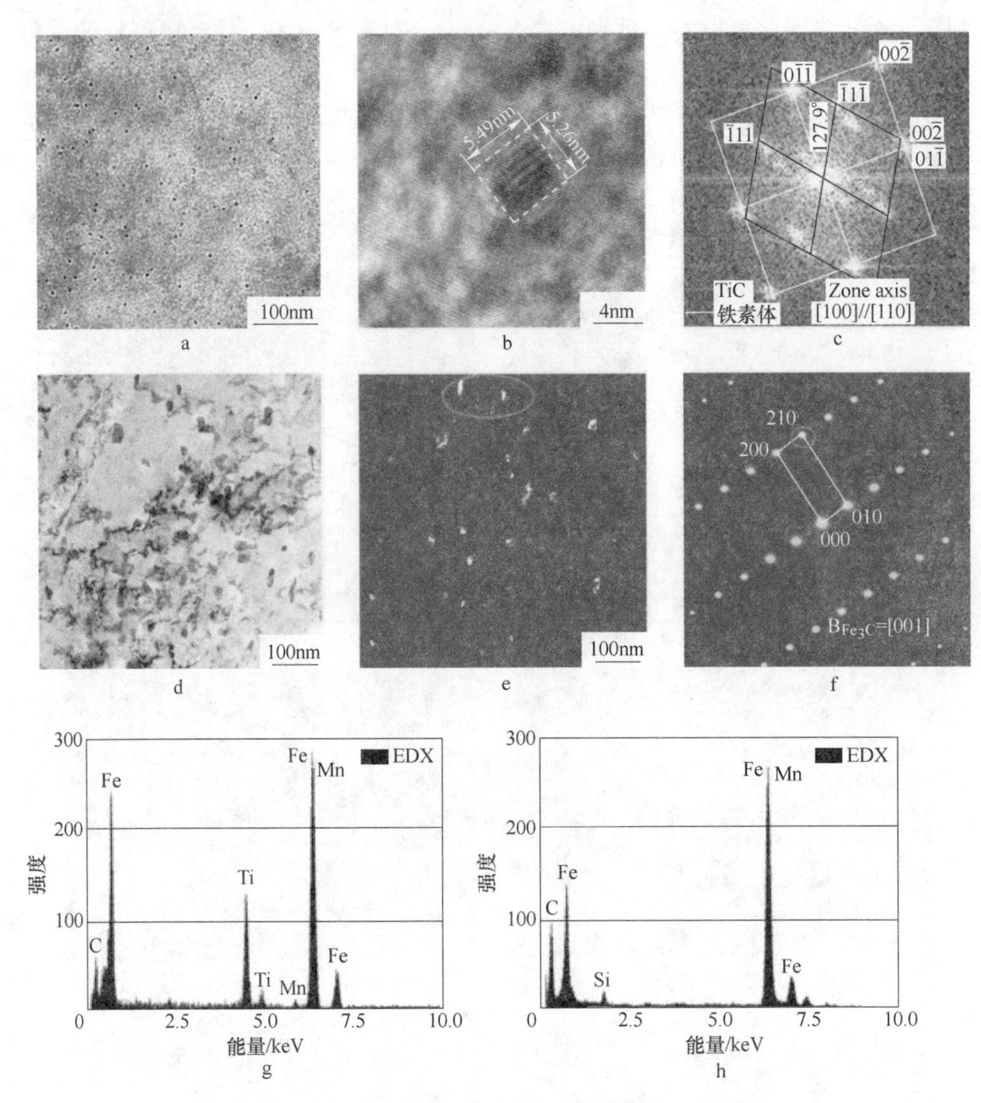

图 5-24　Ti 微合金钢超快冷至 580℃ 析出物 TEM 形貌

a—PF 中 TiC 的形态；b—TiC 颗粒的 HRTEM 图像；c—相应的 FFT 衍射图；
d—BF 图像；e—DF 图像；f—相应的 SAED 图；g—TiC 的 EDX 图；h—Fe_3C 的 EDX 图

在此工艺下除了观察到 TiC，还观察到另一种尺寸较大的析出物，如图 5-24d、e 中明暗场像所示。图 5-24f 为电子束沿 5-24d 中［001］MC 晶带轴入射所得的 SAED 谱，经标定分析可知析出物的晶格常数为 4.525nm 和 5.089nm，且其晶格结构为正交结构，因此可确定该析出相为渗碳体。图 5-24e 是圈中 SAED 谱中（210）Fe_3C 衍射斑所得的中心暗场像，其中析出物具有相同取向关系。图 5-24g、h 分别为两种析出物的 EDX 谱，可以确定是 TiC 与 Fe_3C 共存。

图 5-25 为钛微合金钢超快冷至 540℃时的显微组织及析出物形貌。图 5-25a 为其 TEM 形貌和析出物的 SAED 谱，可以看出显微组织主要包含板条贝氏体，且在板条贝氏体间存在大量长条状析出相（箭头所指区域）；通过对其进行 SEAD 谱分析可知，此析出相为渗碳体。经测量，渗碳体的平均长度约为 400nm，宽度约为 50nm。图 5-25b 为板条贝氏体中的纳米析出物形貌及其 SAED 谱，其中电子束沿［011］MC 晶带轴入射，其晶格常数为 0.432nm，可以确定析出物为 TiC。

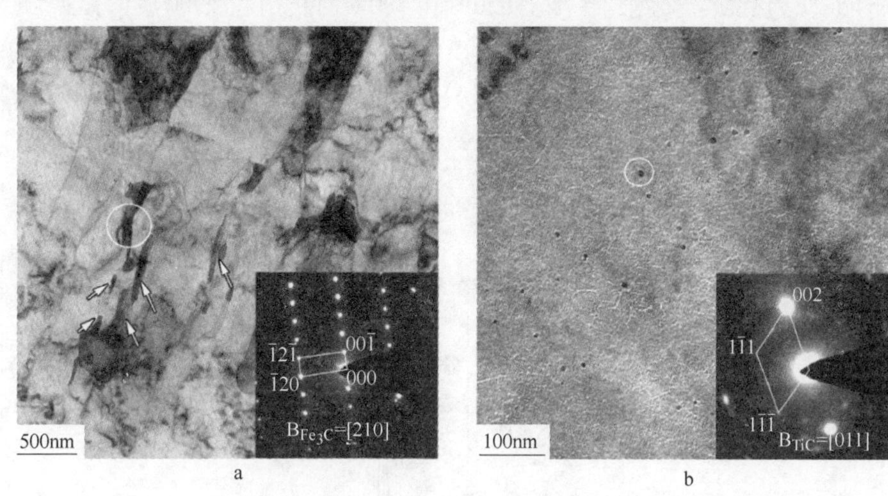

图 5-25　实验钢超快冷至 540℃时的 TEM 形貌

a—贝氏体板条边界上的渗碳体及 SAED 谱；b—贝氏体板条中的 TiC 析出物及 SAED 谱

图 5-26 为典型的纳米微合金碳化物及渗碳体的 HRTEM 晶格图像，可以利用

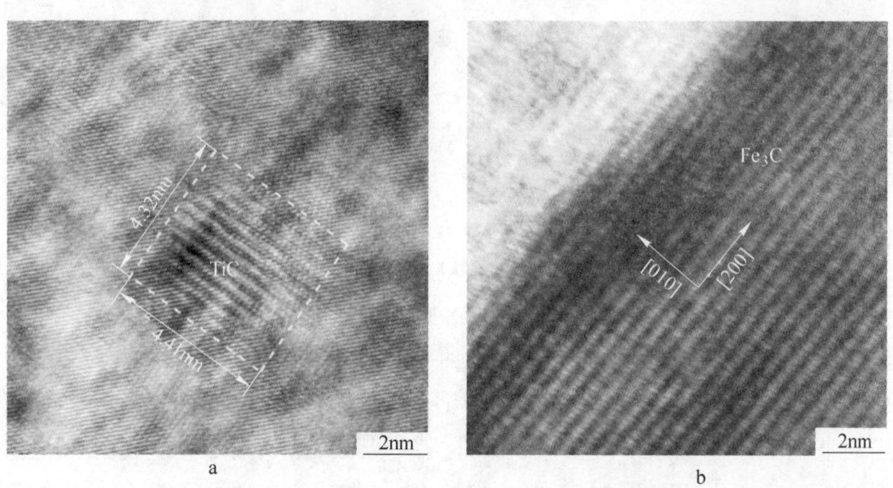

图 5-26　Ti 微合金钢中析出相的典型 HRTEM 形貌

a—TiC；b—Fe_3C

Moirè 条纹进行微合金碳化物的尺寸测量。经过测量可知，图 5-26a 中析出物平行于 Moirè 条纹方向的尺寸为 4. 41nm，沿垂直于 Moirè 条纹方向的尺寸为 4. 32nm，沿此方向观察到的析出物的纵横比接近于 1。微合金碳化物的平均尺寸为多次测量平均值。图 5-26b 为纳米渗碳体的 HRTEM 二维晶格图像，晶格常数测量结果与 SAED 谱分析结果匹配。

图 5-27 为钛微合金钢超快冷至 620℃和 580℃时析出粒子的尺寸分布，每个试样测量 100 个析出粒子尺寸。可以看出，超快冷至 620℃时，TiC 与 Fe_3C 的平均尺寸分别为 5. 4nm 和 32. 8nm；当超快冷至 580℃时，TiC 与 Fe_3C 的平均尺寸分别为 3. 8nm 和 22. 4nm。

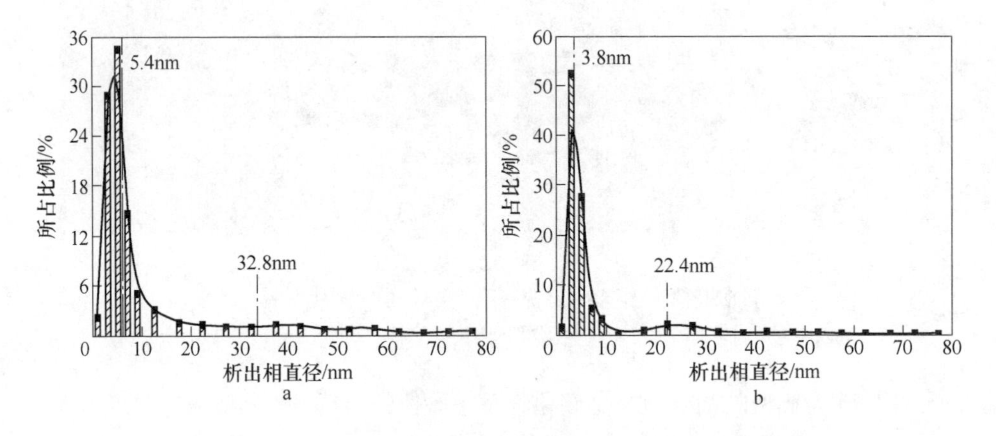

图 5-27　钛微合金钢超快冷至不同温度析出粒子尺寸分布

a—620℃；b—580℃

表 5-4 为实验钢轧后超快冷至不同温度下的力学性能，包含屈服强度、抗拉强度、总伸长率及-20℃和-40℃夏氏冲击功（表 5-4 括号中数据为标准偏差）。可以看出，当超快冷至 580℃时，可以获得最佳的强韧性。其中屈服强度为650MPa，抗拉强度为 750MPa，伸长率为 17. 4%，-20℃冲击功为 93. 4J。实验钢仅在 Q345 级别基础上添加 0. 08%的 Ti，结合 NG-TMCP 可以将强度提高约 300MPa。实验钢超快冷至 540℃时，屈服强度为 590MPa，-20℃夏氏冲击功为 26. 3J。相比于超快冷至 580℃力学性能的差异主要取决于其粒状贝氏体界面上的大尺寸渗碳体。根据 Griffth 裂纹扩展原理可知，大尺寸硬相通过减小裂纹扩展功有助于裂纹的扩展。另外，大尺寸渗碳体形成于板条贝氏体界面降低了纳米渗碳体强化的潜力，因此在后续的研究中主要针对超快冷至 620℃和 580℃进行研究。

表 5-4　超快冷至不同温度下实验钢的力学性能及其标准偏差

温度/℃	屈服强度/MPa	抗拉强度/MPa	伸长率/%	冲击韧性（V-notch/J）	
				-20℃	-40℃
620	615（2.8）	735（5.7）	22.6（1.3）	62.4（7.2）	43.5（3.6）
580	650（4.3）	750（2.8）	17.4（1.1）	93.4（8.6）	65.7（6.7）
540	590（2.1）	730（6.1）	10.9（0.9）	26.3（3.8）	18.4（2.4）

图 5-28 为实验钢在-40℃冲击断口 SEM 形貌。图 5-28a 为超快冷至 620℃实验钢的断口形貌，其中区域 1 为放射区，其放大如图 5-28b 所示，可以看出放射区主要为解理面并包含明显的裂纹，如箭头所指。图 5-28c 为超快冷至 580℃实验钢的断口形貌，区域 1 为放射区，区域 2 为剪切唇，其放大如图 5-28d、e 所示，可以看出放射区主要为包含部分小韧窝的准解理面及部分小裂纹，剪切唇主要由小且深的韧窝组成，在部分韧窝中可以观察到有小的析出物粒子（见图 5-28e 中圆圈）。相比于实验钢超快冷至 580℃，620℃几乎观察不到剪切唇，因此可以得出超快冷至 620℃低温冲击韧性较 580℃差。

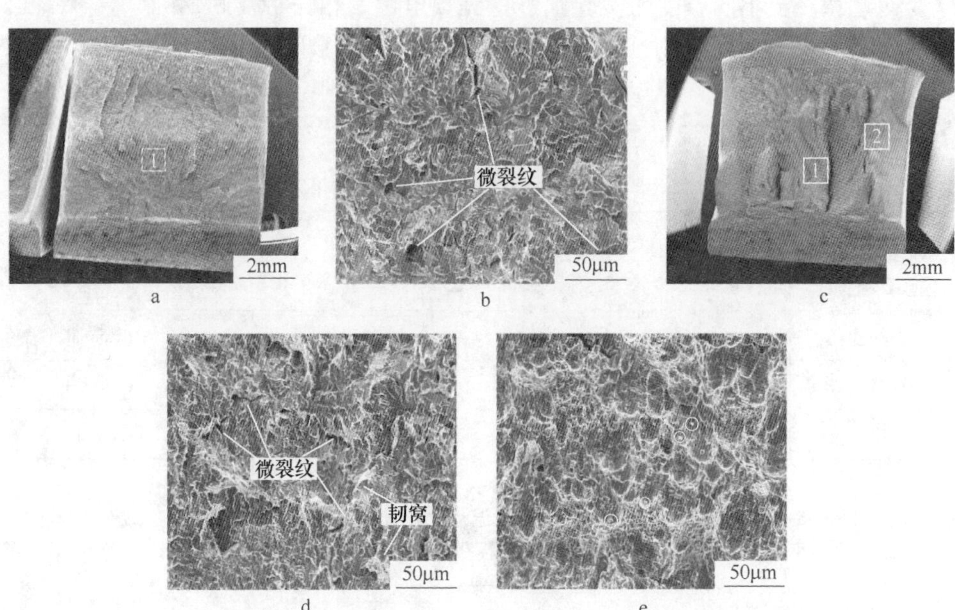

图 5-28　实验钢超快冷至不同温度低温冲击韧性断口形貌

a—超快冷至 620℃实验钢的断口形貌；b—图 a 中 1 区（自由基区域）的断口形貌；
c—超快冷至 580℃实验钢的断口形貌；d—图 c 中 1 区（自由基区域）的断口形貌；
e—图 c 中 2 区（剪切唇区域）的断口形貌

为了对其原因进行分析，对其组织中大小角晶界进行测定。图 5-29 为超快冷至 620℃和 580℃实验钢的大小角晶界分布。大角度晶界可以有效阻止裂纹的扩展；超快冷至 580℃实验钢具有较高比例的大角度晶界，如图 5-29 所示，这些大角度晶界可以很大程度阻碍裂纹扩展获得好的低温韧性。

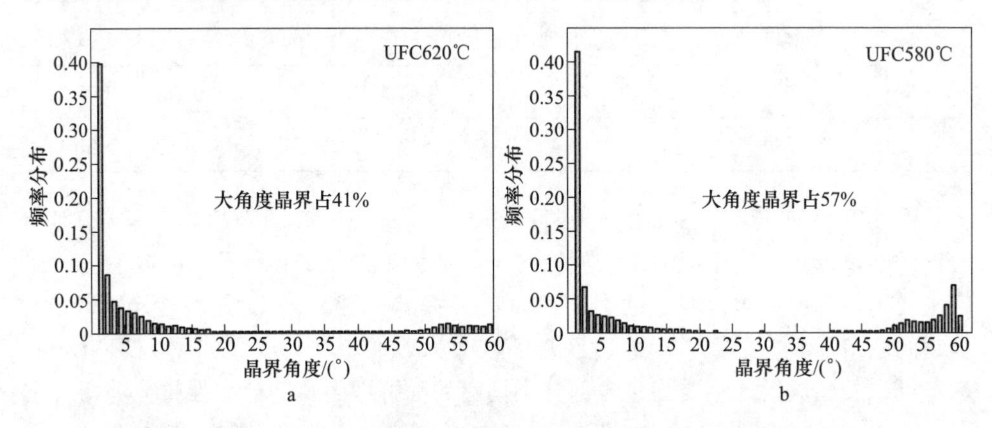

图 5-29　不同超快冷终冷温度下实验钢的 EBSD 衍射质量图及其大小角晶界分布

a—超快冷至 620℃；b—580℃大小角晶界分布

对超快冷至不同温度的实验钢进行无损电解、相分析及 SAXS 实验。表 5-5 为电解后的析出物经 X 射线衍射所得析出物晶格常数。从 XRD 结构可以看出，析出相包含 $M_3(C, N)$、$Ti_4C_2S_2$、TiC 和 Ti(C, N)。M_3C 和 MC 的质量分数见表 5-6，可以看出其超快冷至不同温度下的质量分数接近。

表 5-5　X 射线衍射所得析出物的晶格常数

相结构	晶格常数/nm	晶体结构
$M_3(C, N)$	a_0 = 0.4523-0.4530，b_0 = 0.5088-0.5080，c_0 = 0.6743-0.6772	Orthorhombic
$Ti_4C_2S_2$	a_0 = 0.3210-0.3240，c_0 = 0.11203-1.1308，c/a = 3.49	Hexagonal
TiC	a_0 = 0.431-0.433	Face centered cubic
Ti(C, N)	a_0 = 0.425-0.427	Face centered cubic

表 5-6　Ti 微合金钢超快冷至不同温度下析出物的质量分数及化学组成

序号	MC 相		M_3C 相	
	质量分数/%	分子式	质量分数/%	分子式
1	0.0313	$Ti(C_{0.609}N_{0.391})$	1.4113	$(Fe_{0.9856}Mn_{0.0144})_3C$
2	0.0338	$Ti(C_{0.672}N_{0.328})$	1.5553	$(Fe_{0.984}Mn_{0.016})_3C$

NG-TMCP 的主要设计目标是针对析出强化，因此对析出强化正能量进行计

算显得至关重要。析出物与位错的交互机制主要分为两种，切过机制及绕过机制，这两种强化增量见式（5-4）和式（5-5）[3]。

$$\sigma_{\text{bypass}} = 10.8\frac{\sqrt{f}}{d}\ln(1630d) \tag{5-4}$$

$$\sigma_{\text{shearing}} = \overline{M}\tau_{\text{p}} = \frac{2\times 1.1}{\sqrt{2AG}}\times\frac{\gamma^{3/2}}{b^2}\times d^{1/2}f^{1/2} \tag{5-5}$$

式中 τ_{p}——位错切过析出物的切变应力，MPa；
b——位错的伯氏矢量，取 0.248nm；
G——剪切模量，取 80650MPa；
γ——析出物与铁素体基体的界面能，0.5~1J/m^2；
d——析出物尺寸，μm；
f——析出物的体积分数；
A——位错线张力函数；
$\overline{M}$——平均斯密达取向因子。

从式（5-4）和式（5-5）可以看出，切过机制中强化增量随析出物尺寸增加而增加，绕过机制中强化增量随析出物尺寸增加而减小。因此计算出析出物临界尺寸至关重要，见式（5-6）[3]。

$$d_{\text{c}} = 0.209\frac{Gb^2}{K\gamma}\ln\left(\frac{d_{\text{c}}}{2b}\right) \tag{5-6}$$

式（5-6）中涉及的物理量与式（5-4）和式（5-5）一致。临界半径很大程度上依赖于析出物与基体的界面能。经计算可知，TiC 与 Fe_3C 的临界半径分别为 1.5~6nm 和 4.7~10nm。本节中所有尺寸的 TiC 及尺寸大于 10nm 的 Fe_3C 均采用绕过机制进行计算，对尺寸小于 10nm 的 Fe_3C 采用切过机制进行计算。不同析出物尺寸范围内的析出强化增量见表 5-7。

表 5-7 不同析出物尺寸区间 Fe_3C 与 TiC 对析出强化增量、屈服强度的贡献

序号	直径/nm	TiC		Fe_3C		总增量/MPa
		体积分数/%	屈服强度增量/MPa	体积分数/%	屈服强度增量/MPa	
1	1~5	0.0153	60.5	0.0364	78.6	279.4
	5~10	0.0038	16.5	0	0.0	
	10~18	0.0020	7.6	0.0873	50.1	
	18~36	0.0025	5.2	0.3550	61.0	
	合计	0.0236	89.7	0.4786	189.7	

续表 5-7

序号	直径/nm	TiC		Fe_3C		总增量/MPa
		体积分数/%	屈服强度增量/MPa	体积分数/%	屈服强度增量/MPa	
2	1~5	0.0060	38.0	0.1172	153.9	306.9
	5~10	0.0026	13.6	0.0035	34.2	
	10~18	0.0011	5.6	0.0019	7.4	
	18~36	0.0032	5.9	0.2226	48.3	
	合计	0.0130	63.1	0.3452	243.8	

对低碳钢而言，屈服强度为固溶强化、细晶强化及位错强化的总和，见式（5-7）[3]。

$$\begin{aligned}\sigma_y &= \sigma_{SG} + \sigma_{SS} + \sigma_{SP} \\ &= 600D^{-1/2} + (46[C] + 37[Mn] + 83[Si] + 59[Al] + 2918[N] + 80.5[Ti]) + \sigma_{SP}\end{aligned} \tag{5-7}$$

式中 σ_y，σ_{SG}，σ_{SS}，σ_{SP}——屈服强度、细晶强化贡献、固溶强化贡献及析出强化贡献，MPa。

表 5-8 为实验钢屈服强度及不同强化机制对屈服强度的贡献值，结果显示超快冷至 620℃ 和 580℃ 屈服强度计算值分别为 576.0MPa 和 613.8MPa，相比于实际测量值略低。分析认为，计算值小于实际测量值的原因可能由于在电解过滤过程中会存在小尺寸析出物损失的情况。为了使得计算更加精确，采用 SANS 进行析出物体积分数测量，由于 SANS 检测样品为块体，因此避免了小尺寸析出粒子的流失。图 5-30 为实验钢超快冷至 620℃ 和 580℃ 的磁散射曲线，磁散射强度可由公式（5-8）计算得到。[4]

$$I_{magnetic} = I_{(\alpha=90°)} - I_{(\alpha=0°)} \tag{5-8}$$

表 5-8 实验钢超快冷至不同温度下各种强化增量

序号	直径/μm	强化增量/MPa						实际测量值 γ_y/MPa
		σ_{SG}	σ_{SS}	σ_{SP}	σ_y	$\sigma_{SP,理论}$	$\sigma_{y,理论}$	
1	7.5	218.9	77.7	279.4	576.0	314.4	611.0	615
2	6.9	228.3	78.6	306.9	613.8	351.6	658.5	650

从图 5-30 可以看出，在两种实验钢中均存在三个不同斜率。其中小 q 值范围内，斜率为-4，中 q 及大 q 值其斜率为-2.7 和-1.8。由此可知，析出物具有两种尺寸分布，在不同阶段分别采用指数拟合及 Guinier 拟合，见式（5-9）[4]：

$$I(q) = G_s\exp\left(-\frac{q^2R_s^2}{3}\right) + G\exp\left(-\frac{q^2R_g^2}{3}\right) + Aq^{-4} \tag{5-9}$$

式中 R_s，R_g——大小尺寸析出物的 Guinier 半径；

G_s，G——测量因子。

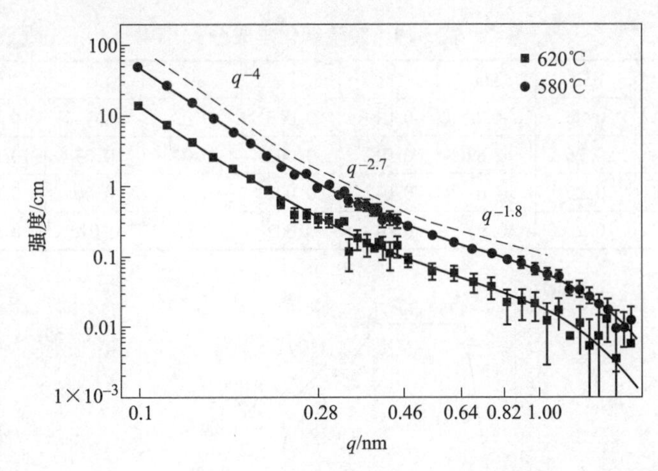

图 5-30 Ti 微合金钢超快冷至 620℃和 580℃经 SANS 检测所得散射曲线

经 SANS 磁散射拟合后的小尺寸（1～5nm）析出物及体积分数见表 5-9。超快冷至 620℃实验钢的平均半径为 2.4nm，体积分数为 0.055%；超快冷至 580℃实验钢的平均半径为 1.8nm，体积分数为 0.130%。通过计算可知，尺寸在 1～5nm 的析出物强化增量 620℃时为 174.1MPa、580℃时为 198.6MPa。析出强化总量（$\sigma_{sp,理论}$）620℃时为 314.4MPa、580℃时为 351.6MPa，对屈服强度进行重新计算所得结果与实际测量值良好匹配。通过以上分析可知，轧后超快速冷却至 580℃，实验钢的析出强化增量可达 350MPa。

表 5-9 超快冷至 620℃和 580℃实验钢经 SANS 所得小析出物尺寸及其体积分数

温度/℃	SANS		
	R_s/nm	G_s	f/%
620	2.4（0.2）	0.09（0.02）	0.055
580	1.8（0.1）	0.17（0.03）	0.130

5.2.2 Ti 含量的影响

实验钢是在 Q235 钢基础上添加了不同含量的微合金元素 Ti，其化学成分见表 5-10，用 150kg 真空感应炉进行冶炼并浇铸钢锭，锻造后坯料尺寸为 100mm×100mm×120mm。热轧与冷却实验在东北大学轧制技术及连轧自动化国家重点实验室的 ϕ450mm 轧机上进行，加热温度为 1250℃，保温 2h 后，在轧机上经两阶段控制轧制，轧成厚度为 12mm 的样板，并在第四道次后待温。实验钢粗轧开轧温度为1100℃，终轧温度为1000℃，精轧开轧温度930℃，终轧温度850℃，终冷温度控制在680℃，冷却结束进行空冷至室温（见图5-31）。

表5-10 实验钢化学成分 （质量分数，%）

序号	C	Si	Mn	S	P	Al	Ti	O	N
1	0.15	0.25	0.6	0.014	0.003	0.03		0.003	0.005
2	0.16	0.26	0.62	0.012	0.002	0.04	0.03	0.003	0.004
3	0.16	0.25	0.62	0.012	0.002	0.05	0.06	0.003	0.004
4	0.16	0.25	0.62	0.013	0.002	0.03	0.075	0.003	0.003

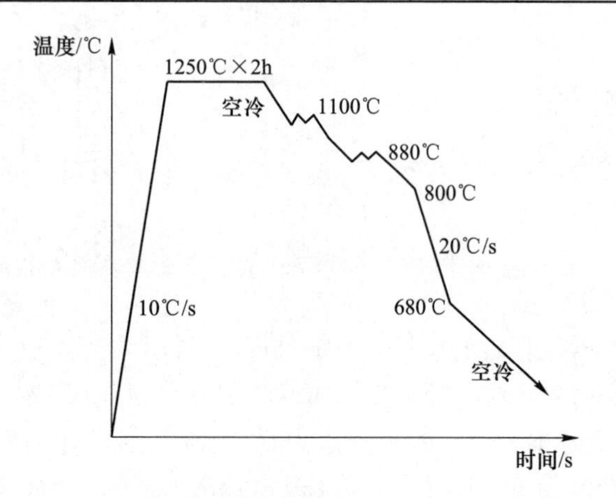

图5-31 热轧实验工艺示意图

表5-11为不同Ti含量下实验钢的力学性能。在不同的Ti含量下，实验钢的力学性能存在差别，其抗拉强度在670~440MPa之间，屈服强度在550~300MPa之间，伸长率在26.5%~36.5%之间，屈强比在0.68~0.82之间。

表5-11 实验钢的力学性能

Ti/%	抗拉强度/MPa	屈服强度/MPa	伸长率/%	屈强比
0	440	300	36.5	0.68
0.03	555	415	33.5	0.74
0.06	610	480	28.5	0.78
0.075	670	550	26.5	0.82

图5-32为实验钢的强度、冲击功和伸长率随Ti含量的变化曲线，可以看出随着Ti含量的增加，实验钢屈服强度和抗拉强度显著提高，而伸长率和冲击功显著降低，Ti含量超过0.06%后，冲击功下降速度变缓。Ti含量0.075%实验钢的-40℃冲击功仅为16J。添加0.075%Ti使实验钢获得了250MPa的屈服强度增量，韧脆转变温度提高了16℃。

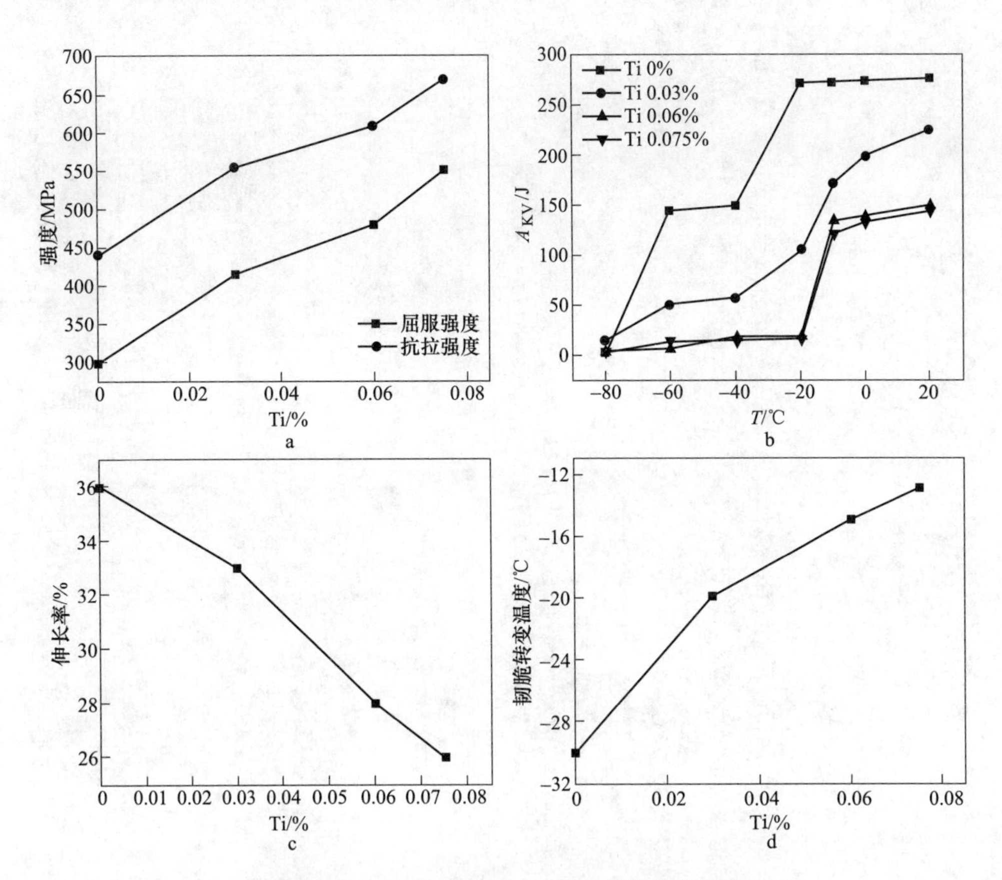

图 5-32 不同 Ti 含量对实验钢力学性能的影响

a—强度；b—冲击试验温度；c—伸长率；d—韧脆转变温度

实验钢在终冷温度为 680℃、冷却速度为 20℃/s 条件下，Ti 含量在 0~0.075%范围变化时金相显微组织如图 5-33 和图 5-34 所示。可以看出，实验钢的显微组织均为多边形铁素体和块状珠光体；随着 Ti 含量的增加，铁素体平均晶粒尺寸逐渐减小，Ti 含量增加到 0.075%，铁素体平均晶粒尺寸从 10μm 减小至 5μm，但是铁素体体积分数逐渐增大。由此表明，Ti 的加入使实验钢铁素体晶粒显著细化；随 Ti 含量的增加，珠光体团块平均尺寸减小，由块状珠光体组织逐渐转变为链条形状珠光体组织，且体积分数明显降低。

实验钢在终冷温度为 680℃、冷却速度为 20℃/s 条件下，Ti 含量在 0~0.075%范围变化时 SEM 组织如图 5-35 所示。

实验钢 TEM 组织如图 5-36 所示。可以看出，随着 Ti 含量的增加，铁素体晶粒内部和晶界析出的碳化物明显增多。析出物为 Ti 的碳化物，尺寸在100nm 左右，其尺寸分布如图 5-37 和表 5-12 所示。

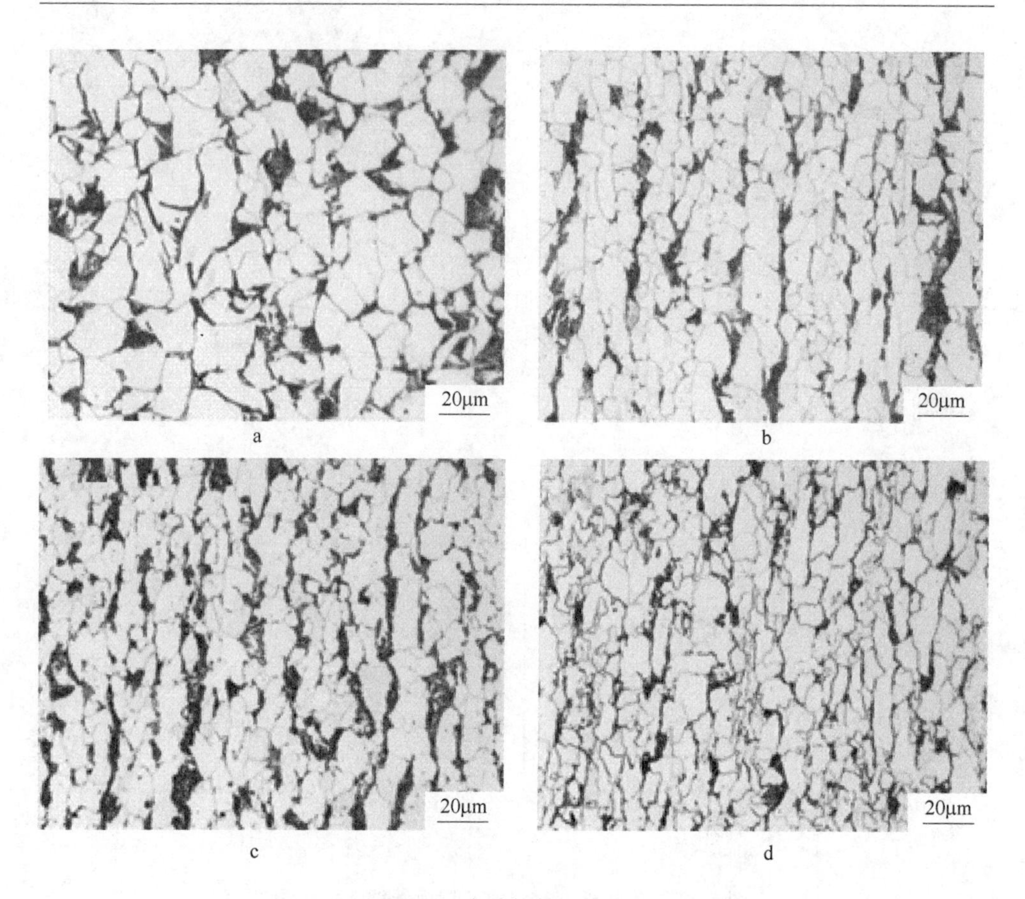

图 5-33 实验钢的金相组织

a—无 Ti；b—0.03%Ti；c—0.06%Ti；d—0.075%Ti

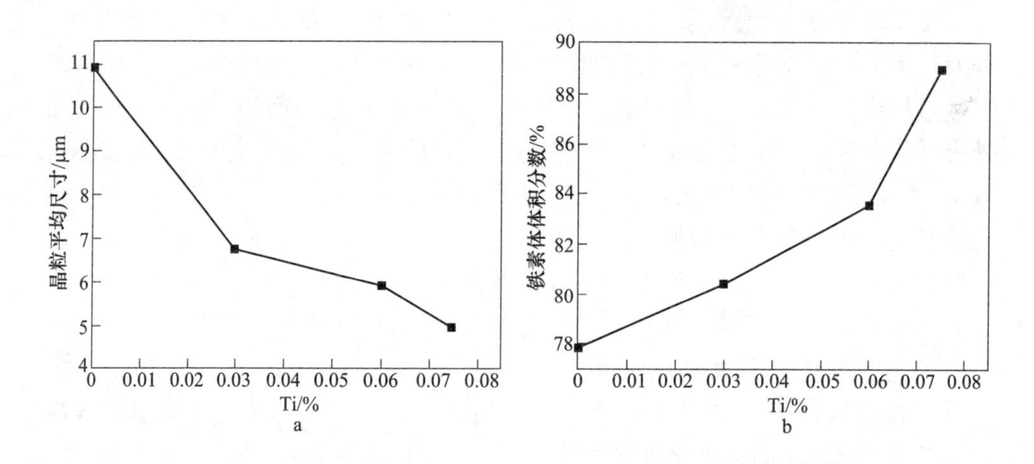

图 5-34 铁素体晶粒平均尺寸（a）及体积分数（b）变化规律

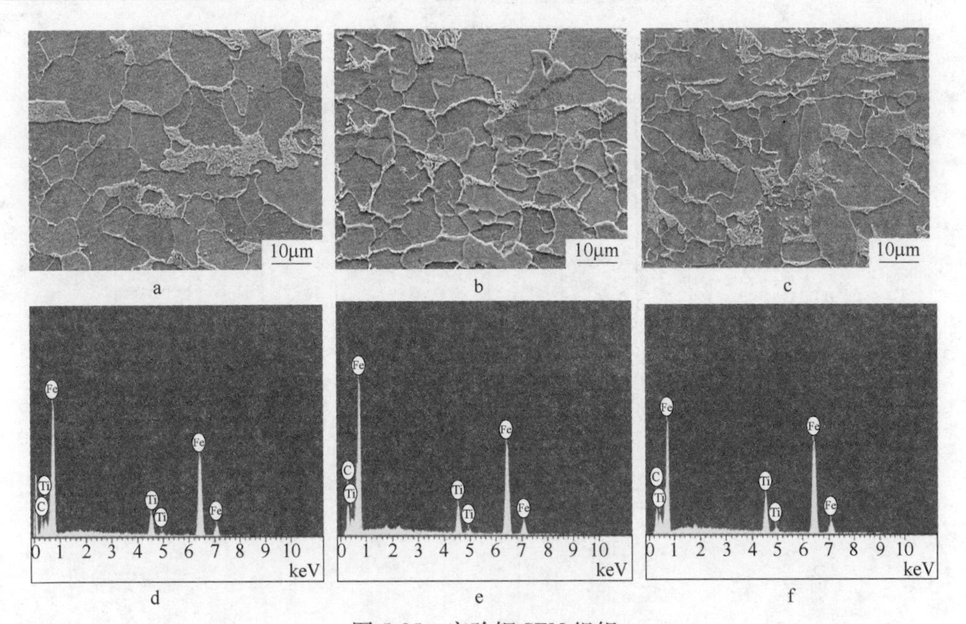

图 5-35 实验钢 SEM 组织

a，d—0.03%Ti；b，e—0.06%Ti；c，f—0.075%Ti

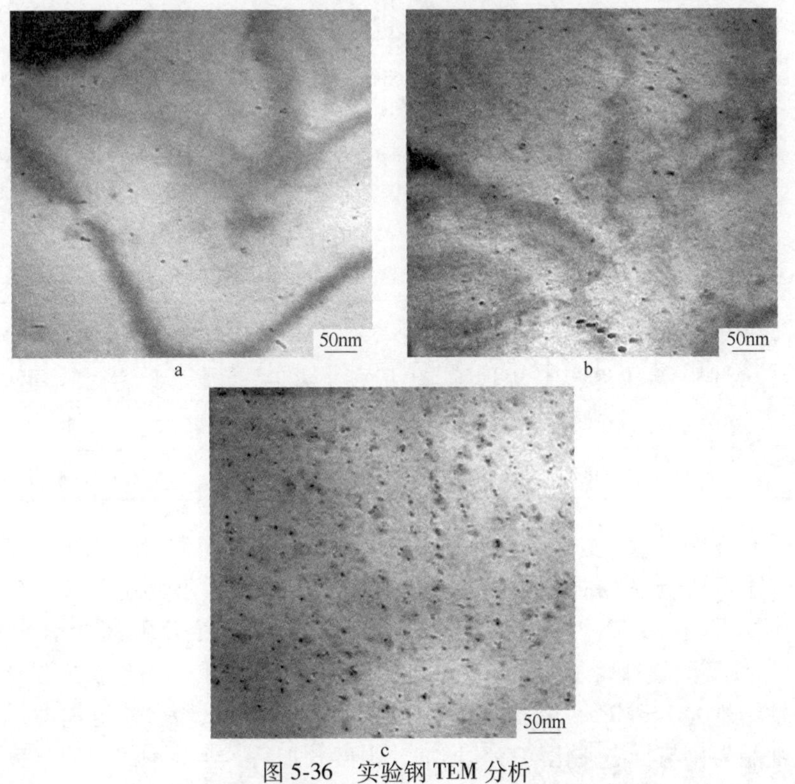

图 5-36 实验钢 TEM 分析

a—0.03%Ti；b—0.06%Ti；c—0.075%Ti

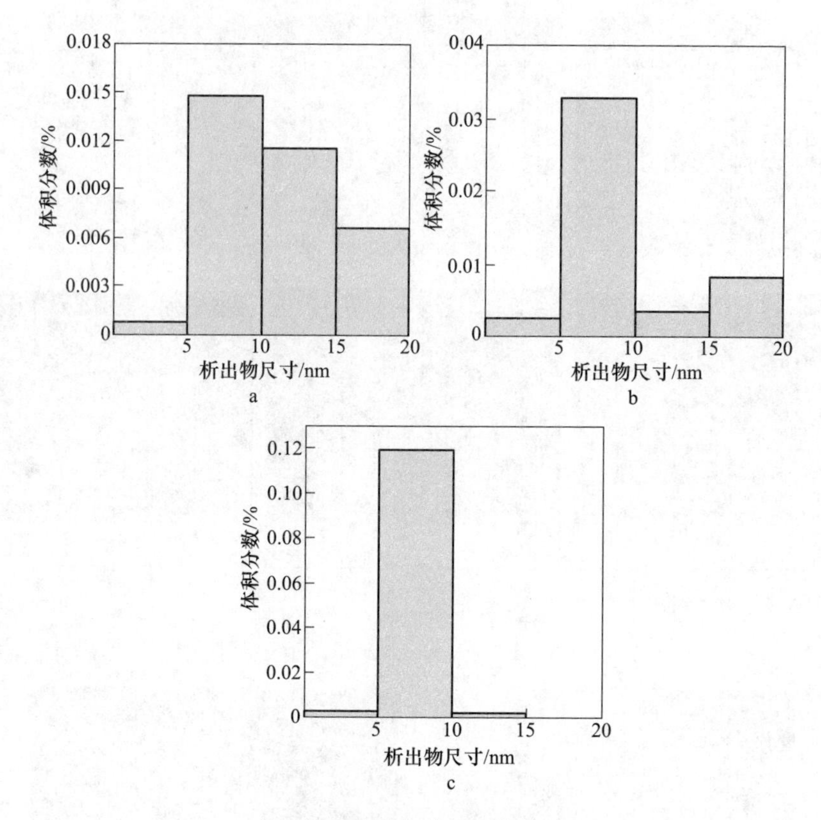

图 5-37　实验钢中析出物数量

a—0.03%Ti；b—0.06%Ti；c—0.075%Ti

表 5-12　不同 Ti 含量钢中检测结果

Ti/%	$f_{(0\sim5)}$/%	$f_{(5\sim10)}$/%	$f_{(10\sim15)}$/%	$f_{(15\sim25)}$/%	$f_{总}$/%	D/nm	$\Delta\sigma_{-\ \mathrm{Orowan}}$/MPa
0.03	0.0007	0.0148	0.0115	0.0066	0.0336	5.4	70.4
0.06	0.0026	0.0328	0.0036	0.0083	0.0473	4.2	106.8
0.075	0.0029	0.1193	0.0021	0	0.1244	5.5	132.66

表 5-13 和图 5-38 为不同 Ti 含量实验钢的不同强化机制的贡献量，可以看出随 Ti 含量的增加，固溶强化、位错强化对屈服强度的贡献变化不大；超快冷工艺下，不同 Ti 含量实验钢的主要强化机制均为细晶强化和析出强化；添加 0.075%Ti 使实验钢获得了约 250MPa 的屈服强度增量，其中由于析出强化产生的屈服强度增量为 133MPa，韧脆转变温度提高了 16℃。试验参数范围内，Ti 含量增加，细晶强化与析出强化均持续增加，强度叠加后，实验钢的屈服强度也逐渐升高。由于析出强化增幅更显著于细晶强化，导致韧性有所降低。

表 5-13 不同 Ti 含量实验钢的屈服强度及其分量

Ti/%	$\Delta\sigma_0$	$\Delta\sigma_{SS}$	$\Delta\sigma_{GB}$	$\Delta\sigma_{Dis}$	$\Delta\sigma_{Orowan}$	$\Delta\sigma_{y计算}$	$\Delta\sigma_{y实测}$
0	53.9	42.07	219.2	60	0	375.17	300
0.03	53.9	42.94	226.5	60	70.4	453.5	415
0.06	53.9	42.77	234.6	60	106.8	498.07	480
0.075	53.9	42.77	248.6	60	132.66	537.93	550

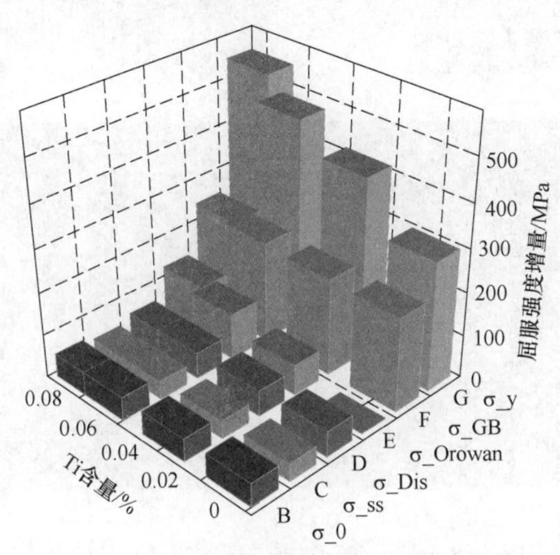

图 5-38 不同 Ti 含量实验钢的屈服强度及分量

选取 0.075%Ti 实验钢，冷却速度 20℃/s 试样作为研究对象，使析出粒子所在晶体学面的晶带轴平行于电子束方向，以观察试样的相间析出特征，如图 5-39a 所示。由图 5-39a 可以看出，该相间析出为弯曲型相间析出，其层间距相差 10nm 左右，属于不规则层间距的弯曲型相间析出（即不规则 CIP）。这可能是移动的相界前方原有固溶质点钉扎相界导致溶质拖拽，使得析出物有足够的时间形核，析出物又有效钉扎相界，使得 γ/α 相界面的迁移受到一定的阻碍。如此反复，即形成了弯曲且有秩序排列的析出。

在某些晶粒内部或同一晶粒局部区域可同时观察到相间析出和弥散析出，如图 5-39b 所示，Kestenbach 等也观察到了相间析出粒子仅占铁素体晶粒的部分区域，并指出这是一个真实的现象，其形成的原因可能是先形成的铁素体长大速度过快，抑制了相间析出的发生，导致铁素体过饱和而发生随机析出。

图 5-39d 表明，析出粒子具有 NaCl 型的 fcc 结构，判断为 TiC 析出相，且 [011] 铁素体//（$\bar{1}11$）碳化物，（$\bar{2}00$）铁素体//（$00\bar{2}$）碳化物，表明析出粒子与铁素体基体间满足 Nishiyama-Wassermann（NW）取向关系，与 H. W. Yen 等

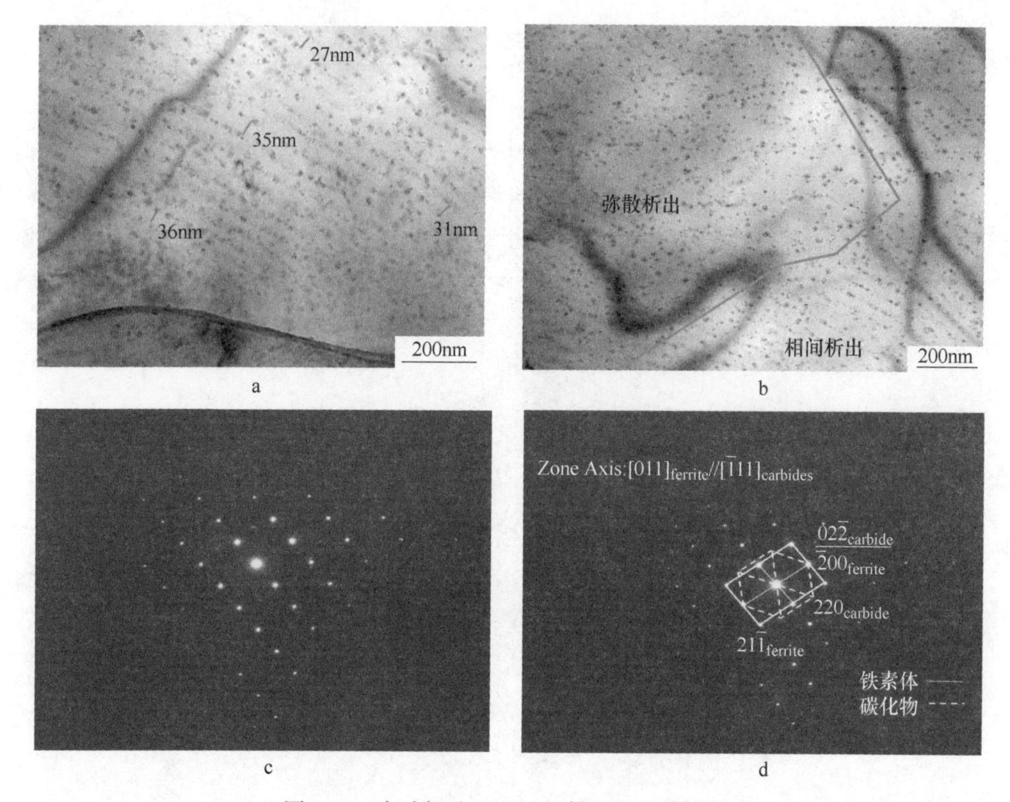

图 5-39　实验钢选区电子衍射花样及其标定

观察到钛的碳化物与铁素体基体间的取向关系一致。计算得出 TiC 析出相的晶格常数约为 0.4215nm。通常，fcc 型析出相与 bcc 型基体之间有三种主要的取向关系，分别是 Baker-Nutting（BN）OR，Nishiyama-Wassermann（NW）OR 和 Kurdjumov-Sachs（KS）OR 取向关系。BN 取向关系为{001}fcc//{001}bcc 和<110>fcc//<010>bcc。在给定的（001）fcc 平面上，有两个<110>晶向：［110］和［$1\bar{1}0$］。因为这两个晶向互相垂直，绕（001）fcc 晶面极点对称旋转 90°后，使［110］和［$1\bar{1}0$］晶体学等价晶向。BN OR 和四种 NW OR 的转换如图 5-40 所示。

表 5-14 为 NW OR 与 BN OR 转换对应表，每种 BN OR 可以产生 4 种 NW OR，因此三种 BN OR 对应有 12 种 NW OR 变换。如果 TiC 析出相粒子在 γ→α 相变开始前的奥氏体中析出，所有的析出相与原始奥氏体之间应该呈相同的晶体学取向关系。γ→α 相变结束后，所有的析出相与铁素体之间也应该呈相同的取向关系。根据表 5-14 可得，图 5-40 第四种为 NW 3a 取向关系类型，该取向类型通过 fcc 晶体绕［$1\bar{1}0$］顺时针旋转 9.7°使原 BN OR 转变为(111)fcc//(011)bcc，说明该试样中 TiC 析出相与铁素体基体之间均呈 NW 3a 取向关系。

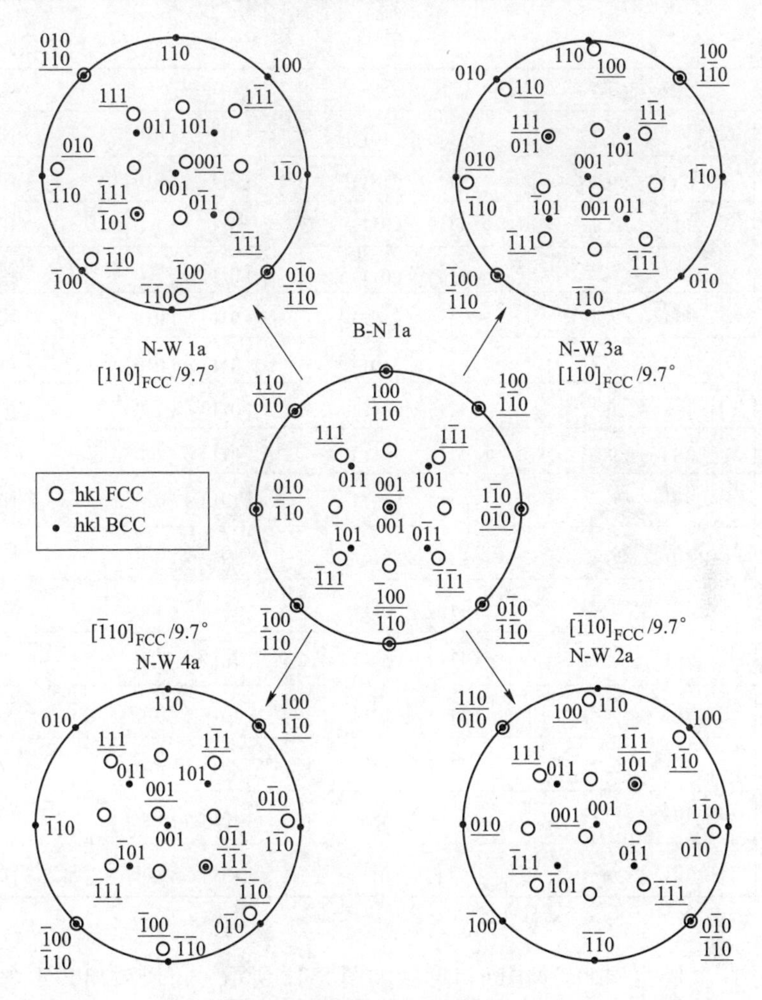

图 5-40 一种 BN OR 通过旋转相同角度变换为四种 NW OR 示意图

表 5-14 NW OR 与 BN OR 变换对应表

BN 转变	旋转(右手)	晶面 fcc//bcc	晶向 fcc//bcc	NW 转变
BN 1a	$[110]_{fcc}/9.7°$	$(\bar{1}11)//(\bar{1}01)$	$[110]//[010]$	NW 1a
	$[\bar{1}\bar{1}0]_{fcc}/9.7°$	$(1\bar{1}1)//(101)$	$[110]//[010]$	NW 2a
	$[1\bar{1}0]_{fcc}/9.7°$	$(111)//(011)$	$[1\bar{1}0]//[100]$	NW 3a
	$[\bar{1}10]_{fcc}/9.7°$	$(\bar{1}\bar{1}1)//(0\bar{1}1)$	$[1\bar{1}0]//[100]$	NW 4a
BN 1b	$[1\bar{1}0]_{fcc}/9.7°$	$(111)//(\bar{1}01)$	$[1\bar{1}0]//[010]$	NW 1b
	$[\bar{1}10]_{fcc}/9.7°$	$(\bar{1}\bar{1}1)//(101)$	$[1\bar{1}0]//[010]$	NW 2b
	$[110]_{fcc}/9.7°$	$(\bar{1}11)//(0\bar{1}1)$	$[110]//[\bar{1}00]$	NW 3b
	$[\bar{1}\bar{1}0]_{fcc}/9.7°$	$(1\bar{1}1)//(011)$	$[110]//[\bar{1}00]$	NW 4b

续表 5-14

BN 转变	旋转(右手)	晶面 fcc//bcc	晶向 fcc//bcc	NW 转变
BN 2a	$[011]_{fcc}/9.7°$	$(1\bar{1}1)//(\bar{1}01)$	$[011]//[010]$	NW 5a
	$[0\bar{1}\bar{1}]_{fcc}/9.7°$	$(11\bar{1})//(101)$	$[011]//[010]$	NW 6a
	$[01\bar{1}]_{fcc}/9.7°$	$(111)//(011)$	$[01\bar{1}]//[100]$	NW 7a
	$[0\bar{1}1]_{fcc}/9.7°$	$(1\bar{1}\bar{1})//(0\bar{1}1)$	$[01\bar{1}]//[100]$	NW 8a
BN 2b	$[01\bar{1}]_{fcc}/9.7°$	$(111)//(\bar{1}01)$	$[01\bar{1}]//[010]$	NW 5b
	$[0\bar{1}1]_{fcc}/9.7°$	$(1\bar{1}\bar{1})//(101)$	$[01\bar{1}]//[010]$	NW 6b
	$[011]_{fcc}/9.7°$	$(1\bar{1}1)//(0\bar{1}1)$	$[011]//[\bar{1}00]$	NW 7b
	$[0\bar{1}\bar{1}]_{fcc}/9.7°$	$(11\bar{1})//(011)$	$[011]//[\bar{1}00]$	NW 8b
BN 3a	$[101]_{fcc}/9.7°$	$(11\bar{1})//(\bar{1}01)$	$[101]//[010]$	NW 9a
	$[\bar{1}0\bar{1}]_{fcc}/9.7°$	$(1\bar{1}\bar{1})//(\bar{1}0\bar{1})$	$[101]//[010]$	NW 10a
	$[10\bar{1}]_{fcc}/9.7°$	$(1\bar{1}1)//(01\bar{1})$	$[10\bar{1}]//[\bar{1}00]$	NW 11a
	$[\bar{1}01]_{fcc}/9.7°$	$(111)//(011)$	$[10\bar{1}]//[\bar{1}00]$	NW 12a
BN 3b	$[10\bar{1}]_{fcc}/9.7°$	$(1\bar{1}1)//(10\bar{1})$	$[10\bar{1}]//[010]$	NW 9b
	$[\bar{1}01]_{fcc}/9.7°$	$(111)//(101)$	$[10\bar{1}]//[010]$	NW 10b
	$[101]_{fcc}/9.7°$	$(11\bar{1})//(011)$	$[101]//[100]$	NW 11b
	$[\bar{1}0\bar{1}]_{fcc}/9.7°$	$(1\bar{1}\bar{1})//(01\bar{1})$	$[101]//[100]$	NW 12b

注：N-W1a 与 N-W1b 等价，N-W 共有 12 种变体。

不同 Ti 含量的-40℃冲击断口形貌如图 5-41 所示，可以看出，不含 Ti 试样在-40℃的冲击断口均为穿晶韧性断口，韧窝有一定的方向性，为撕裂状，形状规则而且分布均匀；随 Ti 含量的增高韧窝越来越少，当 Ti 含量为 0.075%时，断口呈脆性解理断裂。从高倍断口形貌可以看出，在断裂裂纹走向上有大的颗粒物，EDS 分析表明，颗粒物为 Ti 的碳氮化物，这些颗粒物易产生应力集中而导致钢的塑性和韧性下降。

图 5-42 为实验钢在-40℃下的冲击韧窝形貌，并用能谱分析夹杂物成分。可以看出随着 Ti 含量的增加，实验钢韧窝中第二相析出物的体积分数、析出量均明显增加；能谱分析表明，第二相粒子为含 Ti 的碳氮化合物。这些在裂纹走向上析出的第二相离子，严重影响了实验钢的塑性和韧性。因为在实验钢进行冲击时，容易在这些析出的大颗粒的粒子上产生应力集中，在受到冲击时，这些析出位置容易成为裂纹的发生源或者裂纹传播过程中的通道，对钢材的塑性和韧性造成了极大程度的破坏。

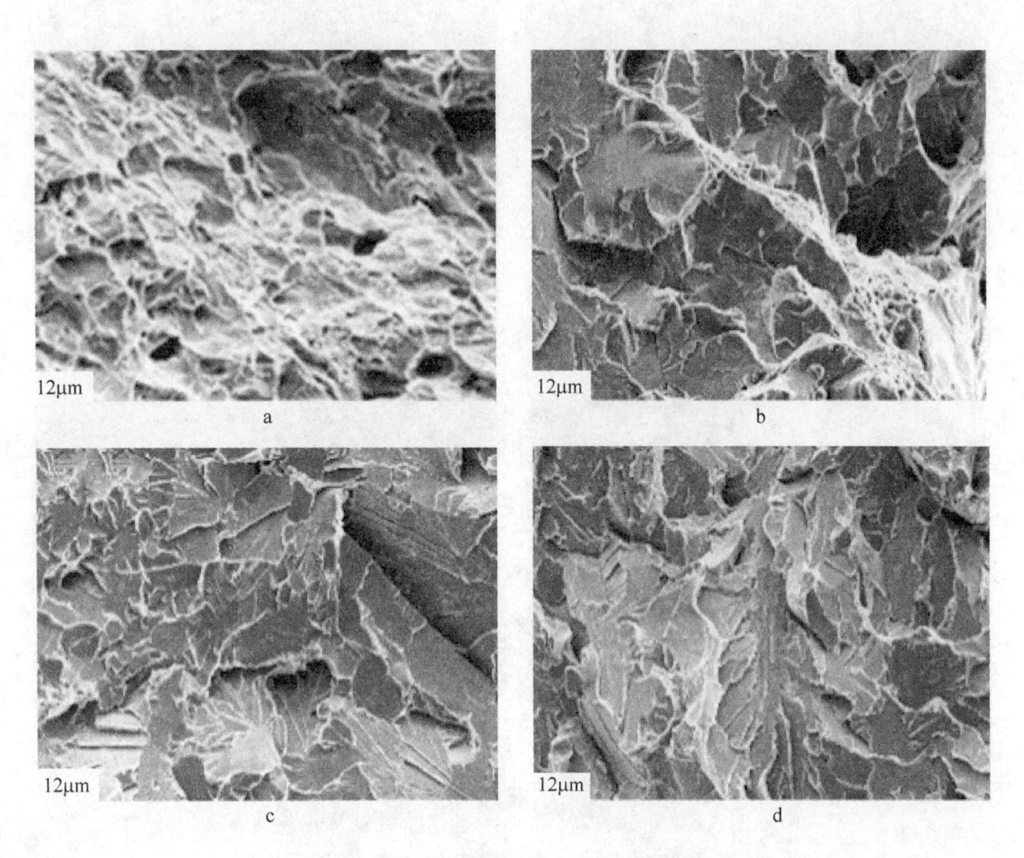

图 5-41　不同 Ti 含量-40℃冲击断口扫描形貌（SEM）

a—0%Ti；b—0.03%Ti；c—0.06% Ti；d—0.075%Ti

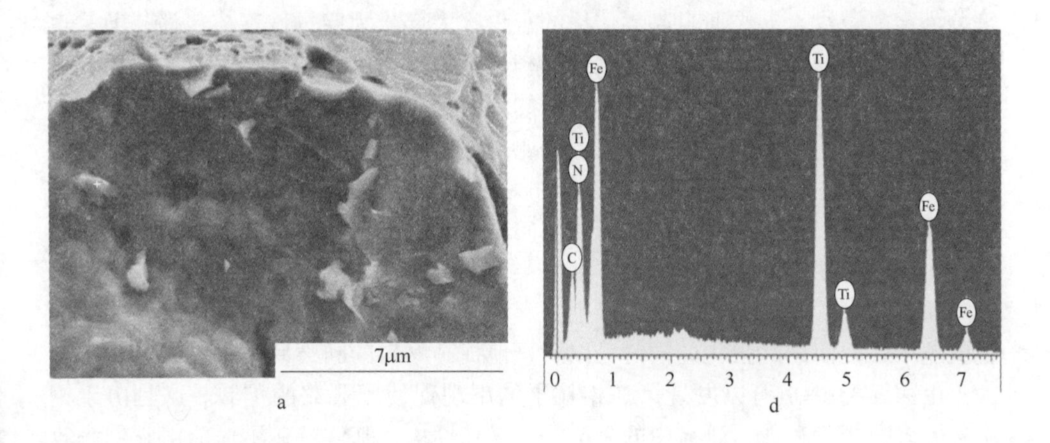

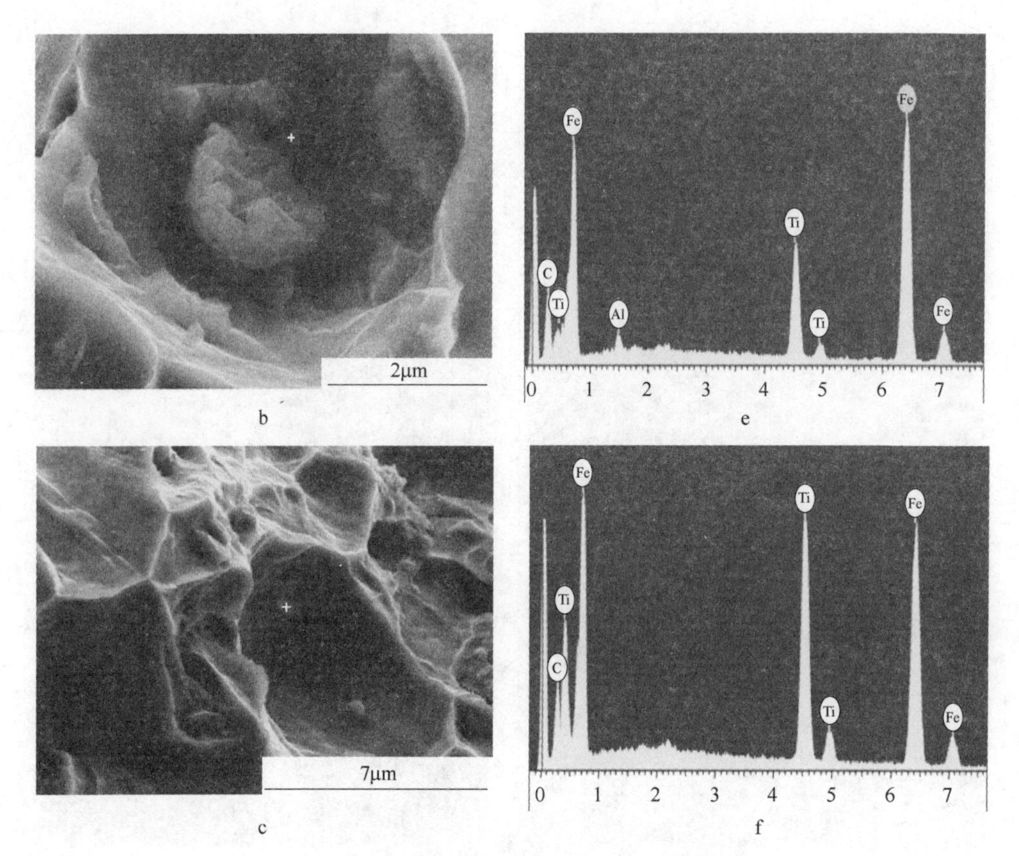

图 5-42　不同 Ti 含量-40℃冲击断口 SEM 形貌

a，d—0.06%Ti；b，e—0.075%Ti；c，f—0.12%Ti

图 5-43 为 Ti 含量为 0.075%的实验钢分别在-40℃、-60℃和-80℃下冲击得到的裂纹扩展路径的 SEM 照片。可以看出，裂纹出现之后，裂纹的传播方式大部分为穿晶裂纹，裂纹通过晶界传播的很少；大部分为穿过铁素体传播，但是也有穿过珠光体的裂纹出现；在高倍数的扫描电镜下还可以发现，裂纹的传播一般都终止在晶界处，在铁素体内停止传播的现象很少出现，并且裂纹每穿过一个铁素体，裂纹的传播方向就发生改变，说明铁素体对裂纹的传播也起到了阻碍的作用。

在微观组织中，晶界两侧晶粒的取向不同和晶界本身原子的不规则排列，使晶界比晶内的变形阻力增大，变形时需要消耗更多的能量。因此，晶粒越细小，晶界面积越大，裂纹尖端附近从产生一定尺寸的塑性区到裂纹扩展所消耗的能量也就越大，因而细晶强化的同时可以明显地提高材料的断裂韧性。

由图 5-43 中也可以发现第二相粒子的出现促使了裂纹的扩展。这是由于钢中的大多数第二相如本研究中的 TiN 等，其韧性均比基体差，不可能由它们来容

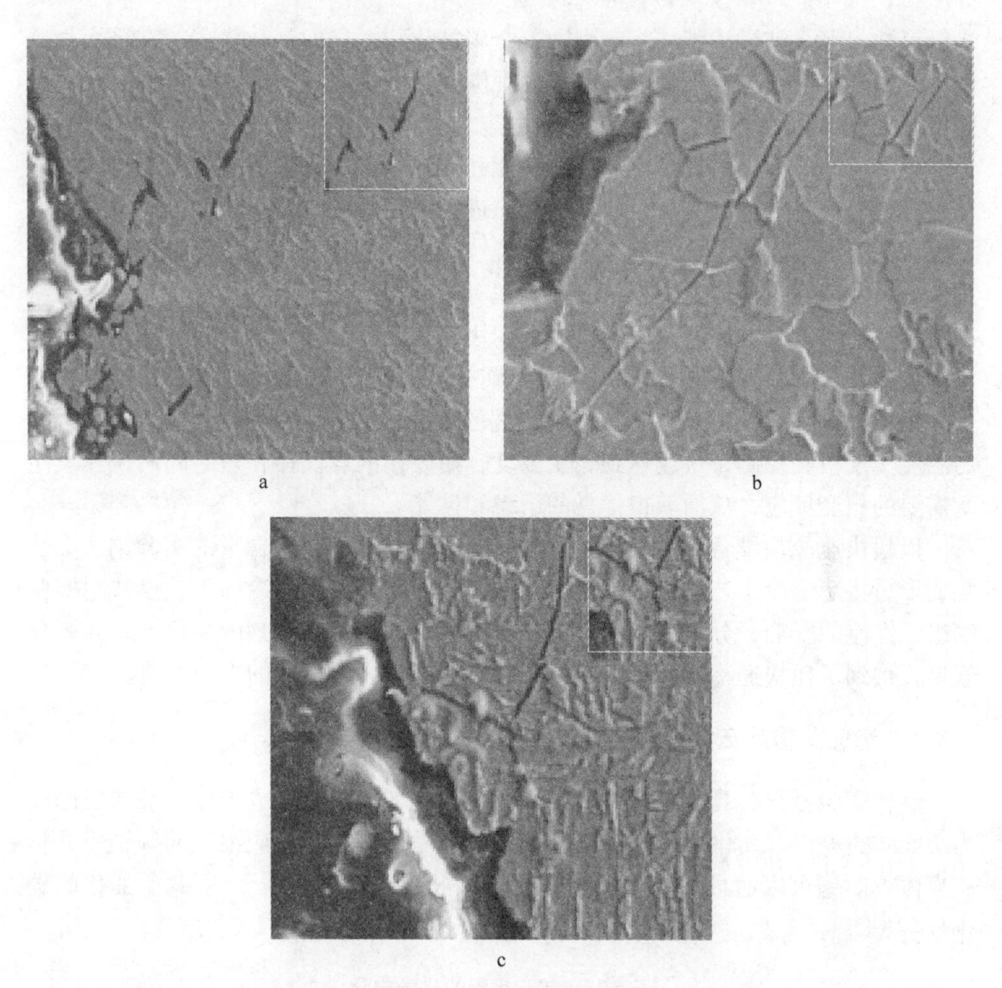

图 5-43　不同温度下 0.075%Ti 实验钢裂纹 SEM 形貌
a— -40℃；b— -60℃；c— -80℃

纳塑性变形，由此限制了裂纹尖端塑性区的尺寸；由于解聚或断裂形成的微裂纹并通过微孔聚合长大机制促使裂纹扩展，因此第二相的析出将使材料的断裂韧性明显降低。

5.3　基于超快冷路径控制的纳米渗碳体析出行为研究

在碳素结构钢中，渗碳体是最常见和最重要的组织，因此通过轧后超快速冷却技术在过冷状态下实现渗碳体在组织中的结构和分布等方面的改善，是提高材料强度的重要途径。特别是近年来，在相变过程中发生的渗碳体析出现象引起了更广泛的关注，渗碳体对钢铁材料的第二相强化作用也引起了更多的重视[5,6]。渗碳体是钢中最经济和最重要的强化相，通过工艺控制将渗碳体有效地细化到纳米级尺寸，那么纳米渗碳体将起到微合金碳氮化物一样的强化作用，在极大地降低生产成本和节约合金资源的同时，实现碳素钢的高强度要求，符合钢铁材料高强度、低成本和易循环的绿色化发展要求。

轧后加速冷却作为提高钢铁材料性能和实现钢种开发的重要工艺手段，在钢铁生产中发挥着重要作用。目前，随着先进钢铁材料的开发研究，为了获得所需要的微观组织形态和力学性能，要求实现快速有效的轧后冷却，使得钢材冷却过程中的温度控制要求更趋于严格。但是现有轧线冷却能力不足，经常制约着一些有特殊冷却要求钢材的轧制生产节奏。利用超快速冷却技术，可以在较高的轧制温度，通过连续大变形和应变积累得到硬化状态的奥氏体，在避免“低温大压下”的同时为后续的冷却过程提供了更宽的可控温度区间，并对轧后冷却过程中的温度实现精确控制，快速达到相变温度，使硬化的奥氏体在短时间内快速发生所需要的相变反应，从而获得优良的组织和性能。

以超快速冷却设备条件为实验基础，选取了四种不同碳含量的实验钢，在热轧变形后将超快冷工艺和传统层流工艺相结合，研究了不同冷却工艺参数对实验钢组织性能的影响，分析了超快速冷却对不同碳含量的实验钢的强化方式和强化效果，得到了超快速冷却及碳含量对碳锰钢组织和力学性能的影响规律。

5.3.1 热轧实验方法和工艺思路

热轧实验材料为真空感应炉冶炼的亚共析钢坯料，浇铸成钢锭后锻造成厚度为70mm的板坯，其化学成分见表5-15，硅的添加有利于形成细化的等轴先共析铁素体[7]。锰可以通过降低奥氏体向铁素体的转变温度（A_{r3}）来避免细化的碳化物长大[8]。

表 5-15 实验用钢的化学成分 （质量分数,%）

钢号	C	Si	Mn	P	S	N
Ⅰ	0.04	0.19	0.70	0.009	0.002	0.0035
Ⅱ	0.17	0.18	0.70	0.008	0.002	0.0035
Ⅲ	0.33	0.18	0.71	0.004	0.001	0.0020
Ⅳ	0.50	0.20	0.69	0.010	0.005	0.0041

轧制实验在ϕ450mm两辊可逆轧机上进行，高温热轧后的冷却装置包括超快速冷却器和普通层流冷却器，为模拟实验钢轧制后的加速冷却提供了便利条件。在热轧后冷却过程中，通过红外线测温仪对冷却过程中板材表面温度进行测定，时间的测定通过万用秒表进行。

设计热轧工艺思路如图5-44所示。在奥氏体区间趁热打铁，在较高的温度区间完成连续大变形和应变积累，得到硬化奥氏体。在热轧后立即进行超快速冷却，使实验钢迅速通过奥氏体相区，保持奥氏体硬化状态。在奥氏体向铁素体相变的动态相变点附近终止冷却，随后采用 ACC 层流冷却进入珠光体区，通过调整冷却路径控制珠光体转变后渗碳体的形态和分布，最终实现第二相强化的目的。

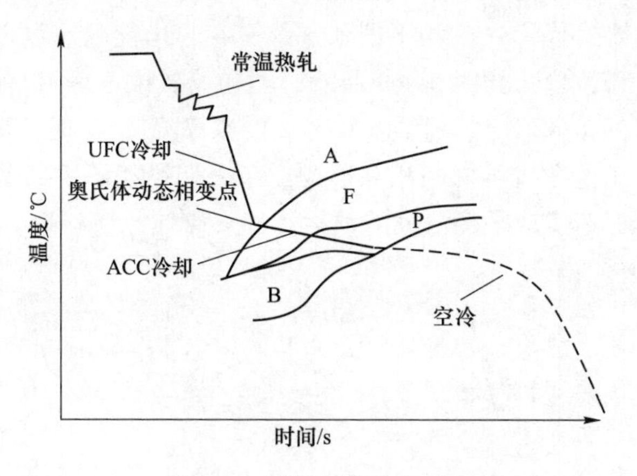

图 5-44　热轧工艺设计思路

图 5-45 为热轧工艺的示意图。将板坯在 K010 箱式炉中加热至 1200℃保温 1h 后进行 9 道次热轧，终轧后板坯厚度为 6mm，总变形量超过 90%。实验钢开轧温度大约为 1100℃，终轧温度为 890℃；轧制结束后，采用超快速冷却以 100~120℃/s 速率过冷到 600~750℃，然后采用层流冷却缓慢冷却至 500℃左右，层流冷却的速率为 20~50℃/s，随后模拟工业生产中的冷床上冷却，将板材放入铺有石棉毡的铁箱内缓冷到室温。部分工艺在终轧温度 890℃后，未采用超快速冷却，而是直接采用层流冷却至 500℃，此时该工艺的超快速冷却的终冷温度认为是 890℃。

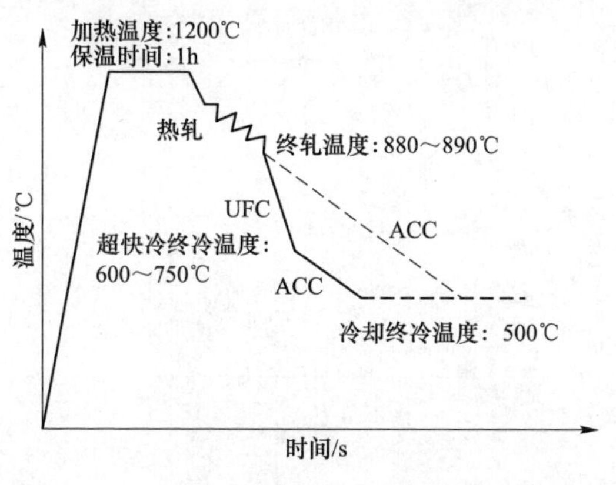

图 5-45　热轧工艺示意图

5.3.2　纳米渗碳体析出机理分析

图 5-46 为 Fe-C 二元合金在不同温度下各相自由能变化示意图，其中图5-46b 为 Fe-C 二元相图[9,10]。在共析转变温度 T_1 条件下，体系处于铁素体（α）、奥氏体（γ）和渗碳体（Fe_3C）三相平衡状态，三相自由能状态可以形成一条公切线，决定各相平衡浓度，如图 5-46a 所示。当初始碳浓度为 C_0 的亚共析钢奥氏体在超快速冷却的条件下冷却到共析转变温度以下温度 T_2 时，奥氏体处于过冷状态，三相的自由能曲线可两两相互形成三条公切线如图 5-46 所示。此时过冷奥氏体不仅可以分解生成平衡浓度的铁素体和渗碳体 $\gamma \rightarrow \alpha + Fe_3C$（二者公切线

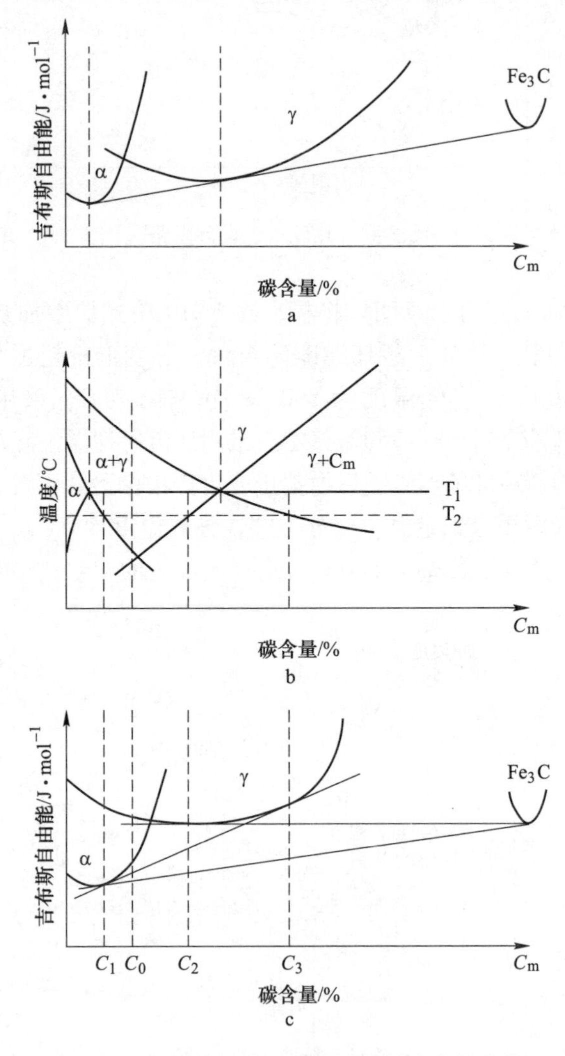

图 5-46　Fe-C 合金中过冷奥氏体的自由能变化

能量状态最低)；同时还需要考虑另外两个亚稳平衡反应，一是生成浓度为 C_1 的铁素体和浓度为 C_3 的奥氏体，二是生成浓度为 C_m 的渗碳体和浓度为 C_2 的奥氏体。

由局部平衡模型可知，当亚共析钢在奥氏体状态下经过冷却通过 α-γ 两相区后，初始碳含量 C_0 未达到奥氏体共析转变成分，在组织中将不可避免地形成碳浓度为 C_1 的先共析铁素体，先共析铁素体中的碳被排出，发生上坡扩散到相界面的奥氏体一侧，使奥氏体侧最前沿浓度达到 C_3，而奥氏体远端的碳浓度为 C_0，此时 α/γ 相界面前沿奥氏体侧碳浓度分布受碳的扩散行为影响，如图 5-47 所示。根据图 5-46c 吉布斯自由能曲线可知，当碳浓度达到 C_2 时，奥氏体处于过饱和状态，即有可能生成渗碳体。因此，在界面前沿奥氏体侧存在临界距离 d_0，碳浓度从 C_3 降到 C_2，在此范围内过饱和奥氏体将析出渗碳体。

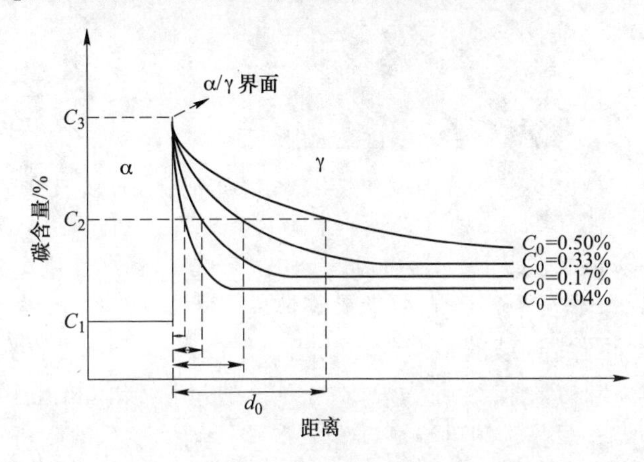

图 5-47 α/γ 相界前沿碳浓度分布曲线

α/γ 相界移动速度受过冷度的影响。当采用超快速冷却工艺时冷速增加，奥氏体的过冷度加大，α/γ 相界面处自由能差增加，从而造成相界面的加速运动。当相界面单位时间的移动距离大于临界距离 d_0 时，则在相界面的前沿碳浓度迅速下降到 C_2 以下，无法连续析出渗碳体，只能进一步发生先共析铁素体相变重新分配碳浓度，因此渗碳体将无法持续增长成片层状，而是以纳米颗粒的形式沉淀析出；并且相变温度越低，纳米渗碳体析出越细小弥散，因为较大的过冷度也可以形成更大的自由能差，弥补纳米粒子表面能的增加。

与此同时，碳的扩散系数随着温度的降低而明显下降，碳的扩散行为在超快速冷却条件下受到限制，因此在相界面前沿碳扩散能力不足导致碳原子供给不足也促使渗碳体发生非连续生长。

需要进一步考虑的是，临界距离 d_0 也受初始碳含量 C_0 的影响。初始碳浓度越大，碳供应越充分，界面前沿碳浓度曲线越平滑，临界距离越大。举例说明，

当 C_0=0.04%时，碳浓度很小，根据杠杆定律，需要大量体积分数的先共析铁素体转化后才能形成很少量的过饱和奥氏体，界面前沿临界距离 d_0 非常小，导致渗碳体析出量很小，并且主要在晶界附近分布，如图 5-48 所示。

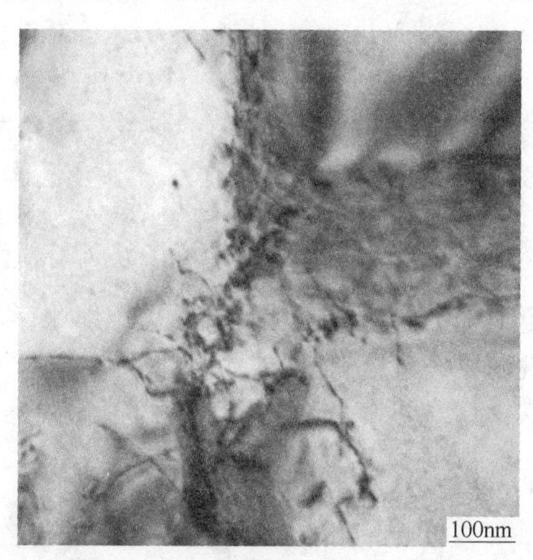

图 5-48 超快冷条件下 0.04%C 钢中渗碳体在晶界处析出的 TEM 图像

当 C_0=0.17%时，超快冷工艺可以提供足够的界面移动速度，使单位移动距离大于临界距离 d_0 非常小，形成纳米渗碳体粒子；同时，该碳浓度又能保证局部的碳供给，从而导致连续的纳米粒子析出，形成大体积分数的弥散分布区域，如图 5-49 所示。当初始碳浓度为 0.33%时，纳米渗碳体析出情况与碳含量 0.17%实验钢类似，只是碳浓度更高，纳米渗碳体的体积分数和析出量更多，析出形貌如图 5-50 所示。

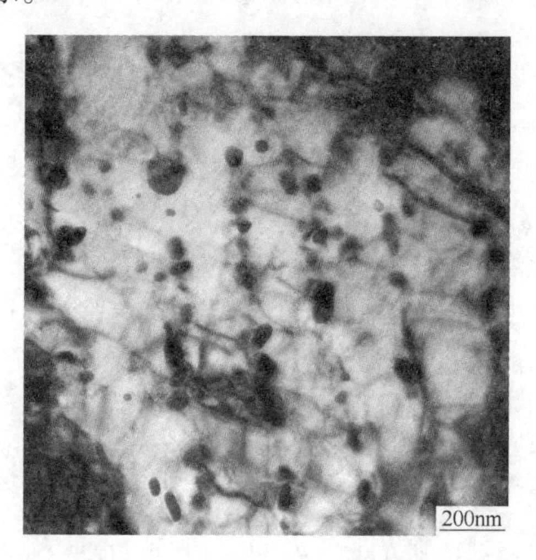

图 5-49 超快冷条件下 0.17%C 钢组织中的渗碳体析出形貌

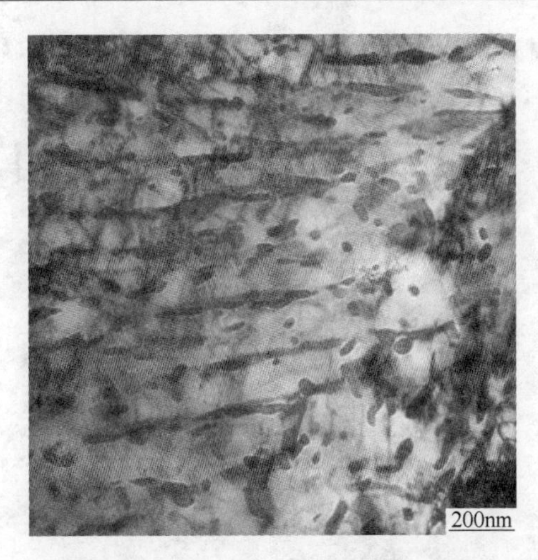

图 5-50 超快冷条件下 0.33%C 钢组织中的渗碳体析出形貌

当初始碳含量升高达到 0.50%时，奥氏体中碳浓度很高，临界距离 d_0 很大，碳原子的供应充足，因此通过提高冷速增加界面移动速度的方式已经无法打破渗碳体的连续生长行为，从而导致过冷奥氏体转化成为片层状的伪共析组织。如图 5-51 所示，增加冷速起到了细化渗碳体片层结构的作用。渗碳体片层的细化，同样增加了渗碳体的比表面积，这部分增加的渗碳体表面能同样需要通过超快速冷却增加过冷度，从而以增大驱动力的方法来提供额外的能量。

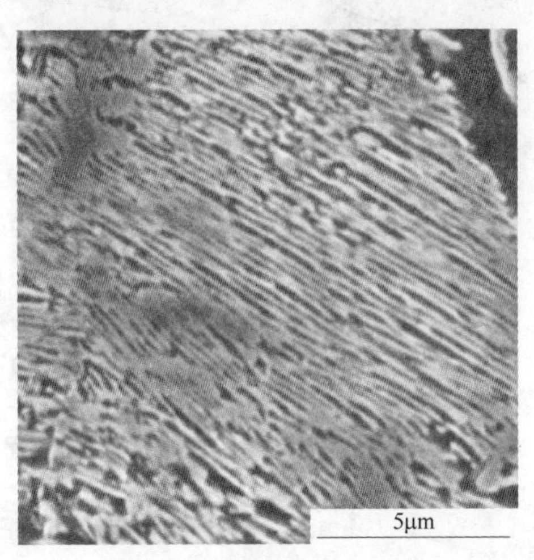

图 5-51 超快冷条件下 0.50%C 钢组织中的渗碳体析出形貌

综上所述，碳含量和过冷度是影响渗碳体析出行为的主要因素。不同碳含量实验钢在超快速冷却条件下渗碳体的析出形貌如图 5-52 所示，不同终冷温度下实验钢的力学性能同样也总结出来。可以看出，针对不同碳含量实验钢，在超快速冷却工艺可以分别起到晶粒细化、渗碳体纳米化或片层结构细化的作用，具有明显强化效果。

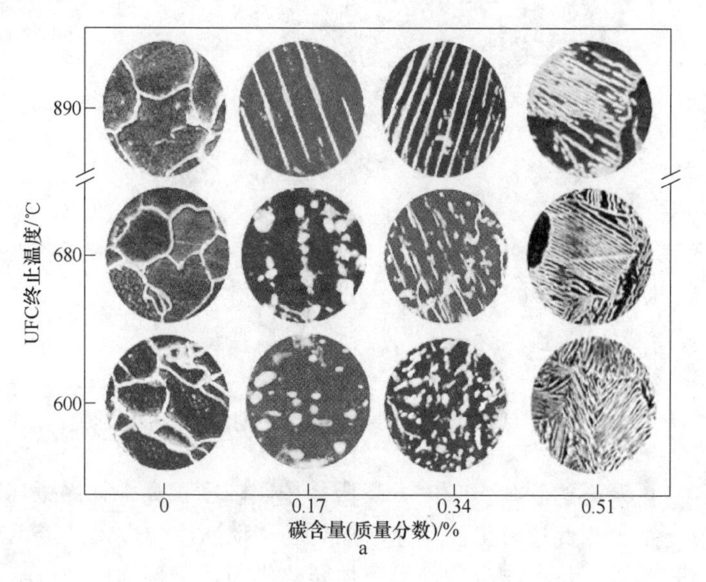

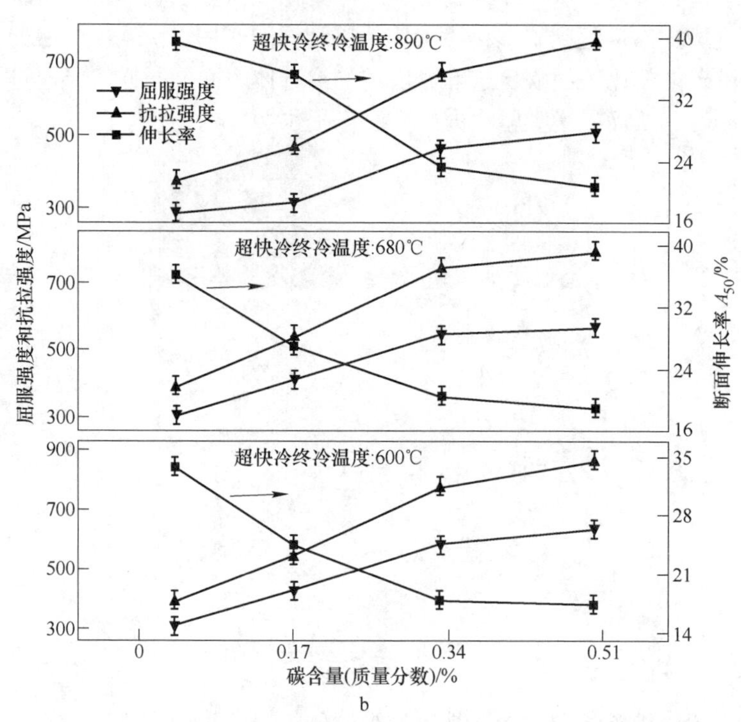

图 5-52　超快冷条件下实验钢中渗碳体析出形貌及其强化效果

a—纳米渗碳体析出形貌示意图；b—超快速冷却工艺下实验钢力学性能

下面以0.17%C钢为例，进一步详细叙述在超快速冷却条件下发生退化珠光体转变的析出行为，解析纳米渗碳体的析出机理并建立模型。图5-53为过冷奥氏体发生退化珠光体转变的示意图。如图5-53a所示，由于随机成分起伏的出现，沿着奥氏体晶界形成了贫碳区和富碳区。而铁素体和渗碳体随后分别在贫碳区和富碳区中成核，形成了一个珠光体晶核，并且存在共生共析的关系，如图5-53b所示。图5-53c为退化珠光体的形核和生长过程，大箭头表示退化珠光体朝向晶粒内部的生长方向，小箭头表示在相界面处碳原子的扩散方向。当相界面向奥氏体晶粒内部生长时，碳原子在铁素体的生长过程中被排出，并迅速沿相界面扩散到渗碳体的最前沿。因此，铁素体在生长时，减少了铁素体界面前沿碳的浓度，而渗碳体则由于通过扩散获得了到其界面前沿的碳原子而迅速长大，铁素体与渗碳体形成了协同成长的过程。此时，在相界面的前沿，如果碳的扩散速率大于相界面的移动速度，碳原子的供给充分，那么渗碳体将形成一个连续的片层状结构；如果碳的扩散速率小于相界面的移动速度，供给的碳原子是不充分的，那么渗碳体不能持续增长，因此片层状的渗碳体必须断开而以连续的纳米颗粒形式析出。

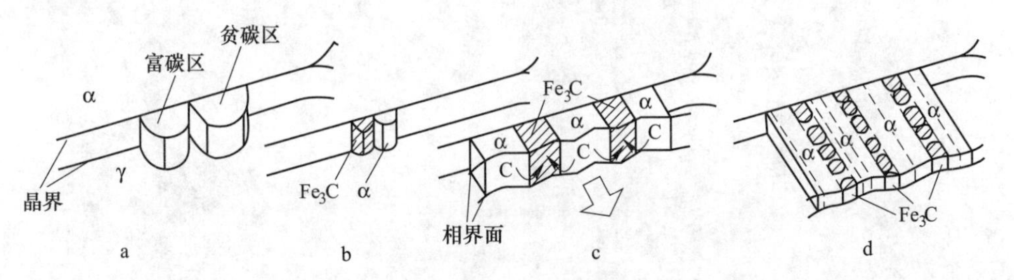

图5-53 过冷奥氏体发生退化珠光体转变的示意图

a—成分起伏；b—珠光体形核；c—相界面移动；d—非连续生长

与传统层流ACC的冷却路径相比，在超快速冷却条件下，0.17%C实验钢的相变起始温度更低，过冷度更大，从而导致退化珠光体相变时相界面处自由能差增加而造成相界面的加速运动。

此外，超快速冷却的终冷温度对纳米渗碳体的析出行为也有重要的影响，图5-54为0.17%C实验钢在不同超快速冷却终冷温度条件下的透射组织，随着超快速冷却终冷温度的下降，退化珠光体中析出的渗碳体逐渐从片层状结构向纳米颗粒的形式过渡，从点列状分布逐渐过渡到无序弥散分布。

如图5-54a所示，当超快速冷却终冷温度为755℃时，由于超快速冷却终冷温度较高，过冷度不足，珠光体在奥氏体晶界处形核后，起初在晶界附近以片层状结构生长，随后进入晶粒内部，片层结构被断开，渗碳体逐渐以颗粒状的形式析出。在图5-54b中，珠光体的片层结构依然可以辨认出来。当终冷温度为

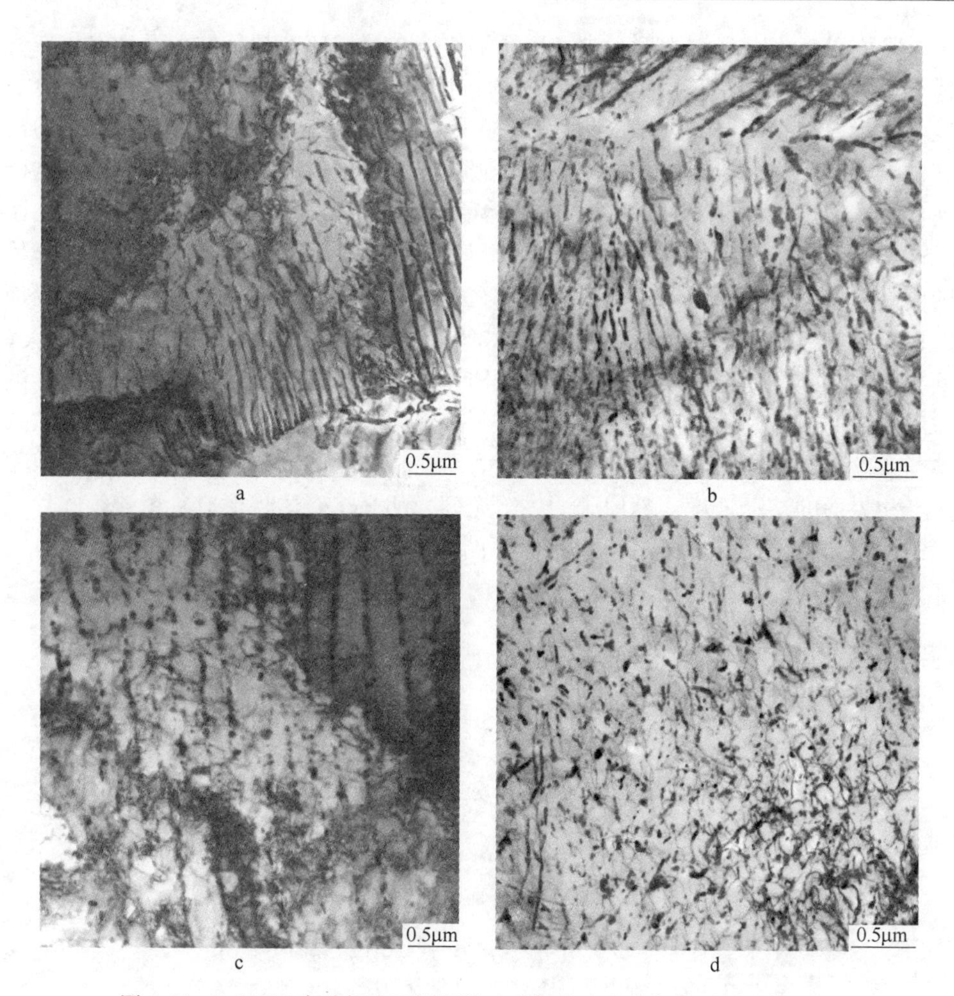

图 5-54　0. 17%C 实验钢在不同超快速冷却终冷温度条件下的透射组织
a—755℃；b—730℃；c—672℃；d—600℃

672℃时，如图 5-54c 所示，渗碳体的片层结构已经断开，形成了点列状分布的纳米颗粒。在图 5-54d 中，当终冷温度下降到 600℃，接近奥氏体动态相变点时，在退化珠光体的组织中渗碳体是以纳米颗粒弥散分布的。

与此同时，在图 5-54 中还发现，在超快速冷却的情况下，随着终冷温度的下降，渗碳体颗粒析出更加弥散细小，并不是总保持连续点列状分布的。在更多的情况下，颗粒状渗碳体的析出是呈现不规则分布的，而且退化珠光体的组织中位错密度明显升高。这是因为高温热轧结束后立即进入超快速冷却，原始奥氏体没有足够的时间进行再结晶和晶粒生长，晶粒内由于高温变形产生的大量位错被保留下来；而这些位错对渗碳体的析出有着非常显著的影响，因为位错是碳原子扩散的便捷通道和渗碳体有利的形核位置。此外，当渗碳体颗粒在错位的周围析出时，原有的位错缺陷会消失，导致位错能量降低，这也是渗碳体析出的一种驱动力。因此，纳米渗碳体颗粒更可能在位错周围形成析出沉淀。当退化珠光体在内部具有大量位错的晶粒内部生长时，渗碳体颗粒将不再单调的呈点列状分布，而是沿位错分布。由于位错的分布是不规则的，所以渗碳体颗粒的析出也是不规律的。图 5-55 为 0. 17%C 实验钢中的渗碳体在位错区域析出的图像，可以看出，大量的纳米渗碳体在位错线的周围分布。

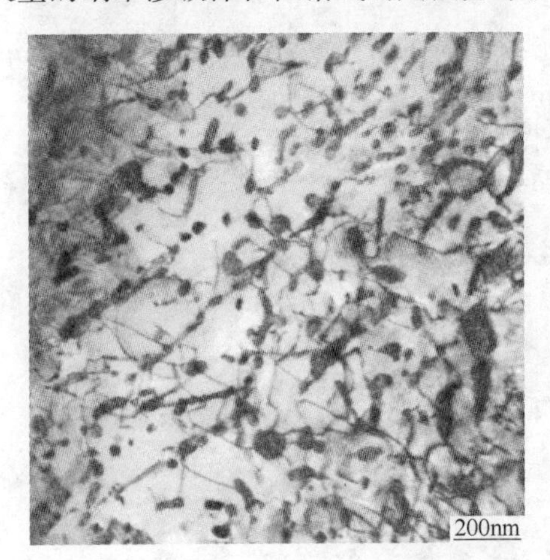

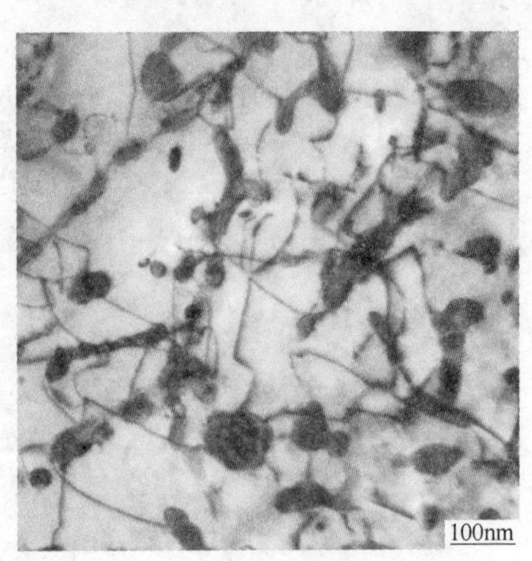

图 5-55　0. 17%C 钢中的渗碳体在位错区域析出的 TEM 图像

从另外的角度分析，轧后的超快速冷却过程抑制了先共析铁素体的形成，随着冷速的增加，组织中先共析铁素体的体积分数逐渐减少，相对应地，珠光体的体积分数逐渐增多。在钢中碳含量一定的情况下，组织中珠光体区域的增多必然导致渗碳体更加弥散的分布，而不是聚集长大成片层状。

参 考 文 献

[1] Mizuno R , Matsuda H , Funakawa Y , et al. Influence of microstructure on yield strength of ferrite-pearlite steels [J]. Tetsu-to-Hagane, 2010, 96 (6): 414~423.

[2] 徐祖耀. 材料热力学 [M]. 北京：高等教育出版社, 2009.

[3] Fu J , Li G , Mao X , et al. Nanoscale cementite precipitates and comprehensive strengthening mechanism of steel [J]. Metallurgical & Materials Transactions A, 2011, 42 (12): 3797~3812.

[4] Jiang S , Wang H , Wu Y , et al. Ultrastrong steel via minimal lattice misfit and high-density nanoprecipitation [J]. ence Foundation in China, 2017, 544 (02): 460.

[5] Pereloma E V, Timokhina I B, Hodgson P D, et al. Nanoscale Characterisation of Advanced

High Strength Steels Using Atom Probe Tomography [J]. Simpro' 08, December 09-11, 2008, Ranchi, INDIA, 256~266.

[6] Jie F U , Huajie W U , Yangchun L , et al. Nano-scaled iron-carbon precipitates in HSLC and HSLA steels [J]. ence in China Series E Technological ences, 2007, 50 (2): 166~176.

[7] Cai M H, Ding H, Lee Y K, et al. Effects of Si on microstructural evolution and mechanical properties of hot-rolled ferrite and bainite dual-phase steels [J]. ISIJ International, 2011, 51 (3) : 476~481.

[8] Yamashita T , Torizuka S , Nagai K . Effect of manganese segregation on fine-grained ferrite structure in low-carbon steel slabs [J]. ISIJ International, 2007, 43 (11): 1833~1841.

[9] 王斌，刘振宇，周晓光，等．超快速冷却条件下亚共析钢中纳米级渗碳体析出的相变驱动力计算 [J]. 金属学报．2013, 49 (1): 26~34.

[10] 刘宗昌，袁泽喜，刘永长．固态相变 [M]. 北京：机械工业出版社，2010.

6 中厚板新一代控轧控冷技术的工业化应用

以超快速冷却为核心的新一代 TMCP 技术在高性能热轧钢铁材料的组织调控及生产制造方面突破了传统 TMCP 技术冷却强度的局限以及大量添加微合金元素的强化理念,针对不同的组织性能要求通过高冷却速率及轧后冷却路径的灵活、精准控制，实现“以水代金”的绿色强化理念，在组织+性能调控方面显现出强大的技术优势。自新一代 TMCP 体系提出以来，依托于国家“十二五”科技支撑计划和重大工程项目，东北大学轧制技术及连轧自动化国家重点实验室进一步对控轧控冷过程中钢材的组织调控机理及强韧化控制机制进行研究，并与首钢、鞍钢、宝钢等数十家企业合作，开展了新一代 TMCP 工艺核心——超快速冷却技术的研制和开发。目前，该技术已经成功应用于热轧带钢、中厚板、棒线材、H 型钢、无缝钢管等生产领域[1,2]。

6.1 中厚板超快冷技术开发

为获得较高的冷却强度和冷却均匀性，中厚板超快冷系统采用射流冲击冷却技术代替传统层流冷却技术。射流冲击换热的特性表现为滞止区和壁面射流区的对流换热，滞止区内流体的流动边界层和热边界层的厚度大大减薄，存在很强的传热、传质效率。壁面射流区内壁面射流与周围空气介质之间的剪切所产生的湍流，被输送到传热表面的边界层中，使得壁面射流比平行流动具有更强的传热效果。研究表明，倾斜射流能够快速清除钢板表面的蒸汽膜，使得换热快速过渡到高效的核态沸腾和单相强制对流换热阶段。超快冷系统缝隙喷嘴特有的狭缝式喷射形式使得冷却水在钢板横向上形成均匀连续的带状冲击区。对高密快冷集管流体流动规律的模拟和喷射结构的设计，保障了高密集管射流效果，高密冲击区在一定压力作用下能够冲破钢板表面水层，达到高效换热的目的。近年来，先进快速冷却系统（ADCOS，Advanced Cooling System）的推广和应用情况如表 6-1 所示。图 6-1 为缝隙喷嘴和高密快冷喷嘴的实际冷却喷水照片。

表 6-1　中厚板先进快速冷却系统应用概况

应用厂家	类型	宽度/mm	厚度/mm	设备长度/m	冷却工艺	建设时间
中普邯郸	中厚板	2800	6~80	18	DQ\UFC\ACC	2020
舞阳钢铁	中厚板	4200	10~100	20	DQ\UFC\ACC	2018
五矿营口	中厚板	5000	6~120	24	DQ\UFC\ACC	2018
首钢京唐	中厚板	4300	5~100	12(前置)	DQ\UFC\ACC	2018
河北中普 2 号	中厚板	3500	5~100	24	DQ\UFC\ACC	2016
江苏沙钢	中厚板	3500	5~100	24, 6(粗轧)+6(精轧)	DQ\UFC\ACC, IC	2016
河北唐钢	中厚板	3500	5~100	24, 6(粗轧)+6(精轧)	DQ\UFC\ACC, IC	2016
江苏南钢	宽厚板	5000	6~120	6(机前)+6(机后)	IC	2015
江苏南钢	宽厚板	5000	5~150	20	DQ\UFC\ACC	2014
广东韶钢	炉卷轧机	3450	5~100	24	DQ\UFC\ACC	2014
江西新钢	中厚板	3800	5~100	20	DQ\UFC\ACC	2013
福建三钢	中厚板	3000	6~80	12(前置)	DQ\UFC\ACC	2011
江苏南钢	中厚板	2800	6~80	20	DQ\UFC\ACC	2011
辽宁鞍钢	中厚板	4300	6~100	7.2(前置)	DQ\UFC\ACC	2009
首钢首秦	中厚板	4300	5~100	7.2(前置)	DQ\UFC	2009
河北中普 1 号	中厚板	3500	6~100	7.2(前置)	DQ\UFC\ACC	2007
河北敬业	中厚板	3000	5~100	4(前置)	DQ\UFC\ACC	2007

注：ACC—常规加速冷却；UFC—超快冷；DQ—直接淬火；IC—即时冷。

图 6-1　缝隙喷嘴和高密快冷喷嘴生产实际喷水照片

ADCOS 系统的冷却能力可达到常规层流冷却强度的 2 倍以上，而且钢板的瞬时冷却速度能够实现大范围无级调节，满足了热轧中厚板轧后常规层流冷却强度、超快速冷却以及直接淬火等冷却工艺的需要。如图 6-2 所示，对于板厚为 10mm 的钢板最大冷速不小于 120℃/s，对于板厚为 50mm 的钢板最大冷速不小于 10℃/s（平均冷速）。以超快速冷却设备为基础，建立了多级冷却路径及多种冷却模式的基础自动化和工艺过程自动化控制系统。根据材料组织与性能需要，自动设定每个冷却阶段的开冷温度、终冷温度、冷却速度等冷却工艺规程，通过控制各个阶段温度和冷却速度等工艺参数，实现精确的冷却路径控制，极大满足了不同产品冷却工艺需求。

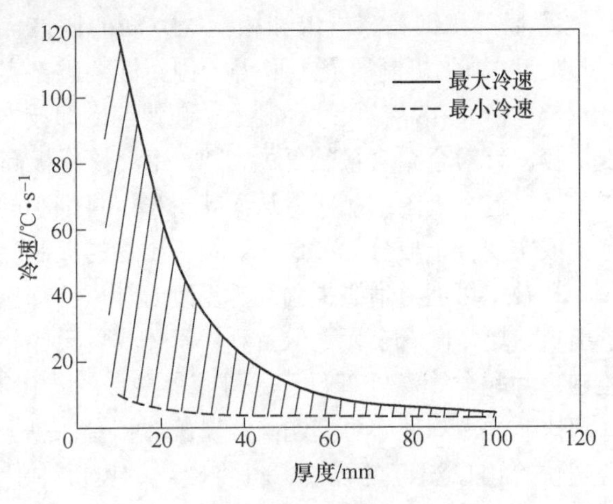

图 6-2　冷却速度控制范围

高冷却强度条件下的冷却均匀性一直是人们利用 TMCP 技术进行高强钢开发的瓶颈问题。狭缝式喷嘴、高密快冷喷嘴通过采用倾斜射流冲击冷却技术快速清除钢板表面蒸汽膜，大幅提高了钢板表面换热同步性，促进了钢板截面温度演变和相变同步性，使高温钢板冷却均匀性得以大幅改善。在此基础上，ADCOS 系统通过增设挡水辊和调节水量比形成钢板上下表面对称冷却技术；配置中喷、吹扫有效消除残水，结合微加速控制技术、头尾低温区特殊控制技术，改善钢板纵向冷却均匀性；设计研发钢板横向水凸度控制技术、边部遮蔽控制技术等一整套均匀性控制策略，有效保障了高强度冷却条件下钢板良好的温度均匀性控制和板形控制。特别是对于容易产生板形缺陷的低碳贝氏体钢板，如高级别管线钢、高强度结构钢等，超快冷系统的应用有效改善了产品的冷却均匀性，并且抑制产品在冷床上不均匀相变的发生，减小板形恶化倾向。图 6-3 为超快冷工艺下高等级管线钢（X70、X80）冷后板形。

图 6-3　超快冷工艺条件下的钢板冷后板形

6.2　组织调控机理及强韧化机制

新一代 TMCP 技术基于在细晶、析出和相变等方面的调控优势（如图 6-4 所示），在组织调控机理及强韧化机制研究上取得了创新性突破，实现了绿色化高品质热轧板带钢的开发及生产。在晶粒尺寸控制上，超快速冷却技术可突破晶粒细化对合金元素的过度依赖，针对合金含量较低的 C-Mn 钢，依托极高的冷却速率可避开粗晶区及细晶作用区，进入极限细晶区，从而获得稳定且细小的晶粒，实现力学性能的提升及稳定化或实现合金成分的减量化。在析出物的控制上，以超快速冷却为核心的新一代 TMCP 技术可通过适当提高终轧温度及轧后冷却速率，抑制热轧过程中的应变诱导析出，使更多微合金元素保留到铁素体或贝氏体相变区，随后利用精准的冷却路径控制，并配合等温处理过程，可获得最佳的碳化物析出工艺窗口。在相变的控制上，超快速的冷却速率可抑制高温奥氏体相变，热轧后的钢板采用超快速冷却技术结合超快冷出口温度的控制，可将硬化的奥氏体保留至特定的相变区，实现钢板组织构成的调控。目前已开发出 UFC-F、UFC-B 及 UFC-M 等超快速冷却在线热处理工艺，实现了对 F、B、M 组织的精准控制，应用于成分节约型合金钢、高品质管线钢、高级别工程机械用钢、耐磨钢开发生产[3]。

6.3　中厚板产品应用类型

利用以超快冷为核心的新一代 TMCP 工艺，钢铁企业实现了低合金钢、高钢级管线钢、高强工程机械用钢等热轧板带钢产品的低成本稳顺生产，丰富和完善了新品种的研发与生产手段。

6.3.1　低合金普碳钢产品应用

对于低合金钢，超快冷技术的应用进一步细化了晶粒尺寸，通过细晶强化显著提高产品力学性能，或减少合金元素的使用量。基于此，开发出节约型 Q345 产品，与同类产品相比，减少 Mn 含量 20%~30%以上，吨钢节约成本 40~60 元以上；而对于 Q370~Q460q 桥梁板、Q420GJ 建筑用钢、AH36 船板和 Q345R 压力容器板等低合金钢，其综合力学性能均得到有效改善。

6.3.2　贝氏体类产品应用

对于低碳贝氏体类产品，利用超快冷技术对贝氏体形态、尺寸以及析出相控制的显著优势，通过细晶强化、针状铁素体相变强化、析出强化的综合作用，在降低合金元素的同时大幅提升产品综合力学性能。采用超快冷技术开发的 X65~80 系列高品质管线钢、高韧性超厚规格管线钢、高强工程机械用钢和石油储罐用钢等产品均已实现大批量工业化生产[4]。

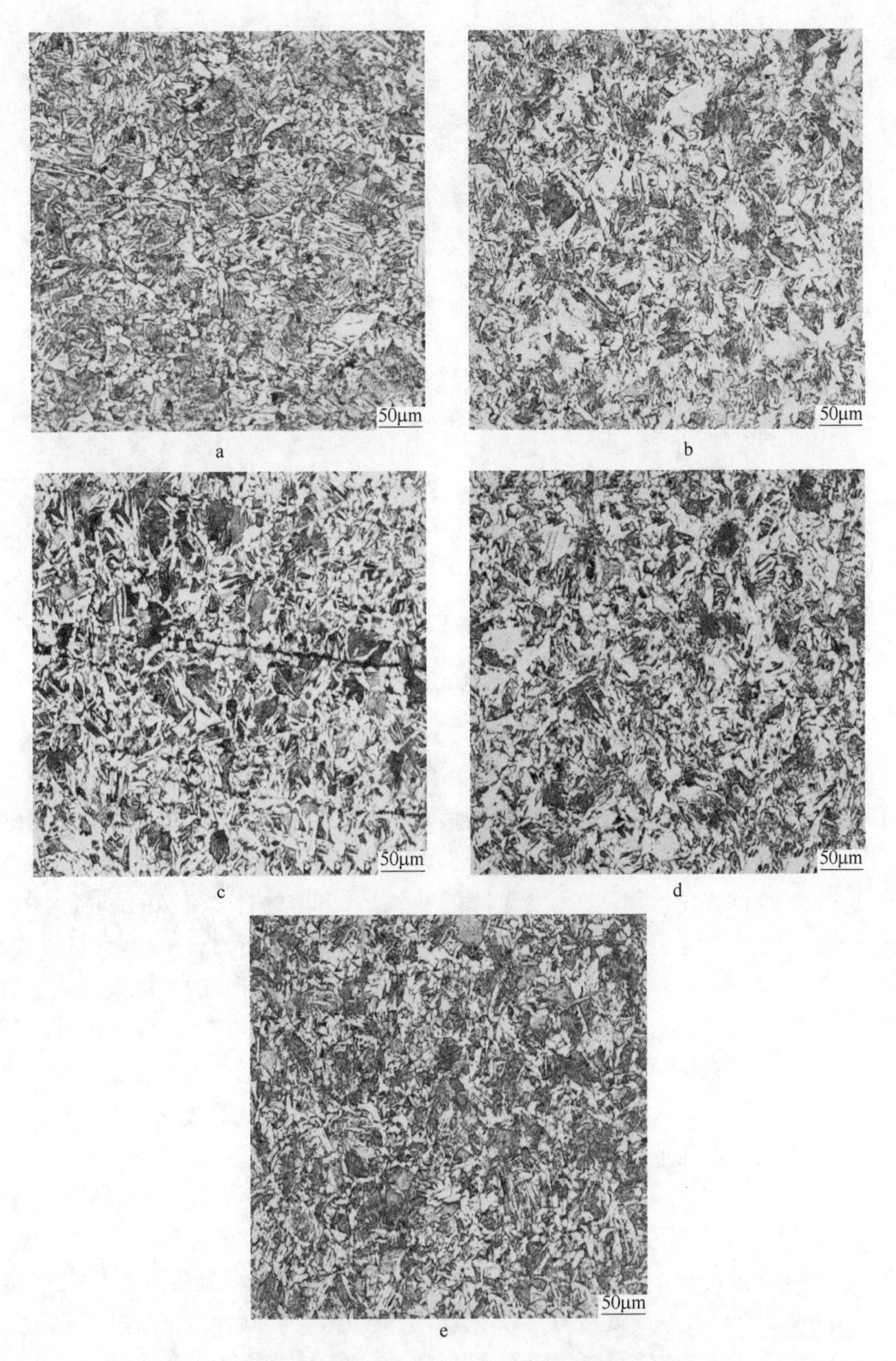

图 6-4 20mm 厚减量化 Q345B（DN）金相组织（200×）
a—上表面；b—距上表面 1/4 处；c—心部；d—距下表面 1/4 处；e—下表面

6.3.3 马氏体类产品应用

利用超快冷系统高强度的冷却能力，实现了在线直接淬火，也为高级别工程机械用钢、耐磨钢等马氏体类产品提供了工序节约型生产模式。采用 DQ+T 工艺代替传统 Q+T 生产模式，不仅节约了二次加热成本，同时充分利用控制轧制过程中变形能量和位错缺陷的累积，在后续大强度冷却过程中增加相变形核点，实现产品组织均匀细化，从而改善了产品的力学性能。因此，超快速冷却技术为开发马氏体类产品提供了工艺保障。

6.4 基于新一代 TMCP 工艺的产品研发

根据前期实验研究和理论分析，充分利用超快速冷却技术，有效调控热轧钢板的轧后冷却路径，控制钢中组织相变行为和碳化物析出行为，从而充分发挥晶粒细化和第二相强化作用，提高钢铁材料的综合强化效果。目前已将实验室的研究成果推广应用于工业化实际，并取得了较好的应用效果，实现了高性能钢铁材料的低成本绿色化生产。

6.4.1 减量化 C-Mn 钢工业化开发

渗碳体是钢中最常见且最经济的第二相，也是碳锰钢中最为主要的强化相，它的形状与分布对钢的性能有着重要的[5,6]。在 C-Mn 钢中，渗碳体的体积分数可以达到 10%而无需增大生产成本。根据第二相强化理论[7]，若能有效地使渗碳体细化到数十纳米的尺寸，将可以产生非常强烈的第二相强化效果，起到微合金碳氮化物一样的强化作用，在极大地降低生产成本和节约合金资源的同时，实现钢材的高性能[8~10]。通过超快速冷却工艺，在 C-Mn 钢成分设计中，可以适当减少 Mn 的添加量，因为其固溶强化效果非常有限，而这部分对强度的贡献完全可以通过工艺控制实现渗碳体的细化而得到弥补[11~14]。此外，减少合金成分中的 Mn 添加量，也有利于焊接性能的改善。但与此同时，Mn 的含量也不易过低，这是因为 Mn 可以扩大奥氏体区，降低奥氏体向铁素体的转变温度（A_{r3}），抑制铁素体相变，避免细化的碳化物长大。

根据某钢厂 2800mm 中厚板线现场实际的生产情况，采取了 Mn 减量化的设计思想，成分中的 Mn 由原来的 1.3%~1.5%减少到 1%以下，从而降低生产成本。采用超快速冷却工艺，开冷温度控制在 800℃，终冷返红温度在 570℃以上。

图 6-4 为 20mm 厚度规格 Q345 的金相组织图像。可以看出，经过工业化试制的 Q345 组织主要由铁素体和珠光体两部分组成。铁素体中碳含量较低，在金相组织中为白色，而珠光体为富碳组织，呈现黑色。

由于存在厚度差异，冷却速度由板坯心部向表面递增，珠光体组织比例从心部到上下表面逐渐升高，铁素体比例相对减少，而且铁素体晶粒尺寸减小。由此可以看出，增加冷却速率促进珠光体相变，抑制铁素体相变，并有利于细化晶粒。此外，采用超快速冷却工艺，板坯在厚度方向上并未出现带状组织，消除了各向异性，有利于组织的均匀化。

利用Fei Quanta 600型扫描（SEM）电镜对Q345的珠光体组织进行观察。图6-5给出了板坯厚度为20mm的Q345钢在厚度方向上的扫描组织。

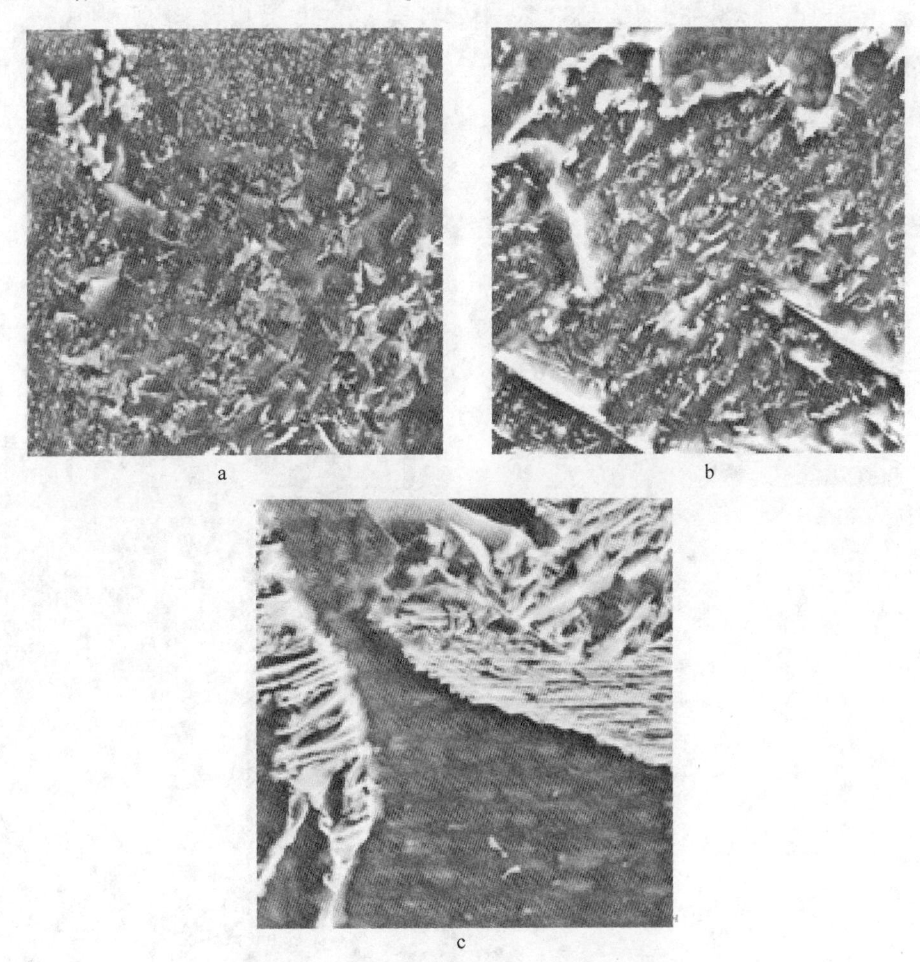

图6-5 20mm厚减量化Q345B（DN）扫描组织
a—表面；b—距表面1/4处；c—心部

由图6-5可以看到，在板坯厚度方向上，由心部到表面，渗碳体的形态逐渐由片层状向颗粒状转变。在板坯表面的珠光体区，渗碳体已经不在呈片层状排布，而是颗粒形式存在，并且尺寸非常细小，普遍小于100nm，达到纳米级别，这样的组织将对钢材的强度有突出贡献。

由于表面冷速大，过冷度更大，从而导致珠光体相变时相界面处自由能差增大，与此同时，C 的扩散系数随着温度的降低而明显下降，C 的扩散行为在超快速冷却条件下受到限制。因此，板坯表面在超高速的冷却条件下，渗碳体不易生长成片层状，而是以纳米颗粒的形式存在。

如图 6-6 所示，受板厚冷速的影响，板坯厚度的组织存在一定的差异性。在表面，渗碳体呈颗粒状，尺寸为 20～100nm；板坯 1/4 处，渗碳体由颗粒状向片层状过渡，呈现点列状分布，板坯心部渗碳体呈片层状分布，片层间距约为 150nm。

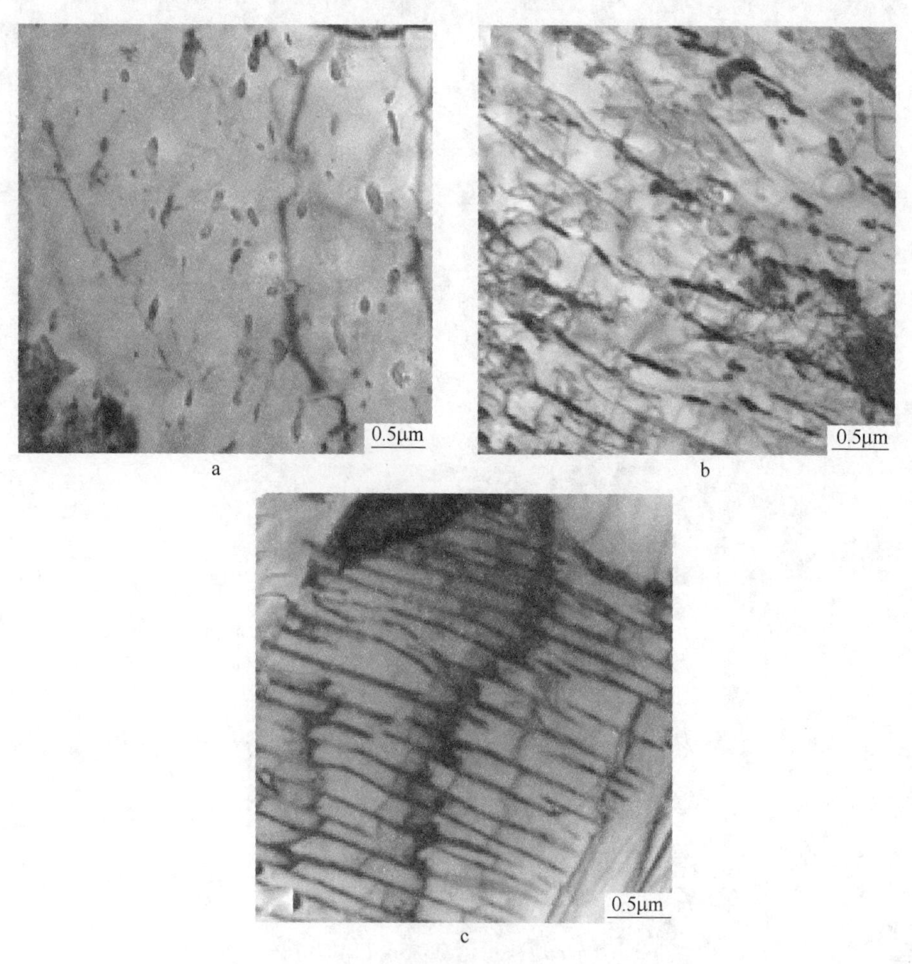

图 6-6　20mm 厚 DN 钢板的厚度组织 TEM 形貌

a—表面；b—距表面 1/4 处；c—心部

虽然在板坯心部的渗碳体并没有以纳米颗粒形式析出，但是珠光体的片层间距依然得到非常大的细化，同样有利于钢材的强韧化。因此，尽管板坯组织在厚度上存在差异性，但无论哪种组织形态都是超快速冷却技术实现组织细化的表现形式。

6.4.2 以 Ti 代 Mn 减量化 Q345B 生产

依托东北大学与某钢铁企业合作的《3450mm 轧后超快速冷却设备研制及工艺开发》项目，开展了以 Ti 代 Mn、低成本高稳定性 Q345B 中厚板生产工艺研究[15]。项目组通过深入研究 Ti 微合金化的特性，确定了其最佳添加含量，制定出了新的合金体系配套的轧制及冷却工艺，开发出了一套低成本高稳定性的 Q345B 生产工艺，达到了规格普遍化，性能均匀化，生产稳定化的目的。

实验钢坯原始厚度为 220mm，产品目标厚度为 12mm 和 20mm。根据现场实际的生产情况，在原来 Q345 化学成分的基础上，采用了减量化的成分设计，降低了 Mn 合金元素，添加微量 Ti 元素 0.045%~0.06%。减量化后的成分中添加少量 Mn 元素，主要靠 Ti 实现产品性能提升。

工业试验采用两阶段 TMCP 工艺，轧制过程中要求充分利用高温再结晶区轧制获得均匀细小的奥氏体晶粒，避开部分再结晶区，在奥氏体未结晶区合理安排压下规程，严格控制精轧开轧和终轧温度，利用低温轧制产生的应变累积效应，增强由晶内缺陷、形变硬化及残余应变所诱发的相变驱动力，得到未再结晶区轧制的细晶效果，并通过轧后即刻进行强制冷却过程，促进奥氏体向铁素体相变，最终获得细晶的铁素体和珠光体组织。

基于以上原理，实验在某钢中板厂 3450mm 生产线上进行，根据前期实验室的超快冷热轧试验结果，并结合该钢厂生产线设备布置情况，现场试制的冷却工艺为超快冷工艺，加热温度为 1240℃，保温时间为 4h 然后开轧。据前面热模拟试验结论，一阶段控制轧制在 1000~1100℃之间进行，二阶段控制轧制在 850~880℃之间进行。轧件经超快速冷却设备冷却，通过调节集管的组数及集管流量来控制冷却速度。终冷温度控制在 690~730℃之间。

热轧钢板的力学性能均匀，板材厚为 12mm 规格的屈服强度波动范围在 40MPa 以内，板材厚为 20mm 规格的屈服强度波动范围在 50MPa 以内，并具有良好的低温冲击韧性。

利用透射电镜对试制工艺 Q345B 成品的试样进行观察，进一步分析在超快速冷却条件下的组织形貌如图 6-7 所示。图 6-7 的透射组织可进一步表明珠光体片层间距非常细小、组织均匀排列，值得注意的是，基体中存在大量纳米级碳化物析出，并且在部分晶粒中，在 12mm 厚规格中碳化物呈现点列状排布的相间析出形态。

在超快冷条件下，固溶于奥氏体中的 Ti 微合金元素在冷却过程中在奥氏体中的析出被抑制，使其在铁素体中析出，从而达到析出强化的效果。而且在 700℃的返红温度下，被抑制的 Ti 微合金元素获得了足够的过饱和度，析出的热力学条件

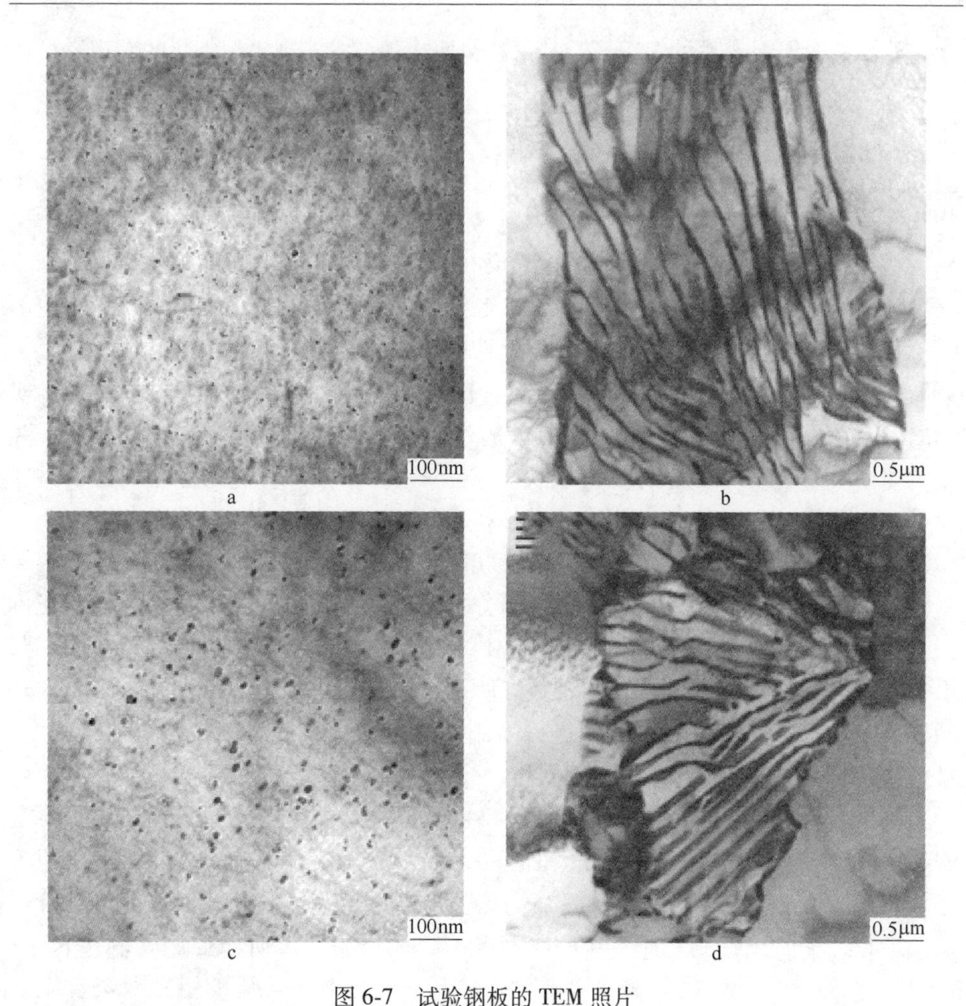

图 6-7 试验钢板的 TEM 照片

a，b—12mm 厚度规格中碳化物和珠光体组织；c，d—20mm 厚度规格中碳化物和珠光体组织

充分，并且在此温度下微合金元素又具有足够的扩散能力，具有有利的析出动力学条件，因此纳米级微合金碳化物大量析出，有效提高了析出强化效果。

6.4.3 高等级管线钢冷却工艺开发

针对传统冷却工艺下的 X70 管线钢进行了减量化的成分设计，利用铌微合金化成分体系生产 X70 管线钢，取消了钒和铬元素的添加。采用 UFC 工艺后，终冷温度较 ACC 工艺高出 40℃，如表 6-2 所示，冷后板材合格率优良，在生产执行和降低成本方面，超快冷具有明显工艺优势。

降低成本后稳定生产的 X70 管线钢屈服强度、抗拉强度、屈强比、伸长率和 -10℃夏比冲击性等性能指标均满足技术条件要求，且冷弯性能良好，硬度合格[16]。批量试制钢板的-60℃低温冲击功仍然高达 150J，在-40℃时的 DWTT 剪切面积 SA 仍然高达 90%。采用超快速冷却工艺的 X70 管线钢产品性能优异。

表 6-2 X70 管线钢不同成分体系下对应的工艺

成分体系	冷却制度	终轧温度/℃	终冷温度/℃	冷速/℃·s^{-1}
含 V（0.06Nb+0.3Cr+0.045V）	ACC	810	505	18
无 V（0.06Nb+0.3Cr）	UFC	820	570	30
无 V 降 Cr（0.06Nb+0.2Cr）	UFC	820	560	30
无 V 无 Cr（0.06Nb）	UFC	820	550	30

超快速冷却有利于实现组织细化，提高板坯厚向均匀性。对钢板不同位置的金相观察如图 6-8 所示，无论在长度方向上，还是在宽度方向上，热轧钢板组织都保持较高的均匀性，主要为针状铁素体和准多边形铁素体，铁素体晶粒度为 12.5~13 级，同时钢质纯净，夹杂物含量低。

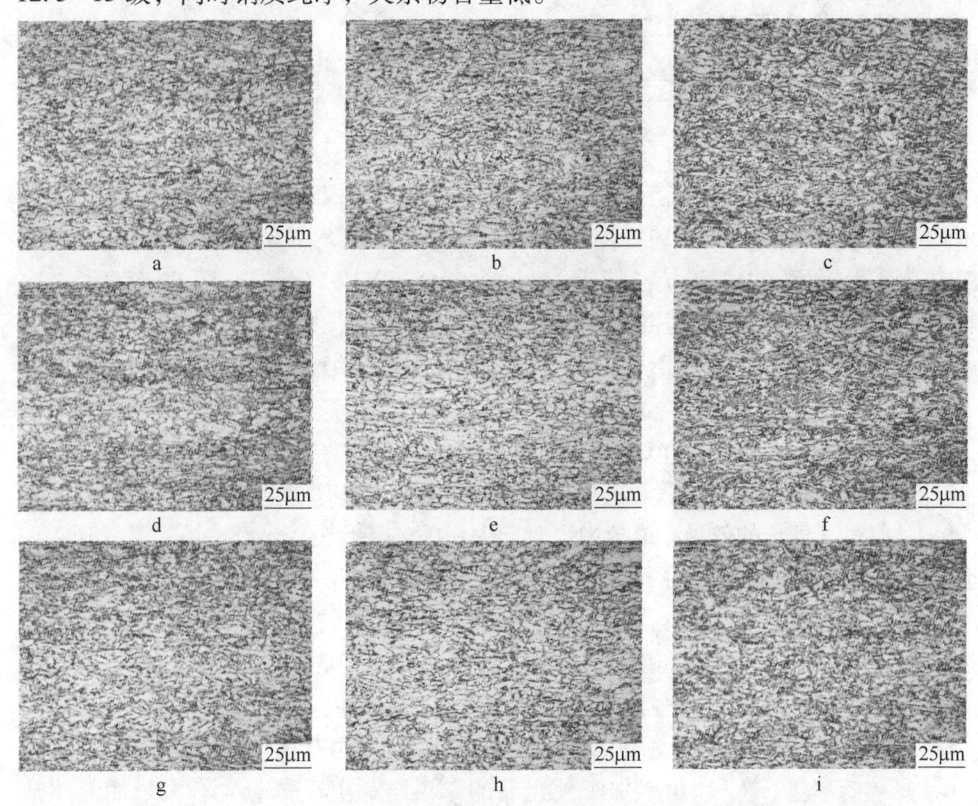

图 6-8 不同位置的金相组织

a—头部宽向左 1/4；b—头部宽向 1/2；c—头部宽向右 1/4；d—中部宽向左 1/4；e—中部宽向 1/2；f—中部宽向右 1/4；g—尾部宽向左 1/4；h—尾部宽向 1/2；i—尾部宽向右 1/4

针对中贵线、中缅线 18.4mm 规格 X80 管线钢的性能质量需求，进行成分-工艺优化。X80 管线钢的化学成分优化方案为：“提 C 去 Ni 去 Cu”，镍含量降低 0.2%，铜含量降低 0.2%。适当提高碳含量，能够在不损害韧性的前提下提高强度，弥补合金含量减少所造成的强度损失。

在工艺上采用高温终轧+超快速冷却技术[17]，利用高温控轧+超快速冷却技术，提升细晶强化效果，形成细小的针状铁素体+少量马奥岛（M/A）组织，提高了 18.4mm X80 的力学性能。18.4mm X80 钢板经过成分和工艺优化后，屈服强度平均值为 578.4MPa，抗拉强度平均值为 682.5MPa，屈强比平均值为 0.847，力学性能满足标准要求。

综上所述，18.4mm X80 管线钢，经过成分-工艺优化，合金成本大幅下降，钢板力学性能稳定，经过制管后钢管性能满足标准要求，焊接性能优良；18.4mm X80 钢管屈服强度富余量在 30MPa 左右，实现了产品质量的合理、稳定化控制。并通过优化超快冷技术工艺，最终实现了在 20mm 以下规格 X80 管线钢成分中取消了 Ni 元素的添加。

6.4.4　水电钢的超快冷工艺开发

基于超快冷技术开发出在线冷却路径控制平台，采用节约型成分设计路线，设计出在线直接淬火冷却工艺的定量化控制策略，实现了热轧中厚板显微组织的柔性化控制，开发出高强韧特种钢板的短流程制备工艺。采用在线直接淬火+回火工艺（DQ+T）代替传统离线淬火+回火（Q+T）生产模式，不仅节约了二次加热成本，同时充分利用控制轧制过程中变形能量和位错缺陷的累积，在后续大强度冷却过程中增加相变形核点，实现产品组织均匀细化，从而改善产品的力学性能，研发出高强钢低成本高效率的“一火成材”工艺。

某钢厂中厚板厂利用 ADCOS-PM 系统中的超快冷直接淬火功能，采用控制轧制+直接淬火+回火工艺取代原有生产工艺，进行 AY610D 合金成分和生产工序的减量化，取得了理想的效果。成分中镍元素由 0.21%降低至 0.09%，钼元素由 0.27%降低到 0.12%。同时保证了产品板形、性能富余量和产品合格率等方面的要求。

采用控制轧制+直接淬火+回火工艺进行 AY610D 的生产，终轧平均温度一般控制在 808℃，开冷平均温度为 784℃，终冷温度为 303℃。在奥氏体未再结晶区对高淬透性 AY610D 进行强化淬火，将会出现提高强度，改善韧性的过冷奥氏体形变热处理效果，这是因为热处理使奥氏体相变成含有高位错密度的微细马氏体，具体解释为：（1）由于加工硬化后的未再结晶奥氏体包含有大量的晶体缺陷，如位错、变形带等，使得相变后的马氏体板条和包块组织得到细化，从而提高了韧性；（2）加工硬化奥氏体相变后产生的马氏体板条中含有大量高密度位错，位错的强化效果明显提高了强度；（3）含有大量晶体缺陷的板条贝氏体/马氏体在回火后析出微细的合金碳化物，起到了沉淀强化的作用，从而提高了强度。直接淬火后的金相组织如图 6-9 所示，回火后的金相组织如图 6-10 所示。可知，淬火后钢板各个厚度层的组织以马氏体和贝氏体为主，回火后钢板组织分布较为均匀。

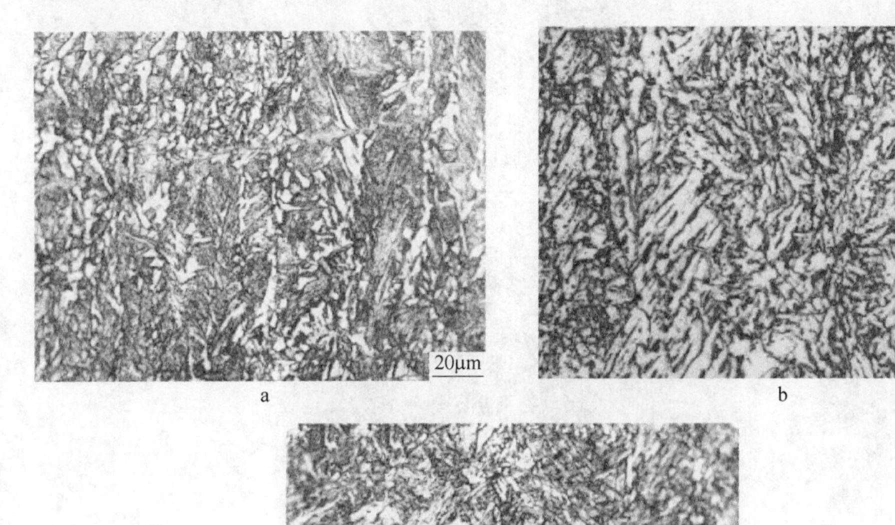

a b c

图 6-9 AY610D 淬火后金相

a—上表面；b—距上表面 1/4 处；c—心部

AY610D 产品性能如表 6-3 所示，钢板各项性能均达到标准要求。以在线淬火+离线回火工艺代替离线淬火+离线回火工艺，吨钢节约成本约 323 元；降低合金元素的使用比例，其中镍元素降低 57%使用量，钼元素降低 56%使用量，吨钢节约成本约 586 元。吨钢累积降低成本约 909 元。

表 6-3 UFC 与调质处理性能对比表

工艺	钢号	规格 /mm	屈服强度 /MPa	抗拉强度 /MPa	A /%	180°冷弯			
						$d=3a$	-20℃冲击功/J		
DQ	AY610D	48	586	664	24	合格	330	340	350
回火	AY610D	48	559	656	25	合格	333	241	318

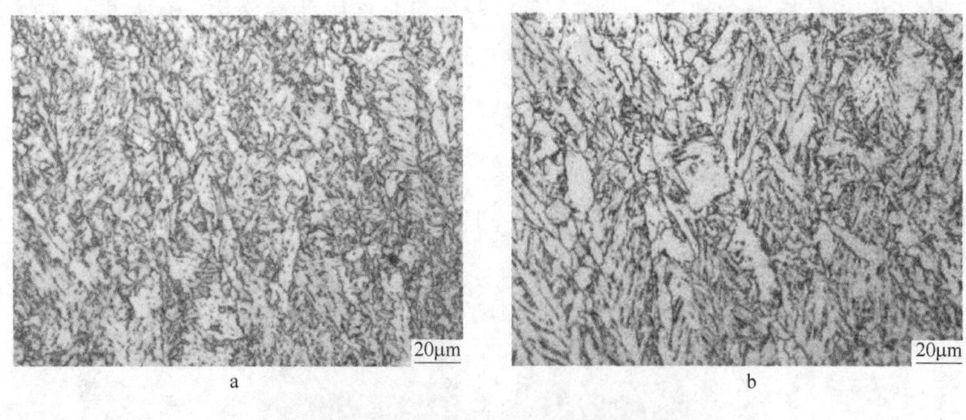

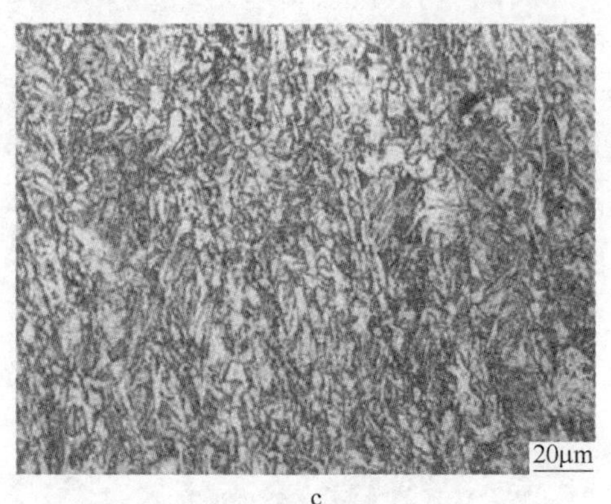

图 6-10 AY610D 回火后金相

a—上表面；b—距上表面 1/4 处；c—心部

6.4.5 石油储罐用钢的超快冷工艺开发

国家石油战略储备对于维护能源安全和国家安全有着重大意义。12MnNiVR（08MnNiVR）钢是某厂针对国家油库储备基地的建设需求，研制开发的既满足大线能量（50～100kJ/cm）焊接又具有低焊接裂纹敏感性（Pcm≤0.20%）的储罐用钢。12MnNiVR（08MnNiVR）（-SR）钢采用低碳贝氏体 Mn-Mo-Nb 合金设计，该厂利用轧后先进冷却装置采用新一代 TMCP 工艺+离线回火处理的方式实现了厚度为 12～32mm 产品的生产和供货，该工艺既保证钢种性能又降低了生产成本，缩短了生产周期。

实验钢的化学成分如表 6-4 所示。采用新一代 TMCP 工艺+离线回火处理的方式，终轧温度为 780℃，终冷温度在 300℃以下，回火温度为 620℃，以“3min/mm”来确定回火时间。

表 6-4 试验用钢化学成分 （质量分数,%）

牌号	C	Si	Mn	P	S	其他元素
08MnNiVR	0.07	0.30	1.53	0.008	0.001	—

消除应力处理：以低于 160℃/h 的升温速度将试样升温到（585±15）℃，保温 160min，然后以低于 210℃/h 的降温速度降温到 300℃，然后自然冷却到室温。在试样降至室温后重复以上处理制度一次，即进行两次消应力处理。

如图 6-11 所示的显微组织观察结果表明，回火态钢板均为回火索氏体组织。

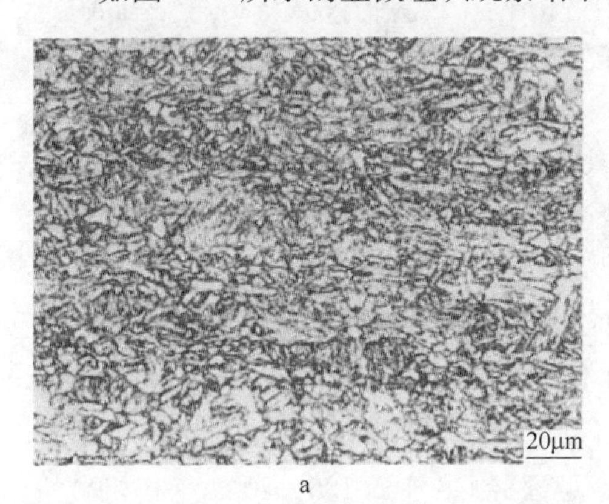

a

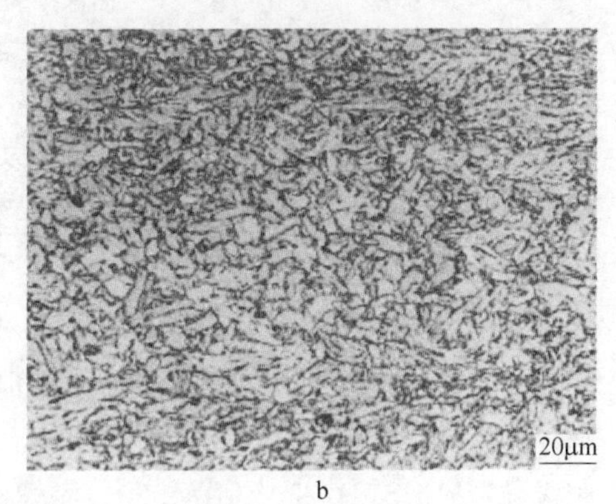

b

图 6-11 金相组织

a—回火态；b—两次 SR（585℃）处理后

产品的各项性能如表 6-5 所示，满足供货标准需求。

表 6-5 石油储备罐钢的性能

钢牌号	厚度 /mm	屈服强度 /MPa	抗拉强度 /MPa	伸长率 /%	-10℃冲击功/J			
					1	2	3	平均
08MnNiVR	27.0	582	655	24.00	280	276	293	283

采用“新一代 TMCP+离线回火”进行 12MnNiVR（08MnNiVR）的工业试制和生产，各项分析结果表明，该钢具有良好的综合性能，能够满足储油罐制造的设计要求，同时与传统的离线淬火（正火）相比，吨钢节约成本约 323 元。12MnNiVR（08MnNiVR）钢板各项解剖试验及钢板焊接性能试验研究结果表明，该钢的焊接性能良好，不仅符合低焊接裂纹敏感性要求，同时符合大线能量（50~100kJ/cm）焊接的工艺要求。

6.4.6 耐磨钢直接淬火工艺开发

采用新一代 TMCP 工艺中 UFC-M（DQ）工艺，可以省去离线淬火工艺，节约能源，进一步降低生产成本。此外，新一代 TMCP 工艺中 UFC-M（DQ）工艺还可以提高生产钢的低温冲击韧性，使钢板得到更高的力学性能。

采用新一代 TMCP 工艺生产进行了 25mm、30mm 规格低成本低合金耐磨钢 NM360/NM400 的在线淬火生产，钢板的化学成分如表 6-6 所示。

表 6-6　试制耐磨钢成分　（质量分数,%）

C	Si	Mn	P	S	Ni+Cr+Cu	Alt	V
0.15	0.28	1.3	0.013	0.003	适量	0.039	0.003

具体的轧制及水冷工艺参数为：

轧制工艺：终轧温度控制在 950℃以上。

冷却工艺：轧后直接进入超快冷，终冷温度控制在 250℃以下。

板形情况如图 6-12 所示，从图上可以看出，工业生产 25mm 和 30mm 规格的低合金耐磨钢板形良好，无明显的翘曲和边浪情况。在线工业大生产低合金耐磨钢的力学性能如下：抗拉强度的平均值为 1150MPa，伸长率（A_{50}）平均值为 28.7%，-20℃冲击功平均值为 35J，表面布氏硬度（HBW）平均值为 380，心部布氏硬度（HBW）平均值为 350，完全满足国标 GB/T 24186—2009 工程机械用高强度耐磨钢板 NM360 性能要求。组织如图 6-13 所示，可以看出，生产 NM360/NM400 钢板的表面和心部的组织差异较小，均是以板条马氏体为主的组织。在表面组织中，几乎 100%为马氏体组织，而在心部组织中，其马氏体的含量达到了 95%以上，表现出良好的淬透性能。

a

b

图 6-12　在线工业生产 NM360/NM400 的板形情况

a—30mm；b—25mm

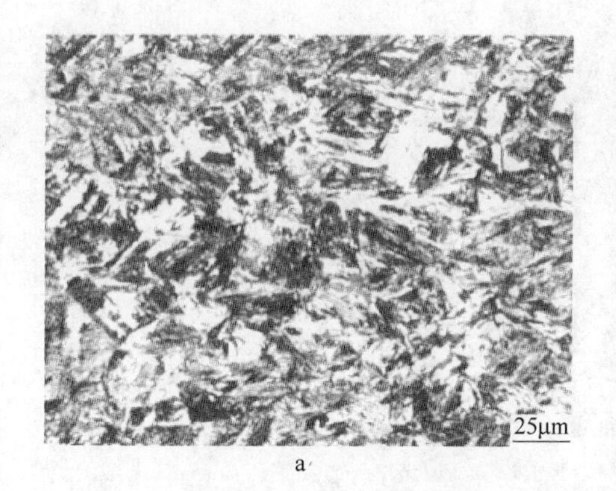

a

b

图 6-13 NM360 耐磨钢 UFC+ACC（DQ）工艺后的金相组织照片
a—表面；b—心部

参 考 文 献

[1] 王国栋，王昭东，刘振宇，等．基于超快冷的控轧控冷装备技术的发展［J］．中国冶金，2016，026（10）：9~17.

[2] 王昭东，王国栋．热轧钢材一体化组织性能控制技术［J］．河北冶金，2019，000（4）：1~6.

[3] 王国栋．新一代 TMCP 技术的发展［J］．中国冶金，2012.

[4] 王丙兴，董福志，王昭东，等．超快冷条件下 Mn-Nb-B 系低碳贝氏体高强钢组织与性能研究［J］．材料工程，2016，44（7）：26~31.

[5] 刘振宇，王斌，王国栋．纳米级渗碳体强韧化节约型高强钢研究［J］．鞍钢技术，2013（6）：1~7.

[6] 王斌，刘振宇，冯洁，等．超快速冷却条件下碳素钢中纳米渗碳体的析出行为和强化作用［J］．金属学报，2014，50（6）：652~658.

[7] 傅杰，李光强，于月光，等．基于纳米铁碳析出物的钢综合强化机理［J］．中国工程科学，2011，13（1）：31~42.

[8] 傅杰，康永林，柳德橹，等．CSP 工艺生产低碳钢中的纳米碳化物及其对钢的强化作用［J］．工程科学学报，2003，25（4）：328~331.

[9] 傅杰，吴华杰，刘阳春，等．HSLC 和 HSLA 钢中的纳米铁碳析出物［C］// 2006 薄板坯连铸连轧国际研讨会．2006：43~52.

[10] 傅杰．新一代低碳钢—HSLC 钢［J］．中国有色金属学报，2004，14（s.1）：82~90.

[11] 路士平，王彦峰，王海宝，等．Q345C 钢 Mn 含量减量化试验研究［J］．轧钢，2017（2）：10~13.

[12] 徐党委，郭世宝，孙广辉，等．热连轧 HSLA 钢 Q345B 减量化生产实践［J］．河南冶金，

2014, 22 (4): 39~42.

[13] 孔德强, 孙建林, 高雅. 减量化轧制中厚板 [J]. 金属世界, 2010 (3): 41~43.

[14] Wang B, Wang Z D, Wang B X, et al. The relationship between microstructural evolution and mechanical properties of heavy plate of low-Mn steel during ultra fast cooling [J]. Metallurgical & Materials Transactions A, 2015, 46 (7): 2834~2843.

[15] 张唤唤, 张田, 张祖江, 等. 韶钢 Q345B 合金减量工艺研究 [J]. 南方金属, 2016 (1): 10~13.

[16] 田勇, 王昭东, 王国栋, 等. 超快速冷却装置的开发及其在管线钢生产中的应用 [J]. 东北大学学报 (自然科学版), 2012 (8).

[17] Tian Y, Li Q, Wang Z D, et al. Effects of ultra fast cooling on microstructure and mechanical properties of pipeline steels [J]. Journal of Materials Engineering and Performance, 2015, 24 (9): 3307~3314.

索　引

A

奥氏体化　3，100

B

板带钢　1，10，15
板形　5，6，10
贝氏体　4，5，9
变形带　4，8，70，72
变形抗力　3，8
变形渗透　7
变形速率　3，4

C

CCT 曲线　153，154
侧喷　55，56，64，66，69，70，78
层流　65，97，192，193，199
超快速冷却　6，7，8，9，10，11，12
冲击换热　15，17，19，20，24，65
垂直射流　25，28，40
淬火　1，10，11，12，70

D

导热　62，70，71，72，73，75
对流换热　16，17，18，19，26，71，77

F

非平衡　5，127

G

高附加值　6
高速射流　11
固溶强化　7，8，139

H

焊接性能　1，2，4
核沸腾　10，16，33，58
活度　102，128，129，130，131

J

畸变　8，111
即时冷　7，204
计算模型　78，80，81，82，83
界面能　111，114，122，124
界面前沿　195，196，199
晶粒细化　1，5，198

K

抗拉强度　174，180
控轧控冷　8，9，152，168
控制模型　80，81，85，91，94
扩散　21，54，110，112，143，146

L

冷却均匀性　7，10，27，62，64，65
冷却路径　7，9，12，77，97
冷却强度　10，11，12，62，64，91
冷却区域　64，89，91
冷却水　10，11，62，65，66
冷却速率　2，10，12，62，78
冷却系统　2，7，9，11，12
冷却效率　62，64，69
力学性能　1，2，91
裂纹　174，175，176，188，190
流场　17，19，21，26，54，62
流量　11，22，28，62，64，65，68

流速　15，20，21，57，62，69
流体　15，16，18，62，71

M

马奥岛　156，157，168
马氏体　5，9，97，128，133，137
模拟　54，55，62，66，69
膜沸腾　10，35，37，57

N

纳米碳化物　100，152，156，166，170

O

耦合控制　85，86，88，97

P

喷射　10，11，62，65，67
喷嘴　62，64，65，70
片层间距　210，211

Q

气膜　10，18
强化机制　1，8，97
倾斜射流　28，29，62
屈服强度　2，161，168，174，178
取向关系　158，169，172，186
缺陷　8，68，91

R

热流密度　16，17，20，26，31，71
热模拟　152，153，154
韧窝　175，188
软水封　64，65，66

S

射流　9，11，62，65
射流冲击　10，62，65，67，97
水凸度　62，75，91
瞬态换热　26，27
塑性变形　7，191

T

TMCP　1，6，9，12，97
碳氮化物　3，8，9，101，119
铁素体　5，8，9，10，97
退化珠光体　128，131，132，135，139

W

微合金　3，5，8，9，12
未再结晶　2，4，5，8
位错　5，8，156，161，200
温度场　62，70，71，72，73

X

析出强化　8，97，100
析出温度　100，115，125
细晶强化　7，8，97
狭缝射流　22，25，27，28
相变强化　9，97，206
相变驱动力　111，117，127，128，131
相界成分　143，145，146，148
新一代TMCP　1，9，12，97
形变热处理　3，214
形核　4，5，8，16，21
形核功　111，114，117，124

Y

亚共析　127，139，140，143，148
亚晶　8
亚稳　127，194
液压　67，69，70
孕育期　119，123

Z

再结晶　1，2，3，4，5，8
轧制负荷　6
长大模型　110
滞止区　45，203

中喷　64，69，70
终冷温度　2，78，80，81，82
终轧温度　1，4，6，7，80，91
珠光体　1，4，97，208
自由能　100，101，110，111，128
组织调控　12，203，206